电子信息
工学结合模式
系列教材

21世纪高职高专规划教材

模拟电子技术实践教程

徐长根 张建超 编著

清华大学出版社
北京

内容简介

本书采用模块和任务的形式编写，以任务为基本单元，以完成任务的过程为主线，围绕音响放大器的制作，将模拟电子技术的知识点和技能点穿插其中。书中强调知识的实用性，尽量兼顾知识的系统性，以满足当前职业教育的需要。

全书包括10项任务：基本电子元器件的识别与检测、音响放大器的初步认识、电源电路的制作、功率放大电路的制作、音调控制电路的制作、混合放大电路的制作、话音放大电路的制作、话音延时控制电路的制作、话音延时执行电路的制作和音响放大器的总装与调测。任务内容连贯，难度由浅入深，完成效果逐步显现，拓展知识内容丰富。

本书可作为高职高专电子、电气、自动化、计算机、机电一体化等专业模拟电子技术课程任务驱动型教材，也可供从事电子技术的工程技术人员或模拟电子技术爱好者参考。

图书在版编目(CIP)数据

模拟电子技术实践教程/徐长根，张建超编著. --北京：清华大学出版社，2013

21世纪高职高专规划教材. 电子信息工学结合模式系列教材

ISBN 978-7-302-33508-5

Ⅰ. ①模…　Ⅱ. ①徐…　②张…　Ⅲ. ①模拟电路－电子技术－高等职业教育－教材
Ⅳ. ①TN710

中国版本图书馆CIP数据核字(2013)第189821号

责任编辑：田在儒
封面设计：傅瑞学
责任校对：袁　芳
责任印制：沈　露

出版发行：清华大学出版社
　　网　　址：http://www.tup.com.cn，http://www.wqbook.com
　　地　　址：北京清华大学学研大厦A座　　**邮　　编**：100084
　　社 总 机：010-62770175　　**邮　　购**：010-62786544
　　投稿与读者服务：010-62776969，c-service@tup.tsinghua.edu.cn
　　质量反馈：010-62772015，zhiliang@tup.tsinghua.edu.cn
　　课件下载：http://www.tup.com.cn，010-62795764
印 装 者：北京鑫海金澳胶印有限公司
经　　销：全国新华书店
开　　本：185mm×260mm　　**印　　张**：15.75　　**字　　数**：360千字
版　　次：2013年11月第1版　　**印　　次**：2013年11月第1次印刷
印　　数：1～2000
定　　价：29.00元

产品编号：043134-01

前言

任务驱动型教学方式的思路是以学生为本，以任务为教学单元，教师在带领学生完成任务的同时，根据学生的需要讲授知识点。学生在完成任务的动机驱动下，对任务进行分析和讨论，通过教师的指导和帮助，主动应用学习资源，在自主探索和互动协作的学习过程中，找出完成任务的方法，愉快地完成任务，获得成就感，从而实现对知识的掌握和能力的培养。任务驱动教学法改变了以往"教师讲，学生听"，以教定学的被动教学模式，创造了以学定教，学生主动参与、自主协作、探索创新的新型学习模式。

本书之所以将音响放大器制作作为模拟电子技术实践教学的任务，有如下原因。

首先是知识面涵盖较广，包括基本电子元器件认知、直流稳压电源、多级放大器、功率放大器、运算放大器、有源滤波器、信号产生器、数/模与模/数转换等内容。

其次是可操作性较强。任务内容连贯，难度由浅入深，完成效果逐步显现，使学生易学易懂，兴趣不减。

第三是教学成本较低。由于任务实施中的模拟集成电路大多借助插座安装，可重复使用，外围部件公用，元器件材料总价不超过 50 元。

本书将音响放大器制作分成 10 项任务，每项任务包括任务情境、任务资讯、任务实施、任务评价、总结与提高和巩固与练习。

"任务情境"在任务开始时创建一个实例，说明完成任务的内容，制定了一个可完成的任务要求和目标。

"任务资讯"包括理论基础和技能要点，从理论上讲够讲清楚完成任务必需的知识点，使学生能愉快地接受理论知识。

"任务实施"详细列出了完成任务的具体步骤，是整个教学的核心环节。在教学资源充分保障的条件下，使学生最大限度地发挥自己的主观能动性，积极地完成任务。

"任务评价"包括学生互动和完成任务评价表，培养和训练学生在完成任务之后进行总结的习惯和能力。

"总结与提高"包括知识小结和知识拓展，简要归纳了任务中的知识点，并延伸到其他内容，帮助学生拓宽视野，使获取的知识更具系统性。

"巩固与练习"布置了一些与制作任务有关的练习题，并附有参考答案，供学生在课余时间练习和参考。

考虑到多数学生的学习能力，本书注重音响放大器的功能实现，有难度的性能指标测试和相关的拓展知识放在“总结与提高”一节。

本书采用实施教学，建议每周 4 学时，全学期共 48 学时。

由于时间仓促加之能力有限，书中不妥之处在所难免，恳请读者批评指正。

编　者

2013 年 6 月

本书导读

致教师

★ 本书作为任务驱动型教材，围绕音响放大器的制作，提供了足够的实用性知识；考虑到兼顾知识的系统性，每次任务将相关内容进行了拓展。

★ 有制作任务的第三单元～第七单元负担比较平均，要求每个学生独立完成作品；否则，最后三个单元因任务负担较重，难以收场。

★ 每个单元的教学内容里"任务评价"中的"互动交流"主要用于活跃课堂气氛，可灵活掌握，以不影响教学进度为前提。

★ 每个单元的教学内容里"总结与提高"中的"知识拓展"主要用于激励学生在完成制作任务以后的学习兴趣，供教学参考。

★ 每个单元的教学内容里"巩固与练习"中的题量有限，可根据实际情况适度增加或略去一些习题作为课后任务。

★ 务必在开课前备齐原材料，先做出教学样品（整块板和分块板），以便顺利地进行教学。

★ 教学时数建议如下表。

内　容	方　式　一		方　式　二	
	理论	实践	理论	实践
第一单元	4	4	3	5
第二单元	2	2	1.5	2.5
第三单元	2	2	1.5	2.5
第四单元	2	2	1.5	2.5
第五单元	2	2	1.5	2.5
第六单元	2	2	1.5	2.5
第七单元	2	2	1.5	2.5
第八单元	2	2	1.5	2.5
第九单元	2	2	1.5	2.5
第十单元	4	4	3	5
合　计	24	24	18	30

致学生

★ 本书阅读门槛不高，只要有兴趣，就能坚持到底，把音响放大器制作成功。

★ 本书的难度是逐渐增加的，每走一步，都是先学习理论，然后付诸实践行动，再回到理论。

★ 课堂学习原理图是关键，分析问题和解决问题都必须从原理图入手，装配图和布线图只是帮助你完成制作。

★ 课堂训练主要是完成音响放大器制作和功能测试，有难度的技术参数调测一般放在“知识拓展”中，有能力应尽量完成。

★ 课堂时间毕竟有限，即使制作任务完成了，课后还要多关注“拓展知识”，多做些练习。

★ 有空去电子元器件商店看看，自购一点心仪的小物件，例如扬声器、直流稳压电源等。这样，课余训练的机会就多了。

★ 建议选修或自修电子线路辅助设计课程，第十单元“知识拓展”中提供的设计实例有空不妨试一试。

★ 本书是按照分模块方案制作音响放大器的。任务完成之后，建议自购材料，做一个整块板的音响放大器，再做一个包装，就是产品了。

拓展知识分布

分布地点	知识内容
第一单元 基本电子元器件的识别与检测	电感器/变压器
	半导体三极管/场效应管/晶闸管/继电器/光电耦合器
	扬声器/传声器/电机
	电子电路读图训练
第二单元 音响放大器的初步认识	多级放大器的耦合方式
	多级放大器的增益分配
	多级放大器的频率特性
	滤波器
	负反馈技术
	差分放大器
	运算放大器
第三单元 电源电路的制作	稳压集成电路
	直流稳压电源
	逆变电源
第四单元 功率放大电路的制作	功率放大电路性能测试
	功率放大的基本概念
	功率放大电路的组成形式
	功率放大集成电路
第五单元 音调控制电路的制作	音调控制电路低频控制原理
	音调控制电路高频控制原理
	音调控制特性测试方法
	实测音调控制曲线与理想音调控制曲线比较
第六单元 混合放大电路的制作	反相放大器
	混合放大电路性能测试
第七单元 话音放大电路的制作	同相放大器
	话音放大电路性能测试
第八单元 话音延时控制电路的制作	石英晶体振荡器
	回声处理集成电路
	正弦信号产生器
	非正弦信号产生器
第九单元 话音延时执行电路的制作	话音延时电路性能测试
	有源低通滤波器/积分器/比较器
	模/数与数/模转换

续表

分布地点	知识内容
第十单元 音响放大器的总装与调测	电子装配工艺常见错误及改正方法
	电子电路故障排查技巧
	模拟电子产品正向设计步骤
	电子线路辅助设计软件
	电子线路辅助设计实例

目 录

第一单元

基本电子元器件的识别与检测

1.1 任务情境

学习引导

任务情境让你首先感知电子元器件是什么，电子产品中为什么要使用电子元器件；认知基本电子元器件有何益处，怎样去识别和检测它们；最后为你制定了一个可完成的任务要求和目标。

任务名称	基本电子元器件的识别与检测
任务内容	

上图是一个日光灯镇流器的电路板。可以看到，电路板上安装了许多大小、形状和颜色各异的东西，它们与印制板有机地构成一体，共同完成保证日光灯发光的作用。这些东西就是电子元器件，是构成电子产品的最小单元。

像建筑高楼大厦需要材料和零部件一样，将电子元器件按照一定的规律进行组合，就能完成不同的功能；把各个功能汇总起来，最终就形成了电子产品。

因此，制作音响放大器，首先需要认知基本电子元器件。只有对基本电子元器件认知之后，才有可能进一步学习电路原理，动手制作各个功能模块电路板，最终完成音响放大器的制作。

基本电子元器件的识别与检测途径主要是目测和借助万用表检测。

目测是认知元器件最简单、最直接的方法，是对元器件的感性认知。通过观察外形，确认元器件的属性。

借助万用表可以进一步验证目测的结果，是对元器件的理性认知，很多基本电子元器件的技术参数都可以用万用表检测。

本次任务是对《电工基础》和《电子装配工艺》知识的全面回顾。

续表

任务要求

1. 学习和消化“任务资讯”提供的相关知识，用以指导实际训练。
2. 完成“任务实施”的各项步骤，熟练掌握基本电子元器件的识别与检测方法。
3. 开展互动交流活动，并完成任务评价表。
4. 浏览“总结与提高”相关内容，总结并拓展在任务实施过程中学到的知识。
5. 课余时间继续完成“巩固与练习”中的相关习题，加深对所学知识的印象。

任务目标

1. 知识目标：回顾《电工基础》和《电子装配工艺》的相关知识，对理论学习产生兴趣。
2. 技能目标：在教、学、做的过程中，能认识基本电子元器件，会使用常用的电子测量和装配工具，会熟练安装和拆卸电子元器件。
3. 素质目标：遵守实验室管理制度，独立思考，勤于动手，互相帮助；养成安全用电的良好习惯，注意人身安全和保护公共财物。

1.2 任务资讯

学习引导

根据所给的任务，应从学习基本电子元器件的分类开始，了解其属性及作用，学习万用表使用方法，进而重点掌握基本电子元器件的识别与检测方法，适当训练元器件安装与拆卸技能，注意安全用电。

1.2.1 基本电子元器件的分类

基本电子元器件在电子产品中使用范围广、用量大，电子产品的大多数故障都是由于基本电子元器件失效引起。下面主要结合音响放大器制作涉及的电子元器件，略作扩展，进行分类学习。

1. 电阻器

电阻器简称为电阻，是用某些导电材料制成使电信号得以通过的器件，用于控制和调节电路中的电流和电压，或用作消耗电能的负载。

常用电阻器的外形如图 1-1 所示。

图 1-1　常用电阻器外形

为扩大功能，增加一只引脚实现阻值可变的电阻器称为电位器，其外形如图 1-2 所示。

在电子产品各种图表中，电阻器标识常用“R”表示，图形符号用“-▭-”表示；电位器标识常用“RP”或“VR”表示，图形符号用“[电位器符号]”表示。

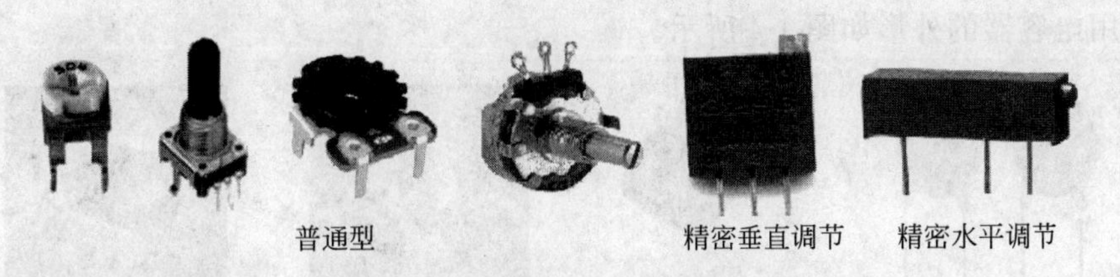

图 1-2　常用电位器外形

电阻器的单位为欧[姆]，用“Ω”表示。

随着元器件外形的小型化，已经很难在其外表直接标注主要技术参数。字母 T(10^{12})、G(10^9)、M(10^6)、k(10^3)、m(10^{-3})、μ(10^{-6})、n(10^{-9})和 p(10^{-12})等可以缩短阿拉伯数字的表示。

色环标记是最常用的电阻值标记方法。色环电阻的标记方法如图 1-3 所示。

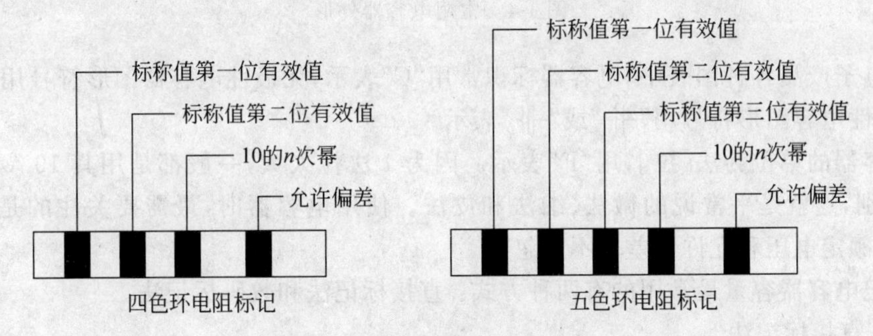

图 1-3　色环电阻的标记方法

有效值 0、1、2、3、4、5、6、7、8、9 分别用黑、棕、红、橙、黄、绿、蓝、紫、灰、白表示。四环色标用金、银和无色分别表示偏差为±5%、±10%和±20%；五色环标电阻精度较高，10 的 n 次方增加金和银分别表示 10^{-1} 和 10^{-2}，用紫、蓝、绿、棕和红分别表示偏差为±0.1%、±0.25%、±0.5%、±1%和±2%。

对于色环电阻器，首先需要找到第一色环。方法之一是第一色环最靠近端部，方法之二是精度色环与其他色环相比间隔距离较大。找到第一色环之后，依次读出后续色环，然后根据色环规定确认其电阻值，最后用万用表最接近的电阻挡验证电阻值。

例如，四色环电阻器与端部距离最近的颜色分别为棕、黑、红、金，对应有效数字为 102，表示阻值为 1000Ω(1kΩ)，精度为±5%；五色环电阻器与端部距离最近的颜色分别为棕、黑、黑、红、棕，对应有效数字为 1002，表示阻值为 10000Ω(10kΩ)，精度为±1%。

制作音响放大器需要用到 28 只固定电阻器，阻值小到 30Ω，大到 1MΩ；用到 6 只电位器，阻值分三类，10kΩ、30kΩ 和 470kΩ，对精度和功耗要求不高。在识别外形之后，重点是测量电阻值，确保在装配时不会放错位置。

2. 电容器

电容器简称为电容，是由两个相互靠近的金属板中间夹一层绝缘介质构成的。在电容器的两只引脚加电压，电容器就能储存电能，具有充电、放电及通交流、隔直流的特性，在电路中起到隔直流、耦合信号、滤除或旁路无用信号等作用。

常用电容器的外形如图 1-4 所示。

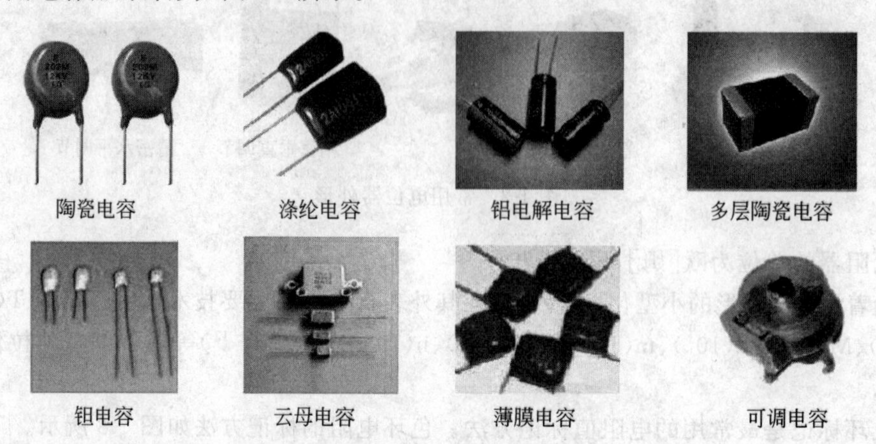

图 1-4 常用电容器外形

在电子产品各种图表中，电容器标识常用“C”表示，无极性电容器图形符号用“⊣⊢”表示，有极性电容图形符号用“⁺⊣⊢”或“⊣⊢”表示。

电容器的单位为法[拉]，用“F”表示。因为 1 法拉太大，一般都是用其 10^{-6}、10^{-9} 和 10^{-12} 级别，这就是平常说的微法、纳法和皮法。使用电容器时，最需要关注的是标称容值，对于额定电压和允许偏差也不能忽视。

标记电容器容量最常用的有两种方式：直接标记法和数码标记法。

(1) 直接标记法

标有单位的直接表示法通常是用字母 μ、n 和 p 直接表示。例如，5μ1 表示 5.1μF，4n7 表示 4.7nF，6p8 表示 6.8pF。此外，在数字前面冠以 R，表示为零点几微法的电容，例如 R33 表示 0.33μF。

不标单位的直接表示法中，如果以整数出现，则容量单位为皮法；如果以小数出现，其单位一般是微法。例如，2200 表示 2200pF，0.047 表示 0.047μF。

(2) 数码标记法

电容器的数码标记法一般是用三位数来表示容量的大小，其单位为 pF，前面的两位数表示电容值的有效数字，第三位数表示有效数字后面“0”的个数。若第三位数用“9”表示，则说明该电容的容量在 1～9.9pF 之间，这个“9”就是 10^{-1} 的意思。例如，223 为 22000pF，339 为 3.3pF。

电容器额定电压也有直接表示法和数码表示法。

必须注意，使用极性电容器时，正极接电路的高电位，负极接电路的低电位。

制作音响放大器需要用到 42 只电容器，主要有两类：无极性电容 21 只，容量小到 100pF，大到 0.1μF；铝电解电容器 21 只，容量小到 1μF，大到 220μF。对精度要求不高，耐压不超过 16V。在识别外形之后，重点是测量电容值和区分极性，确保在装配时不会放错位置。

3. 半导体二极管

在一块完整的本征半导体硅或锗上采用掺杂工艺，使一边形成 P 型半导体，另一边形成N型半导体，其结合的交界处会形成特殊的薄层，这个薄层叫PN结。将一个PN结封装起来，并引出两只引脚，便组成了一只半导体二极管。

根据制作材料，二极管分为硅二极管和锗二极管。利用二极管PN结的正向特性和反向特性，能制成具备各种功能的器件，如整流二极管、检波二极管、稳压二极管、开关二极管、快速恢复二极管、变容二极管、发光二极管、光电二极管等；把两个PN结做在一起，可以构成双向触发二极管；把4个具有PN结的二极管封装在一起，可以构成二极管桥堆。

图1-5列举了一些常用半导体二极管的外形。

图1-5　常用半导体二极管外形

在电子产品的各种图表中，二极管标识多采用“D”或“VD”表示，图形符号用“▷|”表示。发光二极管用“DS”表示，图形符号用“▷|↗”表示；光电二极管图形符号用“▷|↙”表示，稳压管图形符号用“▷|”表示，变容二极管图形符号用“▷||”表示。大多数二极管在运用时都是正向偏置，即内部电流从正极流向负极。稳压管、变容二极管和光电管等发挥特殊作用的二极管在电路中反向偏置运用，即内部电流从负极流向正极。

音响放大器制作需要用到一只发光二极管，用来表示电路工作状态。

4. 石英晶体

石英晶体利用压电效应而制成，有一个串联谐振频率 f_s 和一个并联谐振频率 f_p，获得这两个频率与石英晶体的几何尺寸和加工工序有关。与半导体器件和阻容元件一起使用，可构成石英晶体振荡器。因此，常把石英晶体振荡器简称为晶振。石英晶体振荡器在电子产品中使用广泛，是构成信号产生电路的一种元件。

常用晶振的外形如图1-6所示。

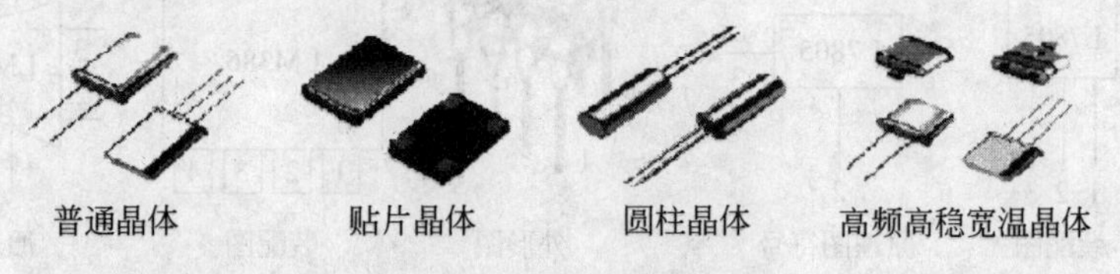

图1-6　常用晶振外形

晶振的技术参数包括标称频率、频率准确度、调整频差、负载谐振频率、静电容、工作温度范围、频率温度稳定度等。其中，标称频率最为重要，用错了则完全达不到电路的要求。

在电子产品各种图表中，晶振标识多采用“Y”表示，图形符号用“┤▯├”表示。

制作音响放大器用到一只普通晶振，标称频率为2MHz。

5. 保险管

保险管采用电阻率较大而熔点较低的铅锑合金制成导线，然后将其封装在玻璃壳内，是电子产品不可或缺的一个器件。一旦电路过载，保险管内的导线自动熔断，从而保证了电路的安全。直焊式保险管外露两只引脚，熔断后需要更换并焊接；拔取式保险管放置在管座内，熔断后只需更换保险管。

保险管及管座外形如图 1-7 所示。

图 1-7 保险管及管座外形

保险管的主要技术参数是熔断电流，使用时需要注意。如果取小了，保险管经常熔断；取得太大，又起不到保险作用。

在电子产品各种图表中，保险管标识多用“FU”表示，图形符号用“—▭—”或“—⏦—”表示。

制作音响放大器用到一只保险管和一只管座，熔断电流为 0.5A。

6. 集成电路

集成电路是采用专门的设计技术和特殊的集成工艺，把构成半导体电路的晶体管、二极管、电阻、电容等基本元器件制作在一块半导体单晶片（例如硅或砷化镓）或绝缘基片上，能完成特定功能或者系统功能的电路集合。集成电路体积小，引出线和焊接点少，寿命长，成本低，可靠性高。

随着技术的进步，模拟集成电路和数字集成电路发展迅速，规模越来越大，功能越来越强，使得分立元件构成的电路越来越处于辅助的地位。

图 1-8 列出了音响放大器中部分模拟集成电路的外形与图形符号。

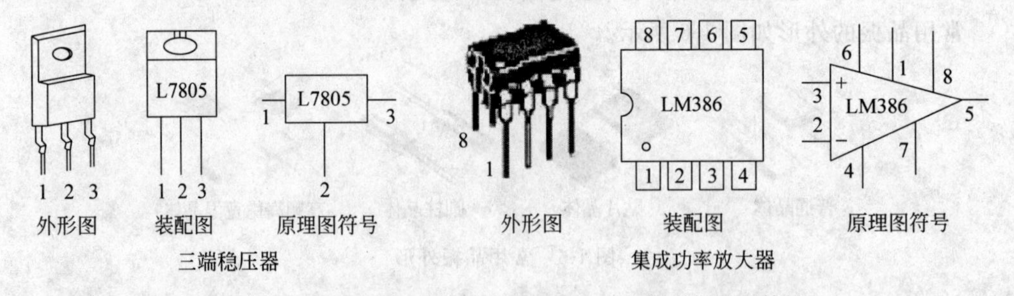

图 1-8 音响放大器中部分模拟集成电路的外形与图形符号

模拟集成电路除型号之外，还应关注其引脚标记。任何时候正面对着集成电路，其左下角是引脚 1，其他序号 2，3，…逆时针标记。

在电子产品各种图表中，集成电路标识多用“U”或“IC”表示，图形符号各有不同。

制作音响放大器用到 5 块集成电路，有 3 块借助双列直插（DIP）插座安装。

7. 开关

开关的含义为开启和关闭，是指一个可以使电路开路、电流中断或使电流流到其他电路去的电子元件。大多数开关是将金属引脚、弹性材料和绝缘材料封装在一个塑料壳内，使其从外部看来有若干引脚和手动拨键。利用滑动原理或翘板原理，使开关完成一种或多种切断电路和接通电路的功能。

在使用开关时，经常会提到"刀"和"掷"的概念。"刀"指的是开关控制的总路数，"掷"指的是开关控制的分路数。"刀"数和"掷"数越多，开关控制的能力就越强，这是开关的功能性技术参数。

电子产品中常用开关外形及图形符号如图 1-9 所示。

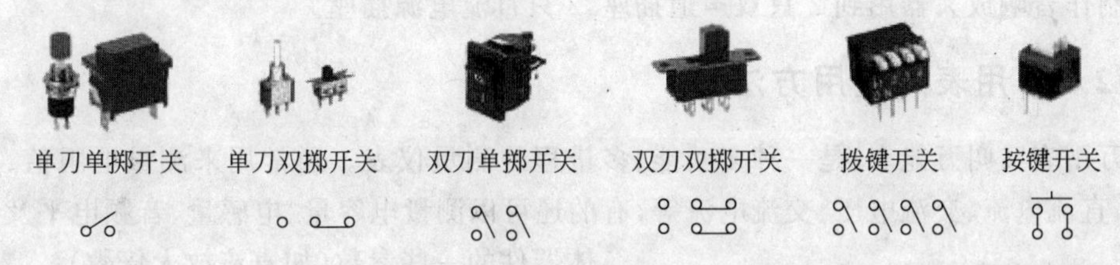

图 1-9　电子产品中常用开关外形及图形符号

除了功能性参数之外，额定电压、额定电流和使用寿命也是开关的重要技术参数。电子产品或电气线路出现故障，有一部分原因就是开关耐压不够或承受电流太大而失效。

在电子产品各种图表中，开关标识多用"S"或"K"表示。

制作音响放大器用到 5 只单刀双掷开关，额定电压不大于 10V。

8. 接插件

接插件也叫连接器，俗称插头和插座。接插件一般是指电接插件，即连接两个电子部件的器件，用于传输电流或信号。接插件的基本性能可分为机械性能、电气性能、环境性能和机械寿命。

常用双声道接插件和直流电源接插件外形及符号如图 1-10 所示。

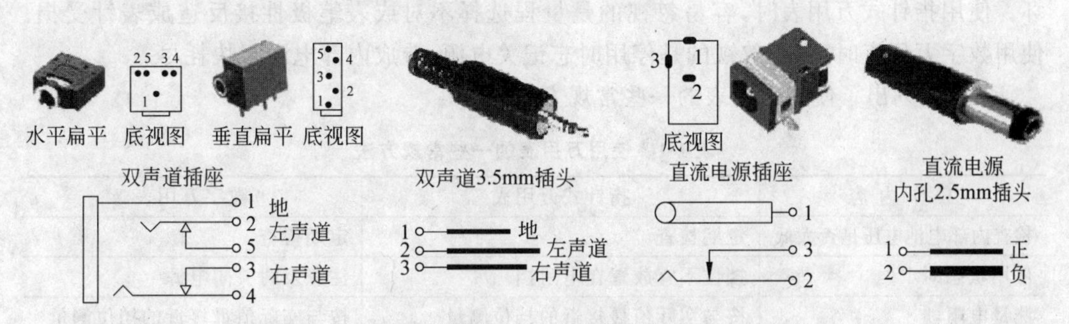

图 1-10　常用双声道接插件和直流电源接插件外形及符号

使用接插件可以简化电子产品的装配过程，便于批量生产；如果某电子元器件失效，接插件可以帮助快速更换失效元器件，也可以更新元器件及部件，便于升级；在设计和集成新产品或用元器件组成系统时，使用接插件可有更大的灵活性。

按照使用惯例，电子产品都是以插座对外。

选用接插件除关注其几何尺寸之外，还需要了解各只引脚的闭合与断开功能，以便灵活运用。

如图 1-10 中的双声道插座，未插入插头时，引脚 2 与 5、3 与 4 均是闭合状态；插入插头后，引脚 2 与 5、3 与 4 均是断开状态。对于内含扬声器的电子产品，插入耳机插头后，内部扬声器的连接会自动断开。又如图 1-10 中的直流电源插座，未插入插头时，引脚 2 与 3 是闭合状态；插入插头后，引脚 2 与 3 是断开状态。对于内含电池的电子产品，插入外接电源插头后，内部电池的连接会自动断开。

在电子产品各种图表中，插座标识多用“J”或“X”表示。

制作音响放大器用到 2 只双声道插座，2 只直流电源插座。

1.2.2 万用表的使用方法

万用表又叫万能表，是一种多功能、多量程的测量仪表。通常用来测量电阻值、直流电压、直流电流、交流电压、交流电流等，有的还可以测量电容量、电感量、音频电平及半导体器件的一些参数(如直流放大倍数)。

图 1-11 指针式万用表和数字万用表外形

常用万用表分指针式万用表和数字万用表两种，都能完成上述大部分功能。由于数字万用表集成度高、体积小、重量轻、显示直观，有逐步取代指针式万用表的趋势。

指针式万用表和数字万用表外形如图 1-11 所示。

从外形图中可以看出，两种万用表都有一个选择功能的转盘，功能区划分有醒目标记，右下角有表笔插孔等。此外，两种万用表内部都配有电池和保险丝。使用万用表最需要注意的是选准功能挡位，否则容易使万用表损坏。使用指针式万用表时，容易忽视的是量程选择不对或表笔极性接反造成表针受损。使用数字万用表时，容易忽视的是停用时忘记关电源，造成内部电池很快耗尽。

表 1-1 列出了使用万用表的一些常规方法。

表 1-1 使用万用表的一些常规方法

工 作 内 容	指针式万用表	数字万用表
检查内部电池电压是否太低	定期检查	定期检查
停用状态时	挡位不宜放置在电阻挡	注意及时关闭电源
测量电阻器	按与实际值最接近的挡位测量	按与实际值最接近的挡位测量
测量二极管	用电阻挡，黑表笔是高电位，测正、反向电阻	用“二极管”挡，测正、反向压降
判断三极管型号是 NPN 还是 PNP	用电阻挡，黑表笔是高电位，测三只引脚正、反向电阻	用“二极管”挡，测三只引脚正、反向压降

续表

工 作 内 容	指针式万用表	数字万用表
测量三极管直流放大倍数	用电阻挡,先确定是 NPN 还是 PNP 管,然后用"H_{FE}"挡测量	用二极管挡,先确定是 NPN 还是 PNP 管,然后用"H_{FE}"挡测量
测量电容器	用电阻挡,黑表笔是高电位,充电一次,放电一次	用"电容"挡,直接测量
测量电感器	用电阻挡,测量电阻值	用电阻挡,测量电阻值
测量两点之间的通断	用"蜂鸣"挡,听声音	用"蜂鸣"挡,听声音
测量直流电压	选准挡位,用红表笔接高电位,黑表笔接低电位,并联测量	选准挡位,红、黑表笔不受限制,并联测量
测量直流电流	选准挡位,更换表笔插孔,用红表笔接高电位,黑表笔接低电位,串联测量	选准挡位,更换表笔插孔,红、黑表笔极性不受限制,串联测量
测量交流电压	选准合适挡位,并联测量	选准合适挡位,并联测量
测量交流电流	选准合适挡位,更换表笔插孔,串联测量	选准合适挡位,更换表笔插孔,串联测量
电阻挡调零	经常	无需

1.2.3　元器件的识别与检测方法

识别和检查元器件,一般先采用目测方式定性识别,确认其属于何种元器件;然后通过万用表定量测试,确定其功能和参数。

1. 电阻器

电阻器的外形主要取决于功耗,功耗越大则外形越大,阻值与外形关系不大。

对于直接标记阻值的电阻器,可根据阻值标记,选用最接近的电阻挡来验证。例如,一只大功率电阻器上标记"4R7",可用数字万用表"200Ω"挡读出电阻值。

对于色环电阻器,找到第一色环之后,依次读出后续色环,根据色环规定确认其电阻值,最后用万用表最接近的电阻挡来验证。例如,一只小功率四色环电阻器,与端部距离最近的颜色为棕,后续色环为黑、绿、金,则对应有效数字 105,表示其阻值为 1000000Ω(1MΩ),精度为±5%。可用数字万用表"2MΩ"挡,读出电阻值,结果应在 0.95～1.05MΩ 范围之内。

2. 电容器

电容器的外形主要取决于电容量和耐压,电容量和耐压越大则外形越大。电容量大到一定程度(1μF)时,一般采用极性电容器,其外壳上会有负极"－"的明显标记。

电容器的识别与检测方法与电阻器有很多类似之处。

需要注意的是,指针式万用表是通过充放电对电容器进行检测,只能定性地判断其是否失效。测量时选择合适的电阻挡,黑表笔接高电位,充电一次和放电一次都要关注表针的摆动幅度。熟练之后,可以通过表针摆动幅度来判断电容器的质量优劣。

数字万用表是通过内部谐振电路工作,计算出电容量之后直接通过液晶屏显示。因此,用数字万用表测量电容器较为简单。但是,数字万用表测量电容器容量范围有限,一般不超过 20μF。

例如，用数字万用表测量一只标有“4n7”的电容器，选择“20n”电容挡，将电容器的两只引脚插入插孔，然后直接读数。又如，用指针式万用表测量一只 100μF 的电解电容器，选择 1kΩ 电阻挡，用黑表笔触正极，红表笔触负极，观察表针摆动；然后表笔交换一次，观察表针摆动，则可定性判断该电容器的性能。

3. 二极管

二极管一般体积都很小，但目测仍然可以找到其负极。有的是在外壳上明显标记负极符号“—”；有的是在使用前用长、短脚的短脚表示负极，使用后观察玻璃壳内的两个金属体，体积大的为负极。

目测之后需要用万用表确认其性能。

对于普通二极管，如果用指针式万用表，则选择电阻挡位，比较正、反向电阻值，差别很大说明正常；如果用数字万用表，选择“二极管”挡位后，红表笔触正极，黑表笔触负极，液晶屏会显示二极管压降，一般在 0.5～1.2V。

对于发光二极管，按普通二极管方法测量时，正向导通状态除电阻值或压降外，还会发出其标称颜色的光；有的发光二极管发出两种颜色的光，在其内部封装了两个 PN 结，比常规发光二极管多了一只引脚。

4. 石英晶体

石英晶体一般都会在外壳上标注标称频率，万用表无法验证，需要通过仪器仪表或加电后测量。

目测可以看出是否用错标称频率，两只引脚是否牢固。

用万用表电阻挡测量电阻值，可以判断晶振内部是否短路或漏电，不能判断内部电极是否脱焊。

5. 保险管

保险管外壳上都会标注其最大熔断电流，电流越大，内部保险丝越粗，目测时需要首先关注。细保险丝熔断后，有时不容易发现。

用万用表的电阻挡测量电阻，可以检测出保险管是否失效。

6. 集成电路

识别集成电路主要通过目测，以此了解其型号及引脚。

集成电路外壳上有很多标记，包括厂家 LOGO、器件型号、生产地点、出厂序列符号等。观察外形时，需要迅速找到核心标记，然后了解功能。例如，+9V 三端稳压器外壳上“7809”是核心标记，其上、下、左、右的其他符号不必太在意；又如，运算放大器外壳上“324”是核心标记，功率放大器外壳上“386”是核心标记，话音延时器件外壳上“65831”是核心标记。

集成电路有的是在引脚 1 上面开一个缺口，有的是在引脚 1 上面深印一个圆圈。例如，集成运算放大器 LM324 的引脚 1 上面开有一个缺口，从引脚 1 向右逆时针依次是 2，3，…，14，引脚 14 在引脚 1 上面，整个器件共 14 只引脚。功率放大器 LM386 的外壳未开缺口，但引脚 1 上面深印了一个圆圈，整个器件共 8 只引脚。集成电路 M65831 引脚 1 上面开有一个缺口，共有 24 只引脚。

检测集成电路需要专用仪器仪表或加电，使用万用表可以做一些简单检测。通常是根据器件内部结构电路图，用电阻挡测量引脚之间的阻值是否异常。

7. 开关

识别开关首先应明确是几刀几掷的，迅速找到开关的动点，然后拨动手掷，用万用表电阻挡验证通断性能。

例如，对于一只滑动式单刀双掷开关，其外形有三只引脚，中间是动点。手掷滑向左边时，中间引脚与左边引脚通，与右边引脚不通；手掷滑向右边时，中间引脚与右边引脚通，与左边引脚不通。翘板式开关的检测方法与滑动式类似。

8. 接插件

接插件故障在电子产品中出现较多，需要一开始就引起注意。识别接插件，首先要区分插座和插头，其次要认准其中心轴向、孔径及各只引脚。型号不对，插头不能自然插入插座，或插入后有松动的感觉。用万用表检测接插件时，先用电阻挡测量插座各引脚的闭合点电阻值；插入插头之后，重点测量插头引脚与插座引脚的连接情况，顺便测量插座各引脚的开启状态。

例如，用万用表电阻挡测量双声道插座时，引脚 2、3 分别与 5、4 相通；插入插头后，插头的引脚 1、2、3 分别与插座的引脚 1、2、4 相通，插座引脚 2 与 5 不通，引脚 3 与 4 不通。

又如，用万用表电阻挡测量直流电源插座时，引脚 2 与 3 相通，插入插头后，插头的引脚 1、2 分别与插座的引脚 1、2 相通，插座引脚 2 与 3 不通。

1.2.4　电烙铁与吸锡器的使用方法

电烙铁与吸锡器是电子装配工艺的常用工具，必须熟练使用。

1. 电烙铁

电烙铁是帮助元器件固定在电路板上的一种工具，分为内热式和外热式两种。内热式电烙铁发热体（烙铁芯）在内部，传热体（烙铁头）在外部；它发热速度快、发热效率高，外部烙铁头损耗较快，更换频繁。外热式电烙铁发热体在外部，烙铁头在内部；它发热速度慢、发热效率低，内部烙铁头损耗较小，使用时间较长。

电烙铁的关键部件是烙铁芯，直接影响到电烙铁是否能使用。

与电烙铁配合使用的还有烙铁架，使用者的手离开电烙铁时，必须把它放置在烙铁架内，以防止周围受热，触碰到易燃物品。

图 1-12 列举了两种电烙铁及烙铁架的外形。

使用电烙铁时，先确认其内阻是否正常。根据公式 $R=U^2/P$，可以用万用表迅速判断电烙铁是否失效。例如，一把标称 40W 的电烙铁，其内部发热电阻丝的阻值应在 1210Ω 左右。其次，确认其外壳是否可靠接地。如果用两线插头接交流电，则外壳不能与插头的两只引脚相通；否则，外壳带电是非常危险的。

及时用砂纸或锉刀处理烙铁头顶尖部位，保持光洁，使焊接元器件时流利顺畅。

焊接之前，如果烙铁头顶尖部位焊锡过多，可轻轻向下甩动，或在软纸上摩擦，去掉多

图 1-12 两种电烙铁及烙铁架的外形

余焊锡；不能在刚性物体上用力敲打，因为电烙铁内部的发热丝在发热时最容易受振动而断开。

装配前的准备工作还包括处理元器件引脚，有一些元器件的引脚需要上锡后才容易焊接。

用电烙铁焊接元器件时，大多数焊条内部已自带助焊材料，不够时需要用松香辅助。焊接时，如果电烙铁停留太长时间，容易损坏电路板焊盘和布线，严重的还会毁坏元器件；如果电烙铁停留时间太短，有可能造成虚焊。整个焊接过程需要控制速度，保证焊接可靠、焊点光滑圆润。

焊接完毕，停用电烙铁时，必须记住切断电源，以防止空烧。

2. 吸锡器

吸锡器是去除焊锡，从电路板上取下元器件的一种工具，主要有手动吸锡器、电动吸锡枪和热风枪三种，外形如图 1-13 所示。大部分吸锡器内部结构为活塞式。

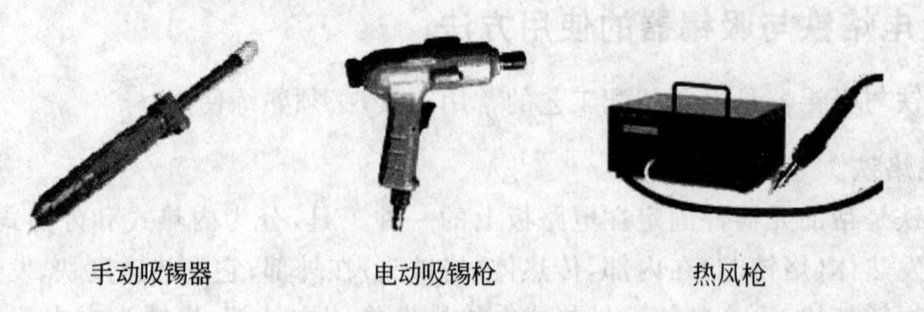

图 1-13 三种常用吸锡器外形

手动吸锡器必须与电烙铁配合使用。吸锡器内有一个弹簧，使用时，先把吸锡器的滑竿手柄朝吸锡头压入，此时内部弹簧收紧，直至听到“咔”声，表明吸锡器已被固定；再用电烙铁对焊点加热，使引脚周围的焊锡熔化，同时将吸锡器靠近焊点，按下吸锡器上面的按钮即可将引脚周围的焊锡吸出。若一次未吸干净，可重复操作。有时候，因为原焊锡氧化不易吸出，需补少量新焊锡，再行吸出。手动吸锡器不使用时，不要使内部弹簧处于收紧状态，否则容易疲劳。

电动吸锡枪内部自带加热体，接通电源后，经过预热，吸锡头温度上升，将其贴紧焊点使焊锡熔化。同时将吸锡头内孔一侧贴在引脚上，并轻轻拨动引脚，待引脚松动、焊锡充分熔化后，扣动扳机把锡吸出。

热风枪在拆卸大规模集成电路时作用明显。由于集成电路引脚多而且密集，热风枪发出热风，使引脚周围焊锡熔化，再用人工剥离引脚或用特殊吸锡装置吸收熔化的焊锡，取出器件。

1.2.5　护目镜与安全用电

护目镜是保护人的眼睛的，是进行电子装配工艺时的必备工具，尤其是不戴近视眼镜的操作者，更需要佩戴。在训练电子装配工艺时，一旦发生极性电容器爆炸，护目镜可以起到保护作用。

图 1-14 列举了几种常见护目镜外形。

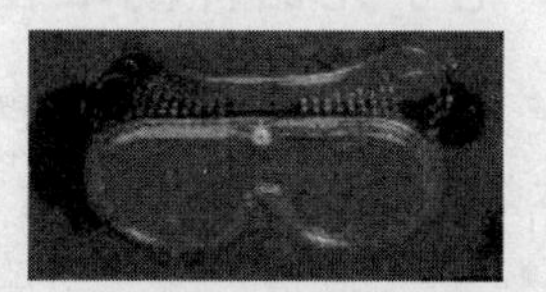

图 1-14　常见护目镜外形

安全用电是为了保证人身安全和设备安全，实验室管理制度中与安全用电有关的规定如表 1-2 所示。

表 1-2　实验室安全用电的相关规定

序号	安全用电规定
1	开启电源由总开关到分开关逐个实施，切断电源过程相反
2	切断电源不是用软开关，而是用硬开关
3	严格执行操作规程，不准随意搬弄与调换仪器设备及配件
4	电子仪表外壳必须与大地可靠连接
5	不允许频繁开启/闭合仪器仪表
6	使用仪器仪表时，先对仪器仪表进行自检
7	仪器仪表不用时，必须切断电源
8	进行电子元器件装配时，必须佩戴护目镜
9	电烙铁不在手上时，必须放置在烙铁架上
10	电烙铁不使用时，必须切断电源，不允许空烧
11	出现紧急异常情况时，尽快切断总电源
12	突然停电时，必须立即关闭所有电源

1.3　任务实施

1.3.1　工具的准备与确认

学生进入实验室之后，按规定入座，两人一组。首先检查实验桌面上的工具数量，填写表 1-3。出现缺漏时，应及时提出以便补充。

表 1-3 实验工具检查表

序号	名 称	数量	是否到位	序号	名 称	数量	是否到位
1	万用表	1		6	斜口钳	1	
2	电烙铁	1		7	“十”字批	1	
3	烙铁架	1		8	“一”字批	1	
4	吸锡器	1		9	镊子	1	
5	平口钳	1		10	护目镜	1	

1.3.2 电子元器件的准备

检查工具之后，进一步检查实验桌面上的元器件数量，填写表 1-4。出现缺漏时，需要在基本焊接训练过程中补齐。

表 1-4 实验元器件数量检查表

序号	名 称	数量	是否到位	序号	名 称	数量	是否到位
1	电阻器	4		6	集成电路	2	
2	电容器	4		7	开关	2	
3	二极管	2		8	插座	2	
4	晶振	2		9	插头	2	
5	保险管	2					

1.3.3 基本焊接训练

根据元器件数量检查情况，从废旧电路板上拆卸相应的元器件，将表 1-4 的规定数量补齐。

1.3.4 基本元器件认知

表 1-4 规定的元器件数量补齐后，通过目测和借助万用表，将测量结果填于表 1-5(任务评价表)。

1.4 任务评价

1.4.1 互动交流

互动交流是任务实施过程中的一个重要环节。通过互相讨论，发现并提出问题，在理论指导下，最后把问题解决。互动交流方式可以是小组与小组之间的，也可以是全班性的。互动交流可以促进本次任务的完成。

围绕本次任务实施，为互动交流提出了如下问题。

(1) 电阻器为什么功耗越大，体积越大?

(2) 小功率电阻器为什么能做到 1MΩ?

(3) 快速找到色环电阻器第一色环的技巧是什么?

(4) 迅速区分极性电容器和无极性电容器的方法是什么?

(5) 你相信有 1F 的电容器吗?

(6) 你能迅速写出 10^3、10^6、10^9、10^{12} 和 10^{-3}、10^{-6}、10^{-9}、10^{-12} 的中英文表示吗?

(7) 一只 2kΩ 的电阻器,用万用表测不出来,有哪些原因?

(8) 把两个 PN 结的 N 极连在一起,封装后两只引脚都是 P 极,这种二极管能用吗?

(9) 稳压二极管是利用了 PN 结的正向特性还是反向特性?

(10) 保险丝断了能用铜丝代替吗?

(11) 你能画出单刀双掷翘板开关的内部结构图吗?

(12) 一只 10V/100μF 的电容器缺料,能用 50V/100μF 的电容器代替吗?

(13) 找到集成电路引脚 1 的快速方法是什么?

(14) 对于电位器的三只引脚,哪一只是动点?

(15) 戴近视眼镜可免戴护目镜吗?

1.4.2　完成任务评价表

任务完成之后,需要回顾任务所涉及的主要内容,填写任务评价表(见表 1-5)就是对学习效果的检查。评价表中的内容虽然不能覆盖整个任务的知识,但具有高度的浓缩性。

表 1-5　任务评价表

任务名称					
学生姓名		所在班级		学生学号	
实验场所		实施日期		指导教师	

1. 将任务实施过程中的记录数据和结果填写在下表中。

序号	名　称	标称值或功能	测量值或功能	序号	名　称	标称值或功能	测量值或功能
1	电阻器 1			12	晶振 2		
2	电阻器 2			13	保险管 1		
3	电阻器 3			14	保险管 2		
4	电阻器 4			15	集成电路 1		
5	电容器 1			16	集成电路 2		
6	电容器 2			17	开关 1		
7	电容器 3			18	开关 2		
8	电容器 4			19	插座 1		
9	二极管 1			20	插座 2		
10	二极管 2			21	插头 1		
11	晶振 1			22	插头 2		

续表

2. 简述集成电路的引脚规律。					
学生自评		教师评价		教师签名	

1.5 总结与提高

1.5.1 知识小结

通过本次任务实施，获取的知识点归纳于表1-6。

表1-6 本次任务知识点

序号	知识点
1	从日光灯镇流器电路板引出了电子元器件的概念
2	电子元器件是组成电子产品的最小单元，其作用不可低估
3	用目测和万用表测量可以解决大部分电子元器件的认知问题
4	围绕制作音响放大器所采用的电子元器件进行识别与检测
5	任何时候都应当注意安全用电和保护公共财物

1.5.2 知识拓展

1. 电感器

电感器简称为电感，用绝缘导线绕制而成，能把电能转化为磁能而存储起来。电感器中的电流值不能突变，因此，对直流电流短路，对突变的电流呈高阻态。

电感器在电路中具有扼流、交流负载、振荡、陷波、调谐、补偿、偏转等作用，其外形如图1-15所示。

空心线圈

磁环滤波线圈

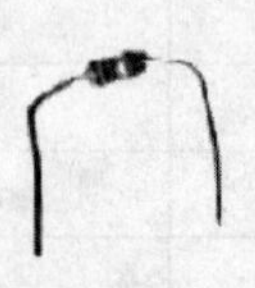
色码电感

振荡线圈

图1-15 常用电感器外形

电感器的主要参数有电感量、允许偏差、品质因数、分布电容及额定电流等。电感器的单位为亨[利]，用“H”表示。1亨很大，通常用到微亨和毫亨数量级。

在电子产品各种图表中，电感器标识多用“L”表示，图形符号用“○⌒⌒⌒○”表示。

电感器可用万用表测量其电阻，初步确认是否失效，测量电感量需要用到仪器仪表。

在电子产品中，与电容器相比，电感器失效引起的故障较少。理论学习时，电感器可多与电容器比较，因为都是储能元件，详见表1-7。

表1-7　电容器与电感器特性比较

项　目	电 容 器	电 感 器
使用单位	法[拉](F)	亨[利](H)
储能类别	电能	磁能
突跳特性	电容器上电压不能突跳	电感器中电流不能突跳
谐振频率	$f_0=1/(2\pi\sqrt{LC})$	

实际使用时，电感器多与电阻器比较，因为电感器本质上就是一只电阻，没有极性问题，却有功耗问题，流过的电流越大，则绕制导线越粗，体积越大。

2. 变压器

变压器是利用电磁感应原理来改变交流电压的一种装置，主要构件包括初级线圈、次级线圈和铁芯(磁芯)。变压器在电子设备中应用十分广泛，它的主要作用是传输交流信号、变换电压、变换阻抗、隔离直流、传输电能等。按照外形分类，变压器有EI型、R型和环型等；按照功能分类，有电源变压器、音频变压器、高频变压器和电力变压器等。

常见变压器外形如图1-16所示。其中，电源变压器用于制作直流电源电路，将220V交流电转换成低电压，整流、滤波和稳压后，获得各种数值的直流电压，在传统电子产品中多见。音频变压器用于阻抗变换，推动扬声器工作。高频变压器在新一代直流稳压电源中运用广泛，配合振荡元件产生比50Hz高出几千倍的频率，再行整流、滤波和稳压，获得各种数值的直流电压，使电源电路的效率大为提高。电力变压器用于功率转换和送变电，也很常见。

电源变压器　音频变压器　高频变压器　电力变压器

图1-16　常见变压器外形

变压器的主要参数包括电压比、额定功率、传输效率和频率特性。

在电子产品各种图表中，变压器标识多用“T”表示，图形符号类别较多，如图 1-17 所示。

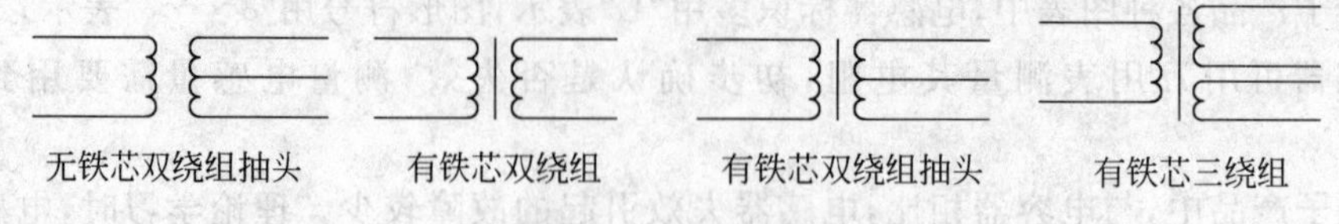

图 1-17 变压器图形符号

用万用表检测变压器的方法与电感器类似，主要测量各个绕组的电阻值。通过电阻值可以推测绕组的匝数情况，电阻值大的，绕组匝数多。

3. 半导体三极管

半导体三极管也称为晶体三极管。按制造材料分，有硅(Si)和锗(Ge)两种，前者比后者应用广泛。按制造工艺分，有 NPN 和 PNP 两种，也是前者比后者应用广泛。两种工艺制造的三极管内部都有两个 PN 结，引脚命名也相同，不同的是 PN 结方向，如图 1-18 所示。

常用三极管外形如图 1-19 所示。

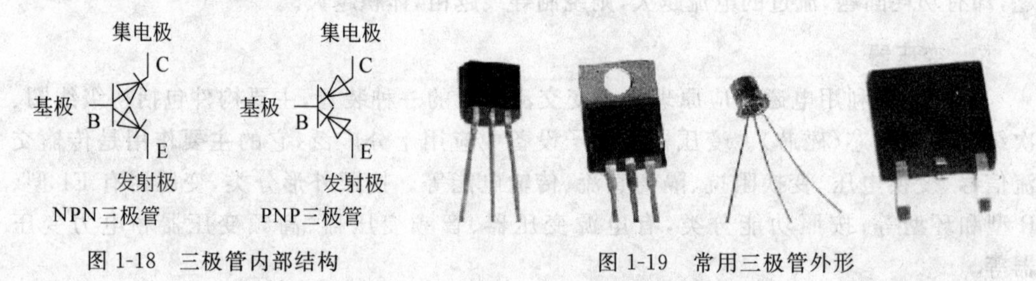

图 1-18 三极管内部结构

图 1-19 常用三极管外形

在电子产品各种图表中，三极管标识多用“VT”或“V”、“T”和“Q”表示，NPN 管图形符号用“<”表示，PNP 管用“<”表示。

三极管是一种电流控制器件，在通电之后，基极电流的微小变化能引起集电极电流很大的变化，也把三极管称为有源器件。三极管在电子电路中应用广泛，常用来完成电流放大和开关控制等功能。

三极管性能受温度影响较大。电子电路之所以复杂，就是因为通过设置偏置电路和其他各种措施，使三极管稳定工作。

三极管的特性参数主要包括直流放大倍数、最大集电极电流、最大允许功耗和特征频率(放大倍数为 1 时的最高工作频率)。从称谓上可以看出，大多是极限参数。根据这些参数，通常把三极管分为小功率管、大功率管、低频管和高频管。

实际应用中，最大允许功耗和特征频率只能用到 70%左右，不能用尽，否则难以保证电路技术指标，三极管本身也容易老化失效。

三极管放大电路有三种组态，其特性详见表 1-8。

表 1-8　三极管放大电路三种组态性能比较

类　别	共发射极	共集电极	共　基　极
典型电路	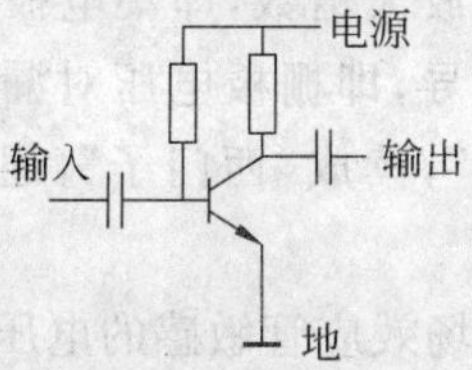	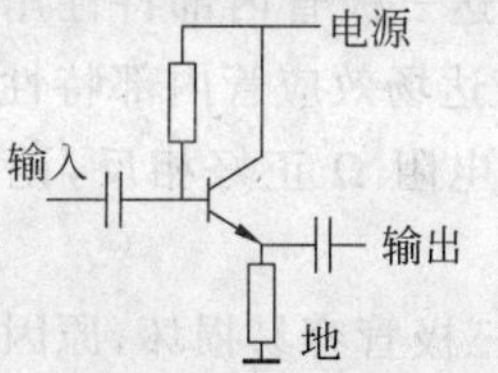	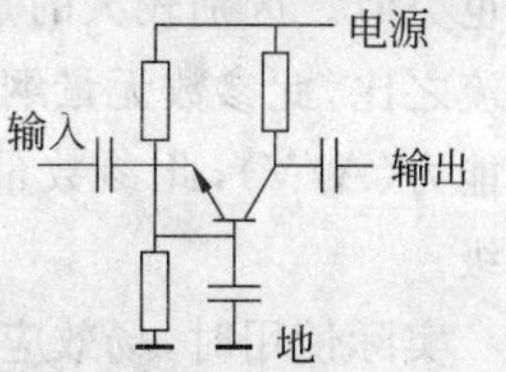
电路优点	电压放大能力强	输入阻抗高，带负载能力强	输入阻抗小，频率特性好
电路缺点	频率特性差	电压传输受损	无电流放大能力
应用场所	级联电路的中间级	级联电路的前后级	高频宽带级联电路
应用数量	最多	较多	不多

三极管放大电路的三种组态是电子电路的基本形式，为适应各种需求，会对这些基本方式进行演变，如发射极耦合差分放大，利用两只同型管构成复合管（达林顿管），利用两只反型管互补放大等。

常见三极管的引脚特性如图 1-20 所示。其规律表现在：小功率器件的基极一般在中间；大功率器件集电极在中间，并与外壳相通，以便散热。

根据三极管内部特性，可用万用表测量 PN 结正、反向电阻或压降，对三极管进行判别。具体方法如下：用万用表测量三极管的三只引脚两两之间的电阻或压降，得到 6 次结果，其中必有两次相同，或是正向电阻小，或是正向压降为 0.7V；其他 4 次结果或是反向电阻很大，或是反向压降大。与两次结果关联的即为基极，同时判断出三极管的型号（NPN 或 PNP）。

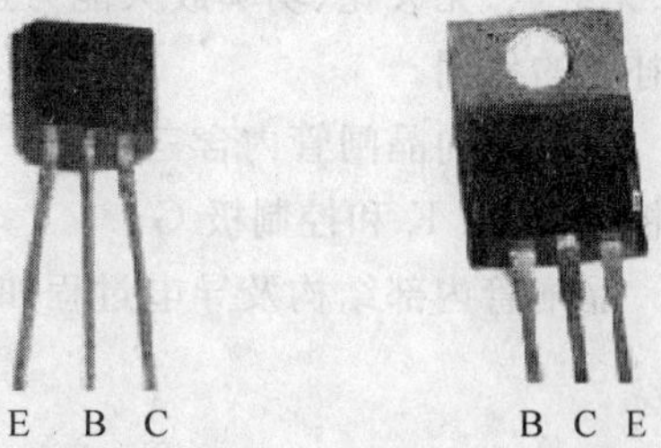

图 1-20　常见三极管的引脚特性

此后，借助万用表的直流放大倍数挡（H_{FE}），可直接读出其放大倍数。

4. 场效应管

场效应管是一种电压控制器件，功能上与电子管相似，内部工作原理是半导体技术。它利用电场效应来控制半导体中多数载流子的运动，即管子的电流受控于栅极电压，从而实现放大作用。场效应管的主要作用包括放大、恒流、阻抗变换、可变电阻和电子开关等。场效应管一般用于开关电源的控制电路、中放通道的 AFT 调控电路、高频放大电路等。

场效应管的外形与三极管极为相似，内部结构分结型和绝缘栅（MOS）型。

在电子产品各种图表中，场效应管标识多用“VT”或“V”、“Q”表示，图形符号如图 1-21 表示。

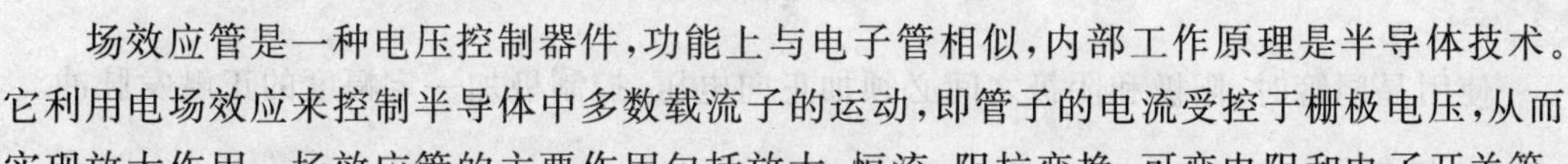

图 1-21　场效应管图形符号

理论学习时，场效应管可多与三极管比较，场效应管的栅极(G)、源极(S)和漏极(D)类似于三极管的基级(B)、发射极(E)和集电极(C)，场效应管放大电路的三种组态与三极管也类似。区别较大的是：表达三极管内部特性用直流放大倍数，即集电极电流与基极电流之比，此参数无量纲；而表达场效应管内部特性用跨导，即栅极电压对漏极电流的控制能力(A/V)，此参数量纲与电阻 Ω 正好相反，记为“S”，读成“西门子”，通常为 mS 数量级。

实际使用时，场效应管比三极管容易损坏，原因在于场效应管敏感的电压控制电流特性。例如，安装或拆卸场效应管时，通电的烙铁尖触碰栅极，受交流电感应的影响，造成漏极与源极击穿。因此，必须拔去电源插头，利用电烙铁余热焊接。

用万用表可以测量出场效应管的漏极与源极之间的电阻，阻值只有几欧，跨导测量较为麻烦。

5. 晶闸管

晶闸管又名可控硅或闸流管，是一种大功率半导体开关器件。由于其体积小、重量轻、无触点、无火花、功率放大能力强、动作速度快等性能，起到了与三极管和场效应管相互补充的作用。

普通单向晶闸管内含三个 PN 结，电极称谓与三极管和场效应管也不一样，分别称作阳极 A、阴极 K 和控制极 G。

晶闸管内部结构及导电过程如图 1-22 所示。

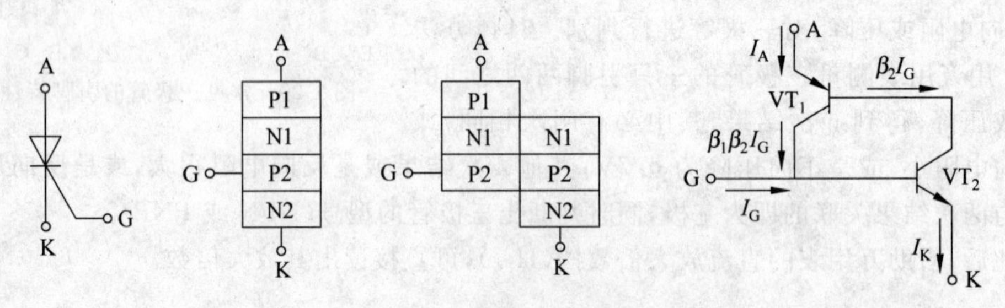

图 1-22 晶闸管内部原理

使用晶闸管时，阳极和阴极之间必须加正向电压，控制极加一定幅度的正触发脉冲。

6. 继电器

继电器是一种当输入量(电、磁、声、光、热等)达到一定值时，输出量会发生跳跃式变化的自动控制器件，是一种可以用小电流、低电压来控制大电流、高电压的自动开关，广泛应用于电力拖动、程序控制、家用电器等系统设备中。

继电器按照动作原理和功能可分为电磁继电器、固态继电器(SSR)、温度继电器、时间继电器、速度继电器、光继电器、声继电器等。

常见继电器外形如图 1-23 所示。

通过电磁原理完成动作的继电器最多见，图 1-24 展示了两种这样的继电器内部结构。

继电器图形符号像开关一样，需要标注触点，如图 1-25 所示。

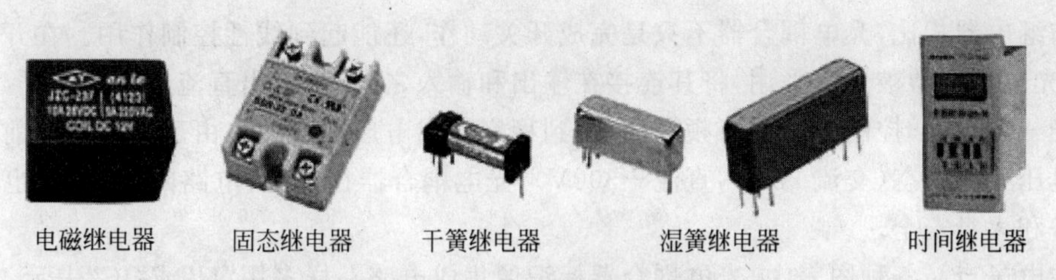

图 1-23　常见继电器外形

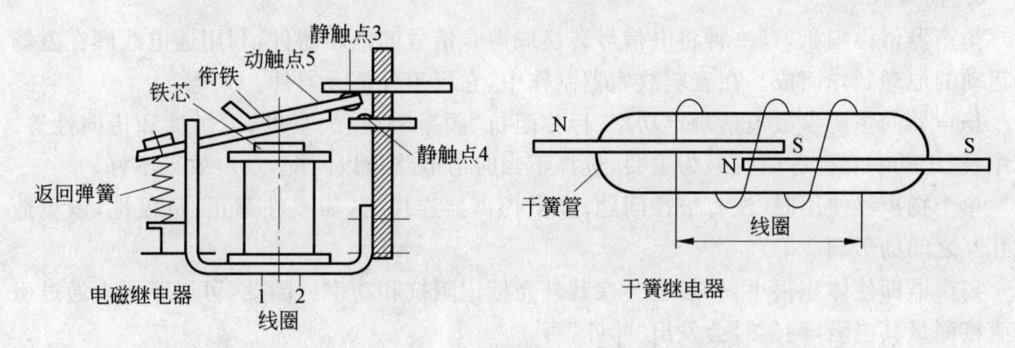

图 1-24　两种继电器内部结构

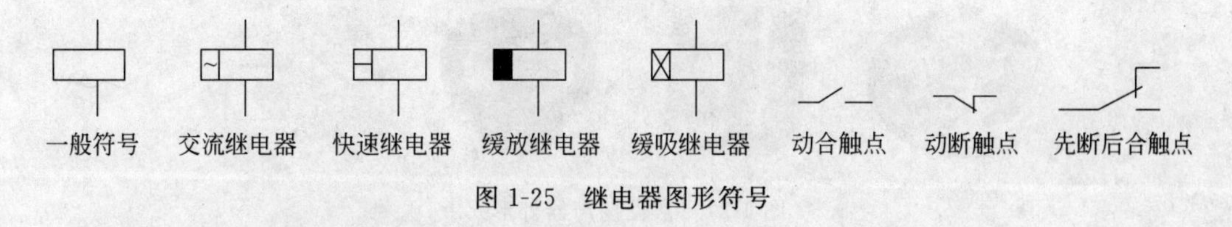

图 1-25　继电器图形符号

继电器的检测需要在通电状态下才能看出效果，这是与机械开关的不同之处。

在电子产品各种图表中，继电器标识多用“K”或“KR”、“KM”表示。

7. 光电耦合器

光电耦合器简称为光耦，是以光为媒介传输电信号的一种电→光→电转换器件。它由发光源和收光器两部分组成，把发光源和收光器组装在同一密闭的壳体内，彼此间用透明绝缘体隔离。发光源的引脚为输入端，收光器的引脚为输出端。常见的发光源为发光二极管，收光器为光敏二极管或光敏三极管。

光电耦合器外形及图形符号如图 1-26 所示。图中的图形符号与 4 引脚双列直插(DIP4)器件对应。

图 1-26　光电耦合器外形及图形符号

与继电器相比，光电耦合器不只是完成开关动作，还能起到线性控制作用。在开关电源中，光电耦合器被广泛采用，将其连接在输出和输入之间，从输出直流电压中取样，经过电→光→电转换，控制前端的高频振荡，达到稳定输出电压的目的。由于开关电源前端处于高电压工作状态(交流 220V，直流＋300V)，光电耦合器把前、后电路隔离开来，也保证了设备和人身安全。

在电子产品各种图表中，光电耦合器标识像集成电路一样多用“U”或“IC”表示。

8. 扬声器

扬声器俗称喇叭，是一种将电信号转换成声音信号的电声器件，利用通电线圈在磁场中运动的原理制作而成。在音响放大器制作中，它属于外部元器件。

扬声器的主要参数包括额定功率、标称阻抗、频率响应、失真度、灵敏度和指向性等。其中，额定功率和标称阻抗最为重要，选择不当时与电路难以匹配，发声效果不好。

单个扬声器使用时，没有极性问题；多个扬声器连接时，需要注意正、负极性，以免造成相互之间的影响。

扬声器即使体积很小，一般也会在其外壳标记阻抗和功率。因此，可用万用表通过引脚直接测量其电阻，测量时会发出“咔咔”声。

常见扬声器外形如图 1-27 所示。

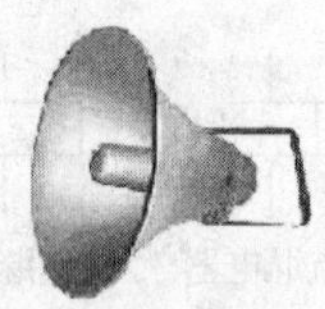

图 1-27　常见扬声器外形

扬声器使用时，需要选择合适的插头和一段音频线，焊接两只引脚；电子产品以插座方式与之连接。因为拔插频繁，虚焊造成插头的故障较多。

在电子产品各种图表中，扬声器标识多用“B”或“BL”表示，图形符号如图 1-28 所示。

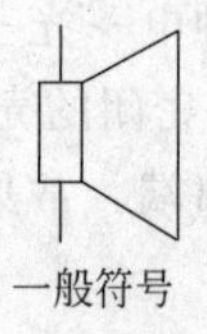
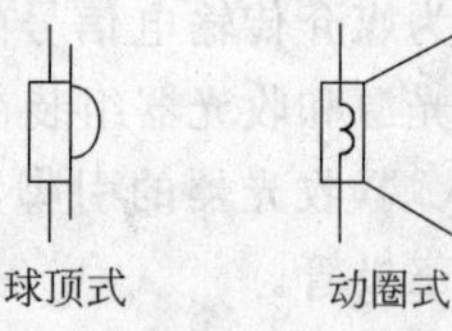
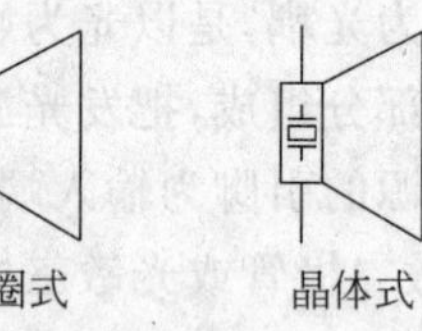

图 1-28　常见扬声器图形符号

蜂鸣器是扬声器的一种，是一种一体化结构的电子讯响器，采用直流电压供电。它主要用于一些发音要求不高的电路，如家用电器、计算机、打印机、复印机、报警器、电子玩具、汽车电子设备、电话机、定时器等电子产品中做发声器件。图 1-29 所示是一些常见的蜂鸣器外形。

蜂鸣器的技术参数主要包括直流电阻、额定电压、额定电流、声压电平和谐振频率等。

在电子产品各种图表中，蜂鸣器标识多用“H”或“HA”表示，图形符号用“”表示。

蜂鸣器有正、负极性问题。在电路应用中，如果极性接反，则发不出声音。使用之

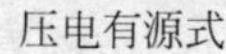

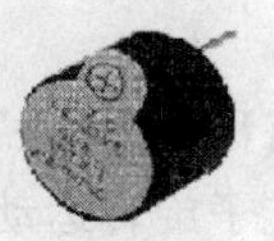

压电有源式　压电无源式　电磁有源式　电磁无源式

图 1-29　常见蜂鸣器外形

前可直接加电压听声音，也可借助万用表测量其电阻值，或是否能听到微弱的“咔咔”声音。

9. 传声器

传声器俗称话筒或麦克风，是一种把声音信号转换成电信号的电声器件。其工作原理与扬声器正好相反，它利用线圈在磁场中运动产生电动势的原理制作而成。在音响放大器制作中，也属于外部元器件。

麦克风的主要参数包括灵敏度、频率响应、输出阻抗和指向性等。其中，输出阻抗最为重要。电子电路为适应麦克风的输出阻抗，必须合理地进行放大，以保证传送质量。

常见麦克风外形如图 1-30 所示。

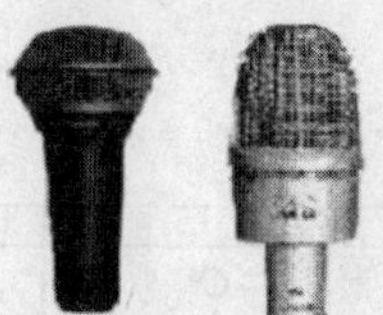
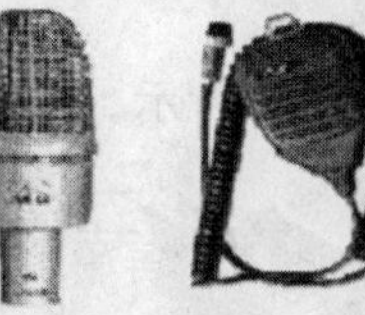

图 1-30　常见麦克风外形

麦克风与扬声器的制作工艺有相似之处，线圈与振动模粘连在一起，引脚极为精致。稍不注意，就会造成线圈与引脚断开。因此，使用麦克风时，应当用人为发声来听效果，严禁用手拍打试音，以免造成损坏。

麦克风与扬声器突然掉地或碰撞，造成内部线圈断开的现象也多见。

用万用表测量麦克风内部电阻的方法与扬声器类似，只是听不到“咔咔”声。

麦克风成品是自带插头的，传统麦克风插头口径较大(ϕ6)，使多数人用起来手感较好，连接也比较可靠。制作音响放大器考虑到元器件通用，采用 ϕ3.5 插座。这样，需要将麦克风自带的 ϕ6 插头作一次转换，使其外径转换为 ϕ3.5(麦克风插头转换在第七单元用到)。

在电子产品各种图表中，麦克风标识多用“MIC”或“BM”表示，图形符号如图 1-31 所示。

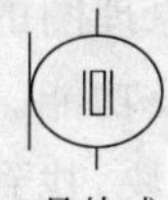

基本符号　动圈式　电容式　晶体式　铝带式

图 1-31　常见麦克风图形符号

10. 电机

电机是电动机的简称,俗称为"马达",利用通电线圈在磁场中运动的原理制作而成,它将电能转换成机械能,使转子旋转运动。

因输入的电流不同,电机可分为直流电机与交流电机。从内部结构看,直流电机是磁场不动,导体运动;交流电机是导体不动,磁场旋转。

直流电机中的定子绕组产生磁场,也称励磁绕组;转子绕组在磁场中旋转,也称电枢绕组。按照励磁绕组与电枢绕组的连接方式,分为串励电机、并励电机、复励电机和他励电机。串励电机中的励磁绕组与电枢绕组之间通过电刷和换向器形成串联回路。普通无电刷直流电机在定子线圈上连接霍尔传感器,可使转子保持在一个方向上旋转。直流电机的特点是结构复杂,造价较高,应用多见于儿童玩具、光驱等场合。

交流电机主要分为三相电机和单相电机,励磁方式也有串励、并励、复励和他励等连接。

由于电子产品大多采用单相交流电工作,产品中如果用到电机,也必须是单相电机。单相电机只有一个绕组,不能产生旋转磁场。要使电机启动,需要在工作绕组之外增加一个启动绕组,通过外围元器件(电容器)帮助完成启动的任务,例如电风扇中的启动电容(1～2μF,400V)。

常见电机外形及单相电机启动原理如图 1-32 所示。

图 1-32 常见电机外形及单相电机启动原理

单相电机的启动绕组与工作绕组在空间上相差 90°,启动绕组串接电容之后,使得与工作绕组的电流在相位上近似相差 90°,即所谓的分相原理。这样,两个在时间上相差 90°的电流流入两个在空间上相差 90°的绕组,就会在空间上产生两相旋转磁场。在这个旋转磁场作用下,转子就能自动启动。启动之后,待转速升到一定值时,借助于一个安装在转子上的离心开关或其他自动控制装置,将启动绕组断开。正常工作时只有工作绕组通电。因此,启动绕组可以做成短时工作方式。也有很多时候,启动绕组并不断开,称这种电机为电容式单相电机。要改变这种电机的转向,可由改变电容器串接的位置来实现。

11. 电子电路读图训练

读图就是看懂电子电路的原理图,弄清楚其组成及功能,必要时还需作出定量估算。

由于电子元器件是组成原理图的最小单元,读图的前提条件便是对基本电子元器件的认知,包括图形符号、引脚及功能。

读图开始,先区分功能模块,找到核心器件,勾画信号流向,再逐步深入,直到了解每个元器件的属性及性能特点。

下面以图 1-33 所示某豆浆机的工作原理图为例,进行读图训练。

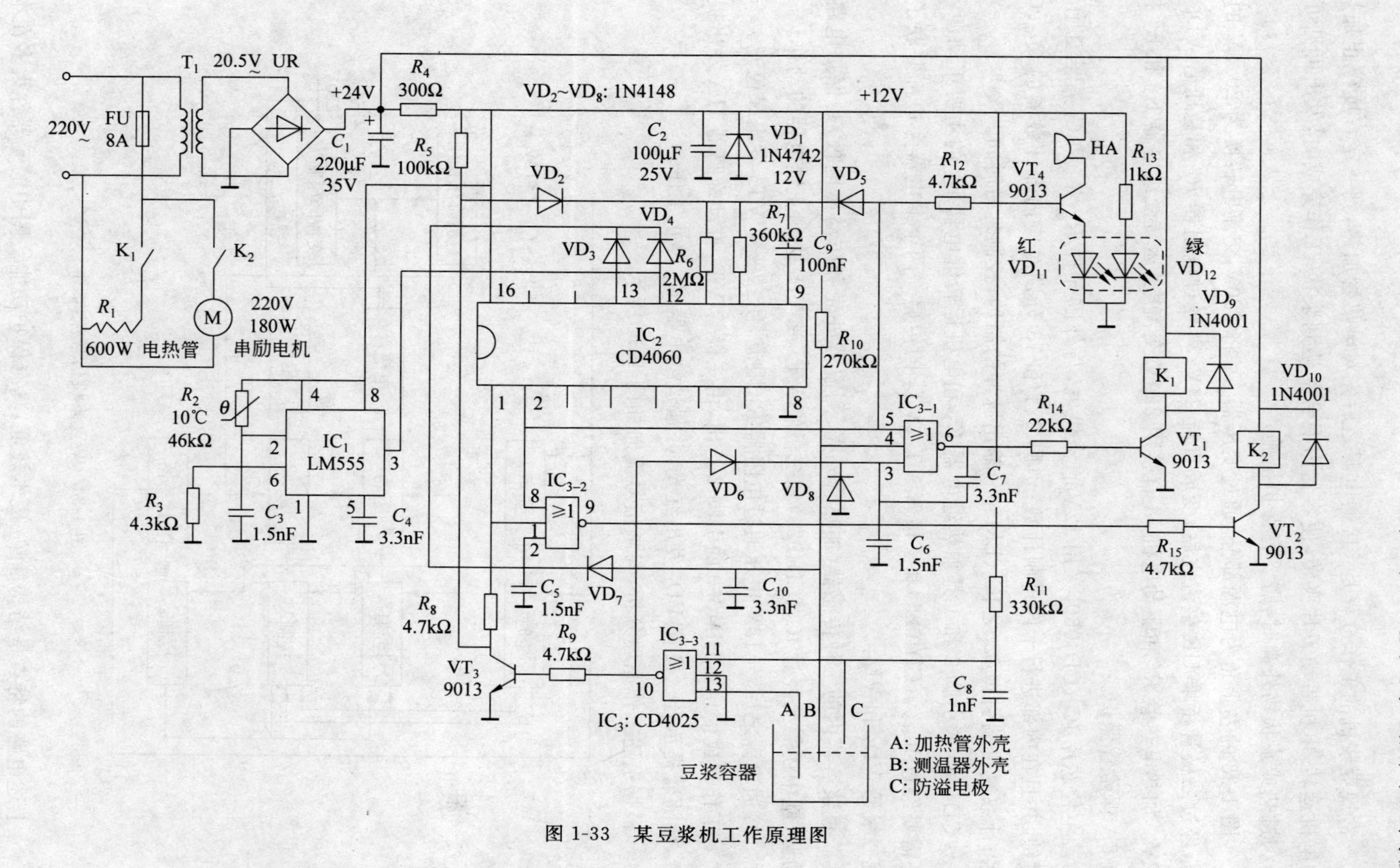

图 1-33　某豆浆机工作原理图

常规豆浆机的工作过程是：接通电源之后先对电热管加热，到一定程度停止加热，启动电机运转，电机带动刀片飞转，使容器内混合物达到浆状；工作完成时，发出可见可闻信号。过热或浆状物外溢时，需要有保护措施。

图 1-33 的左上角为电源部分，通过变压器 T_1 将 220V 交流电转换为 20.5V 的低电压，经过二极管桥堆 UR 整流之后，变成直流 24V；再经过电阻器 R_4 和稳压管 VD_1 变成 12V。加热电热管 R_1 和驱动电机 M 直接用 220V 交流电，运转受继电器 K_1 和 K_2 控制，有 8A 保险管保护。

主控芯片 IC_2（CD4060）采用 12V 直流供电，与外围元件 R_6、R_7 和 C_9 配合工作产生时钟，并且在内部进行十四进制计数；引脚 2、1 和 13 分别对应内部计数器的 Q_{13}、Q_{12} 和 Q_9；计数复位端引脚 12 受 IC_1（LM555）输出脉冲的制约，控制延时时间。

CD4060 的引脚 2 和 1 是加热继电器 K_1 和电机运转继电器 K_2 的主要策动源，途中还需要经过 $IC_{3\text{-}1/2}$（CD4025）和三极管 VT_1、VT_2 的传递。两个继电器旁边都并联了抗干扰二极管 VD_9 和 VD_{10}。

豆浆容器内的三种传感器（加热管外壳、测温器外壳和防溢出电极）是保护电路的策动源，途中还需要经过 IC_3（CD4025）和三极管 VT_3 或 VD_7 去制止继电器的动作。

接通电源之后，+12V 电压通过电阻器 R_{13} 限流，使二极管 VT_{12} 发出绿色光。

工作完成信息由 CD4060 的引脚 2 给出，由三极管 VT_4 推动蜂鸣器 HA 发出提示声音，伴随着提示音二极管 VD_{11} 发出红光，并强迫继电器 K_1 停止工作。

根据上述工作原理分析，勾画信号流向如图 1-34 所示。

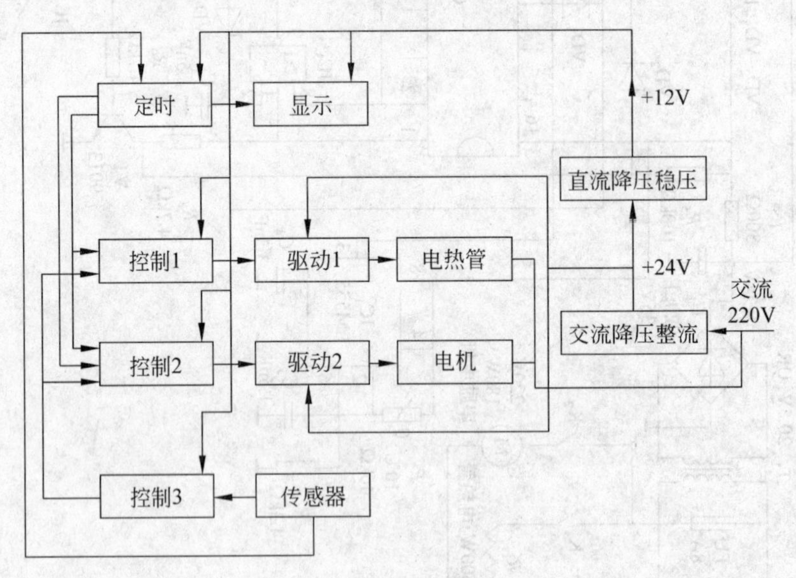

图 1-34　某豆浆机信号流向图

上述电路的特点是结构简单、成本较低，具有保护功能。图中的元器件大多在本单元做过介绍，现将图中采用的元器件归类于表 1-9。

表 1-9　某豆浆机采用元器件归类

元器件名称及规格	元器件性能特点
保险管 FU(8A)	电热管和电机出现过流时，自身熔断
电热管 R_1(600W)	加热豆浆，直接使用交流 220V 电压，受继电器 K_1 控制
串励电机 M(180W)	带动刀片打浆，直接使用交流 220V 电压，受继电器 K_2 控制
变压器 T_1	将交流 220V 降低到 20.5V 左右，以备后续电路处理
整流二极管桥堆 UR	将 20.5V 交流电压进行桥式整流，得到＋24V 直流电压
限流电阻 R_4	为稳压二极管 VD_1 提供供电通路
稳压二极管 VD_1(1N4742)	稳定＋12V 电压，供电热管和电机之外的全部电路工作
电容器 C_1、C_2(两者耐压不同)	分别为＋24V 和＋12V 电源滤波
热敏电阻 R_2 及电容 C_3	555 定时器延时调整元件
集成电路 IC_1(LM555)	产生定时脉冲送至 IC_2 复位端，控制计数间隔时间
电阻 R_6、R_7 和电容 C_9	与集成电路 CD4060 配合产生谐振
集成电路 IC_2(CD4060)	与外围元器件配合，内部自建频率，带复位端十四进制计数，是电热管加热和电机运转的策动源
集成电路 IC_3(CD4025)	内含 3 块独立的三或非门，其中两块分别用来推动继电器 K_1 和 K_2，一块用来阻碍这些动作
三极管 VT_1～VT_4(9013)	NPN 型，两只用于继电器驱动，一只用于保护电路，一只用于告警提示电路
发光二极管 VD_{11}、VD_{12}(封装两个 PN 结，3 只引脚)	分别发出绿色和红色光，表示工作正常和提示工作结束
其他二极管(大多为 1N4001)	隔离、限流、削波、防止冲击、抗干扰
继电器 K_1、K_2	＋12V 电压驱动，分别使电热管发热和电机运转
蜂鸣器 HA	提示工作结束的一种电声器件，＋12V 工作电压
其他电阻器(无特殊要求)	偏置、限流、负载
其他电容器(无特殊要求)	信号耦合，滤波

1.6　巩固与练习

1. 填空题

(1) 四色环电阻器颜色依次为红、黑、黄、金，其阻值及精度分别是(　　)。

(2) 电容器外壳上标记为“822”，其电容量是(　　)。

(3) 三刀三掷开关有(　　)只引脚。

(4) 一把 40W 的电烙铁,其内部发热电阻丝的阻值在(　　)左右。
(5) NPN 三极管的图形符号是(　　)。

2. 判断题

(1) 两只电容器串联后,电容量加大了。(　　)
(2) 两只电感器串联后,电感量减小了。(　　)
(3) 电阻器上的电压或电流都会突跳。(　　)
(4) 插针和针帽不属于接插件。(　　)
(5) 用麦克风试音时,最好的方法就是用手拍打。(　　)

3. 简答题

(1) 电位器三只引脚中哪只引脚坏了还有使用价值?
(2) 电烙铁通电后不能发热,如何查找故障原因?
(3) 用万用表测量电流值为什么要更换插孔?
(4) 为什么三极管和场效应管外形能做到极为相似?
(5) 大功率器件为什么要加装散热片?

4. 填图题

(1) 为下图中的电子元器件标注中文名称。

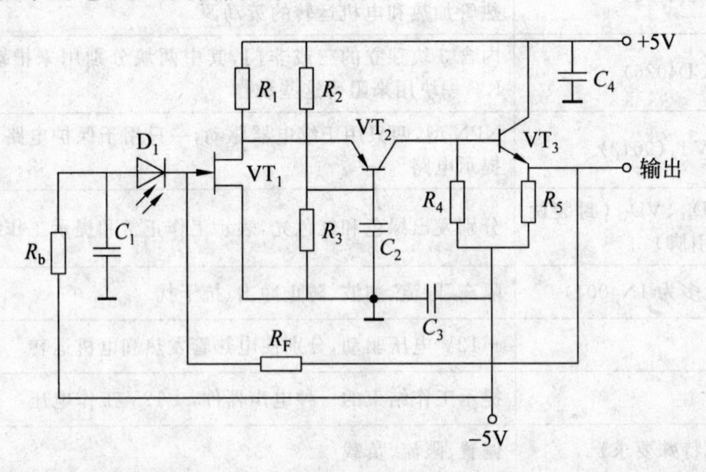

(2) 完成下图的连线,使开关 S_1、S_2 分别能控制灯的亮、灭,并确保安全用电。

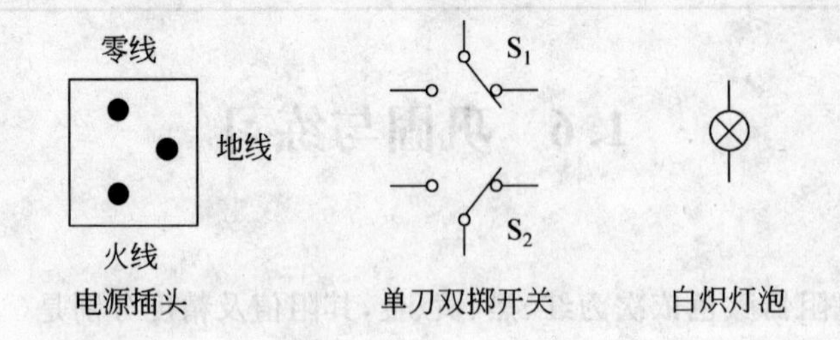

(3) 为下图中的元器件标注序号。

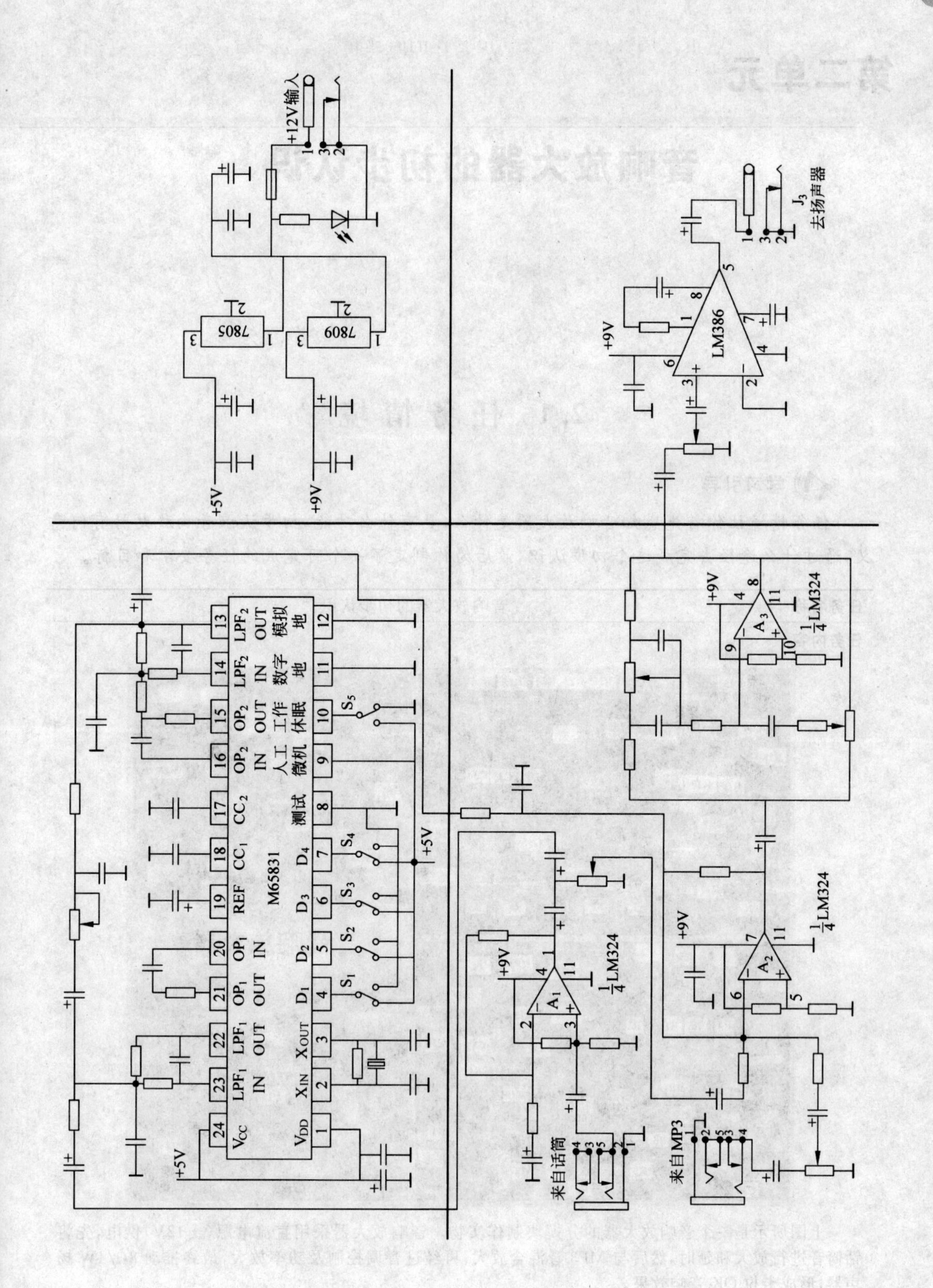
+12V输入
7805
7809
+5V
+9V
LM386
J_3
去扬声器
M65831
$\frac{1}{4}$LM324
来自话筒
来自MP3

第二单元

音响放大器的初步认识

2.1 任务情境

学习引导

任务情境让你首先感知音响放大器是什么，具有什么功能，初步认识音响放大器有何意义，通过什么途径去完成这个初步认识，最后为你制定了一个可完成的任务要求和目标。

任务名称	音响放大器的初步认识

任务内容

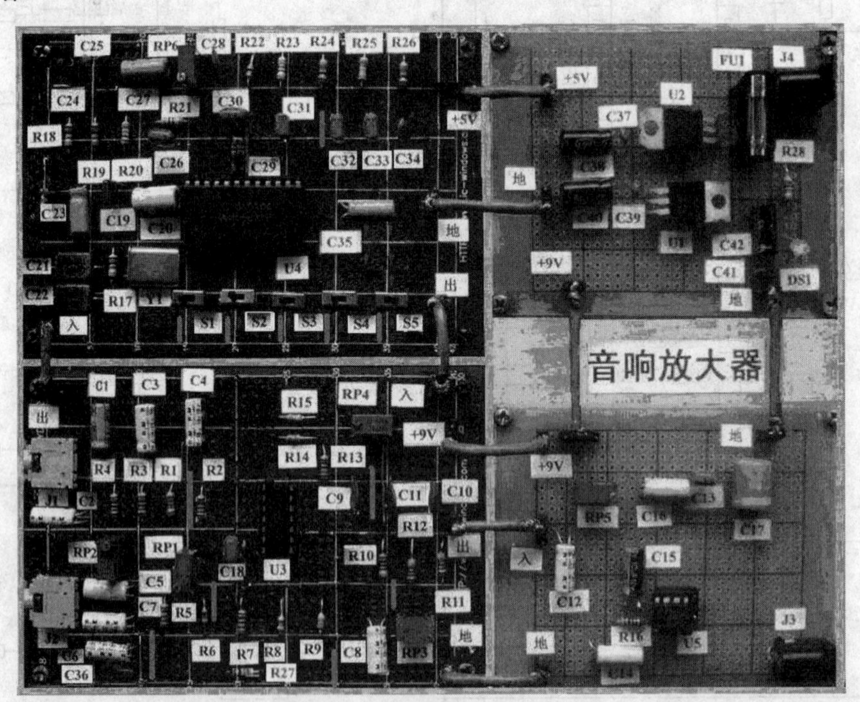

上图所示是一个音响放大器的分模块制作实物。音响放大器采用直流电源(＋12V)供电，先将话筒音进行放大和延时，然后与 MP3 音混合放大，再经过音调控制及功率放大，最终推动 8Ω/4W 扬声器，形成卡拉 OK 音响效果。

续表

初识音响放大器，就是对音响放大器建立一个总体认识。这个认识是从电路原理图开始的，因为原理图中的每个符号与实物图中的元器件一一对应，原理图对音响放大器负总责。 为学习原理图，本次任务会从原理方框图入手，把复杂问题简单化，之后总任务就容易实施。完成本次任务，就能知道音响放大器模块是如何分割的，信号是如何流向的，放大量如何分配，用到哪些元器件。
任务要求 1. 学习和消化“任务资讯”提供的相关知识，用以指导实际训练。 2. 完成“任务实施”的各项步骤，建立对音响放大器的初步认识。 3. 开展互动交流活动，并完成任务评价表。 4. 浏览“总结与提高”相关内容，总结并拓展在任务实施过程中学到的知识。 5. 课余时间继续完成“巩固与练习”中的相关习题，加深所学知识的印象。
任务目标 1. 知识目标：对照音响放大器模块分割方法，了解电子产品原理图按功能模块分割的一般原则。 2. 技能目标：能迅速找到原理方框图与原理图的对应关系，特别是模块之间连接线的属性。 3. 素质目标：逐步养成读图、画图和区分各种图的习惯，看图说话，按图做事。

2.2 任务资讯

学习引导

根据所给的任务，首先要对原理图产生兴趣，因为它是电子产品的源头。后面还会陆续出现各种图，这些内容都是帮助完成初识音响放大器任务的。

2.2.1 音响放大器原理图

音响放大器原理图如图 2-1 所示。

原理图是表达电子产品的一种最原始、最基本而又最重要的一种方法，表示产品工作原理及其组成部分之间的相互关系。原理图中有一个简略表示符号“⊥”，表示公共连接点，也就是通常所说的“地”。在只有正电源供电的电路中，地的电位最低。在同时有正、负两种电源供电的电路中，地不是最低电位。

音响放大器采用正电源供电，地的电位最低。

原理图中用到的集成电路 LM324 内含 4 块完全独立的运算放大器，采用分散画法主要考虑到使图形更加直观。仔细观察，会发现还闲置了一块。

2.2.2 音响放大器原理方框图

初看原理图，很难找到感觉。将原理图中的某些元器件按照功能属性进行归并，形成具有某种功能的电路，然后用一个黑框围起来，略去里面的元器件，多个框框相互连接就形成了原理方框图。

音响放大器原理方框图如图 2-2 所示。

从方框图可以看出，音响放大器内部有 6 种电路，共同完成对话音信号和 MP3 信号的放大和处理。图中，直流稳压电源、话筒、MP3 和扬声器属于音响放大器外围部件。方框图中的粗线表示电源线，细线表示信号线，箭头反映了信号入出关系，“•”表示连接。

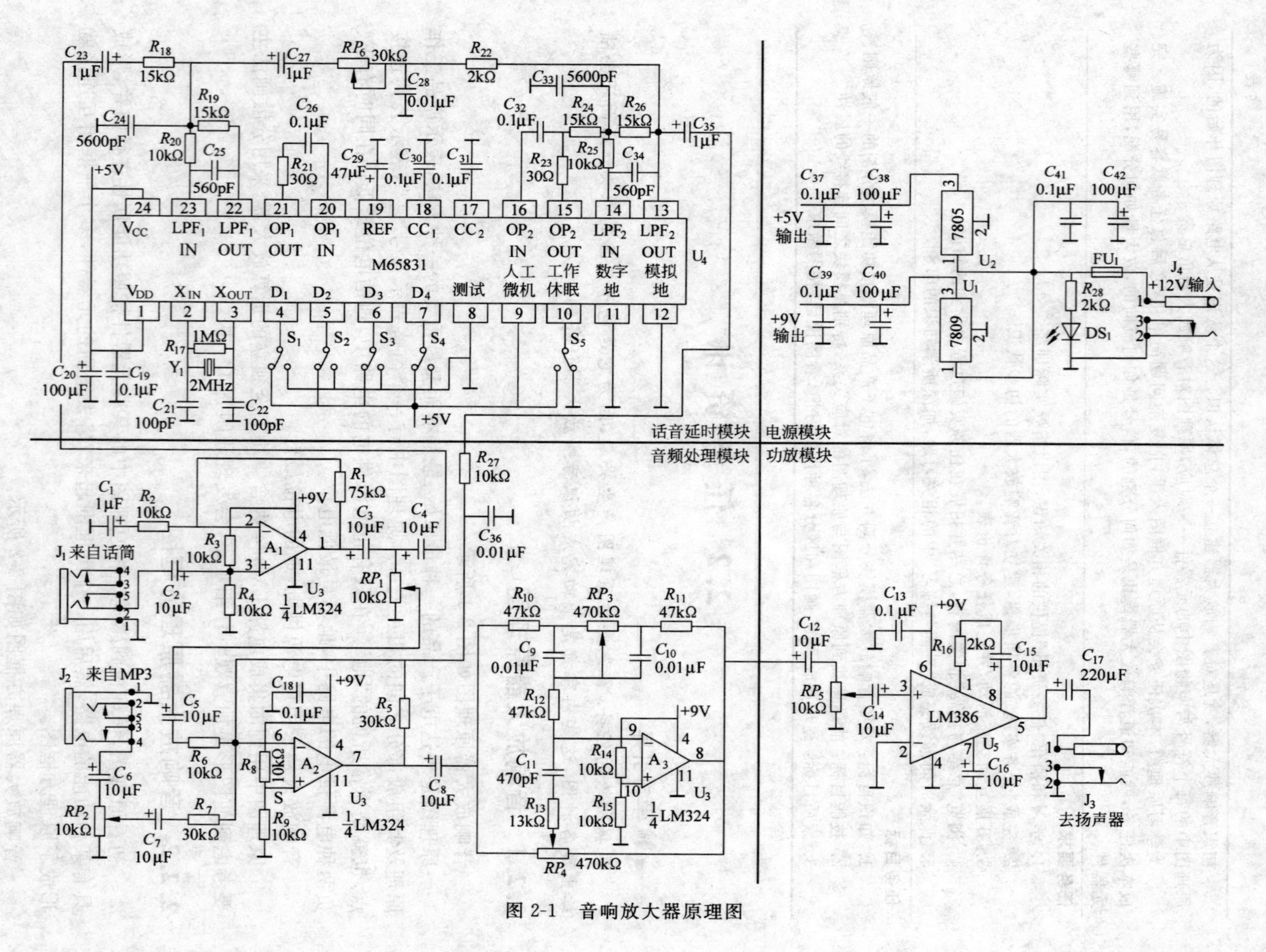

图 2-1 音响放大器原理图

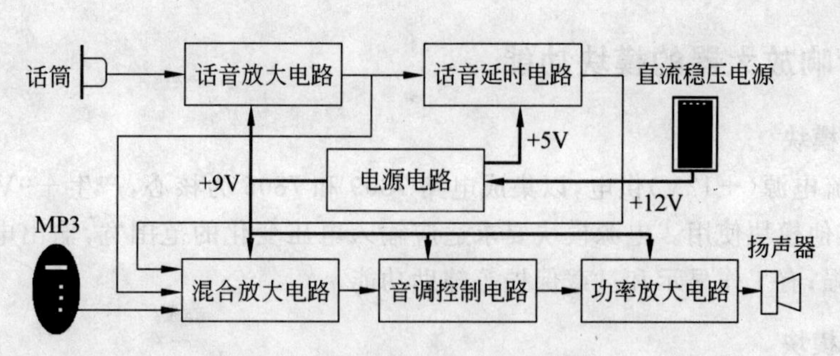

图 2-2　音响放大器原理方框图

需要强调的是，方框图反映的是电路功能属性和信号流向，因此也称为功能方框图或信号流向图。图中的一条信号线实际上可能是多条线。例如，话筒、直流稳压电源和扬声器各自与音响放大器连接时，实际上都是 2 条线，而 MP3 与音响放大器连接时是 3 条线。原理图中的地线不在方框图中体现，否则，太过累赘。

在方框图的帮助下，就可以进一步了解实际的分模块制作方案。

2.2.3　音响放大器分模块制作方案

方框图中的某些电路功能在集成度较高的元器件支持下，还可以进行归并。例如，图 2-2 中的话音放大、混合放大和音调控制 3 个电路可以围绕一块集成电路来完成，这样，就产生了在方框图基础上的分模块制作方案图。

音响放大器的分模块制作方案如图 2-3 所示。从图中可以看到，模块之间实际连接需要用到 9 条连线，其中 3 条是信号线。

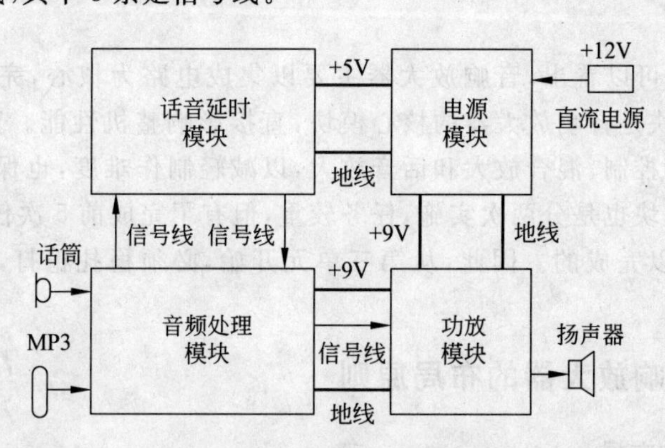

图 2-3　音响放大器分模块制作方案

分模块制作方案图考虑了模块之间的合理布局，原则上要求连线尽可能少、尽可能短，以减小信号相互之间的干扰。

分模块制作方案图本质上还是方框图，只是更简单，更容易付诸实施。此时，反而把地线也表示进去了，目的是更加直观，容易操作。

2.2.4 音响放大器的模块功能

1. 电源模块

采用直流电源(+12V)供电,以集成电路7809和7805为核心,产生+9V和+5V两种电压,供其他模块使用。电源模块要求适应输入电压变化的范围宽,输出电压纹波小,带负载能力强;有工作显示和过载保护等辅助功能。

2. 功放模块

功放是功率放大的简称。功放模块采用+9V电压工作,以集成电路LM386为核心,对音频信号进行功率放大(电压和电流都需要放大),以保证足够的推动能力,使扬声器不失真地发出响声。功放模块要求调整简单,带负载能力强,静态噪声小。

3. 音频处理模块

音频处理模块采用+9V电压工作,以集成电路LM324为核心,将直达话筒音、延时话筒音和MP3音分别进行放大,并作低频段和高频段的补偿,使音频信号的各个频率分量符合要求。音频处理模块要求调整简单,静态噪声小,电路不会发生自激啸叫。

4. 话音延时模块

话音延时模块采用+5V电压工作,以集成电路M65831为核心,从音频处理模块获得信号,将话筒音进行延时控制和处理,再送回音频处理模块,会同直达话音和MP3音一起,完成后续放大。话音延时模块要求调整简单,不会对话筒音造成干扰,混响效果明显。

5. 小结

综合上述功能可以看出,音响放大器主要以集成电路为核心,完成各个模块的功能;而音频处理模块是音响放大器的核心模块,直接影响整机性能。正因为如此,后续任务分别实施音调控制、混合放大和话音放大,以减轻制作难度,也保证制作成果逐步显现。话音延时模块也是分两次实施,任务较重,但有了完成前5次任务3个模块的经验,通过努力是可以完成的。因此,从第三单元开始,必须稳扎稳打,认真完成每次制作任务。

2.2.5 制作音响放大器的布局原则

1. 模块之间的布局

模块之间的布局基于如下因素。

(1) 不违背信号流向规律。

(2) 强信号(电源、功放)远离弱信号(话筒音)。

(3) 模块之间连线最短。

(4) 便于模块或整机技术参数的测量。

2. 模块内部的布局

模块内部的布局基于如下因素。

(1) 不违背信号流向规律。

(2) 强信号(放大后话筒音)远离弱信号(放大前话筒音)。

(3) 元器件之间连线最短。

(4) 元器件标记明显,以便目测检查。

(5) 元器件引脚留有余地,以便用万用表检查。

(6) 便于模块内部或模块之间技术参数的测量。

根据上述原则,可以开始对音响放大器进行布局。首先确定电路板尺寸,然后将元器件封装图形放入电路板,这样就形成了装配图。音响放大器电源模块和功放模块采用9mm×7mm尺寸,音频处理模块和话音延时模块采用12mm×8mm尺寸,模块之间有9条连线。

音响放大器内部元器件具体化后的分模块装配图如图2-4所示。

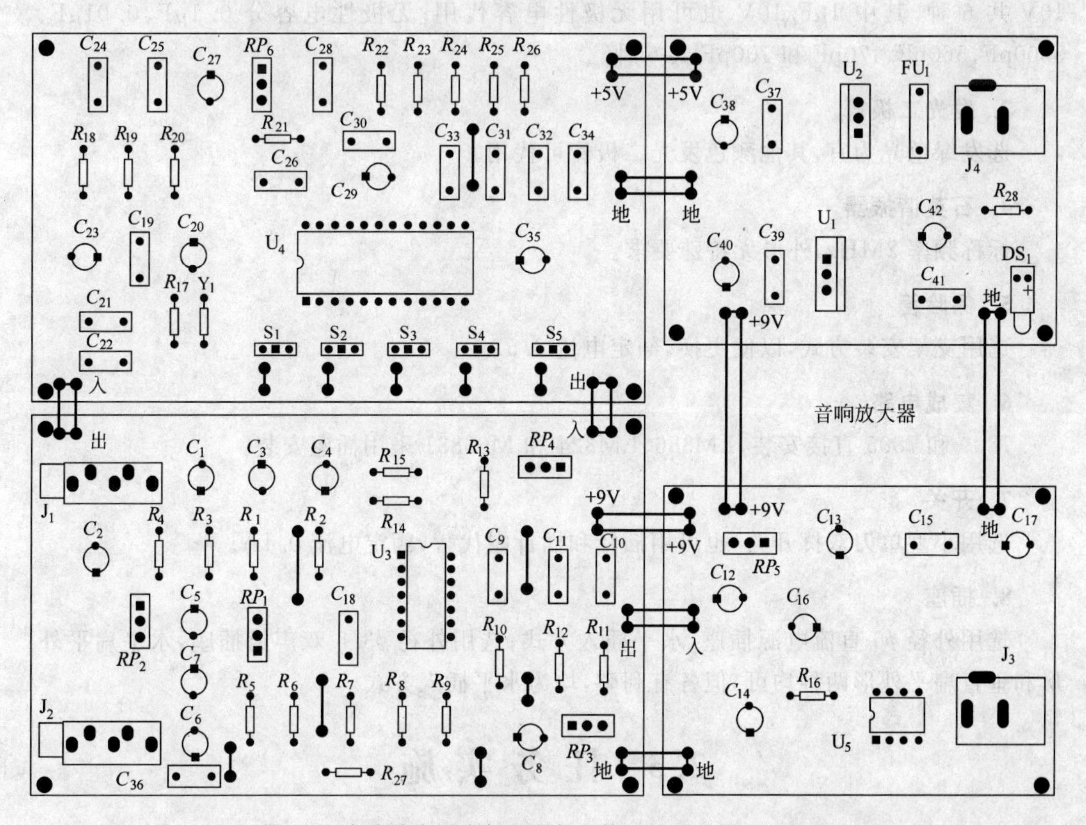

图2-4　音响放大器内部元器件具体化后的分模块装配图

装配图中的每个图形符号与实物图中的元器件一一对应,并明确表示了元器件的代号、极性、引脚等。例如,无极性电容的两只引脚均是"•",极性电容的引脚"■"表示正极;电位器的引脚"■"表示与外壳铜螺钉对应;开关的引脚"■"表示动点,集成电路的引脚"■"表示引脚1等。

后续单元的任务实施均以原理图为基础,以装配图为先导,再结合布线图完成制作。

2.2.6 音响放大器元器件选用原则

制作音响放大器时，选用元器件总的原则是市面容易购买，品种不宜太多，代用方式灵活。

1. 电阻器

电阻器功率选 1/16W、1/8W、1/4W 或 1/2W 均可，四色环或五色环标记，精度无特殊要求；阻值分 1MΩ、75kΩ、47kΩ、30kΩ、15kΩ、13kΩ、10kΩ、2kΩ 和 30Ω 共 9 种。

电位器分 470kΩ(500kΩ)、30kΩ(50kΩ)和 10kΩ 共 3 种，精密垂直调节。

2. 电容器

电解电容分 220μF/10V、100μF/16V、100μF/10V、47μF/10V、10μF/10V 和 1μF/10V 共 6 种，其中 1μF/10V 也可用无极性电容代用；无极性电容分 0.1μF、0.01μF、5600pF、560pF、470pF 和 100pF 共 6 种。

3. 发光二极管

选发绿色光为宜，其他颜色发光二极管可代用。

4. 石英谐振器

标称频率 2MHz，外形无特殊要求。

5. 保险管

选用支架安装方式，以便更换，额定电流 0.5A。

6. 集成电路

7809 和 7805 直接安装，LM386、LM324 和 M65831 采用插座安装。

7. 开关

选用小型单刀双掷开关，也可用插针和插针帽代替，额定电流 0.1A。

8. 插座

选用外径 ϕ6 直流电源插座，水平插入方式；选用外径 ϕ3.5 双声道插座，水平扁平外形和垂直扁平外形两种均可，但各有利弊，均为水平插入方式。

2.3 任务实施

2.3.1 欣赏音响放大器

1. 观看音响放大器制作实物

(1) 整块板。

(2) 分块板。

2. 试听音响效果

(1) 播放 MP3 音乐。

（2）播放话筒音。
（3）播放有延时的话筒音。
（4）同时播放 MP3 音乐与延时话筒音。

2.3.2　初步学习原理图

初步学习原理图，对音响放大器有一个总体认识。

1. 外围部件

（1）音响放大器外围共有哪些部件？
（2）外围部件中哪些是输入部件？
（3）外围部件中哪些是输出部件？

2. 内部电路

（1）有几种功能电路？
（2）有几种元器件？

2.3.3　初步学习原理方框图

初步学习原理方框图，简化对原理图的认知。

1. 方框图特色

（1）方框图的相邻模块功能属性。
（2）方框图的内部功能及元器件。
（3）方框图之间的连接。
（4）方框图与原理图的对应关系。

2. 方框图规划

（1）以单元电路为基础。
（2）以核心元器件为基础。

2.3.4　分析音响放大器信号流向

1. 分析信号流向

（1）用带箭头线填画话筒音经过直接放大，最终推动扬声器的信号流向（见图 2-5）。

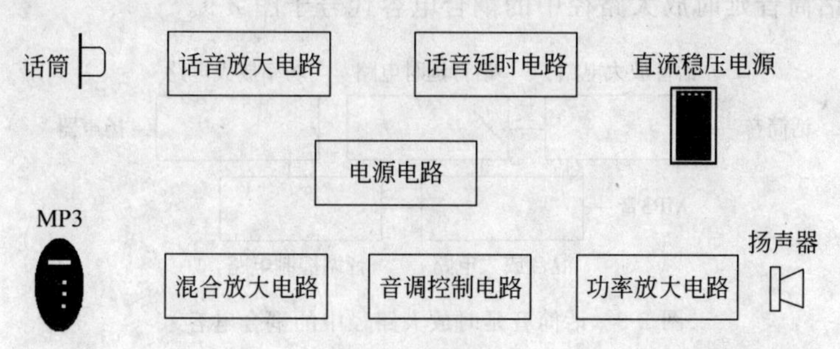

图 2-5　话筒音经过直接放大，最终推动扬声器的信号流向图

(2) 用带箭头线填画话筒音经过延时放大,最终推动扬声器的信号流向(见图 2-6)。

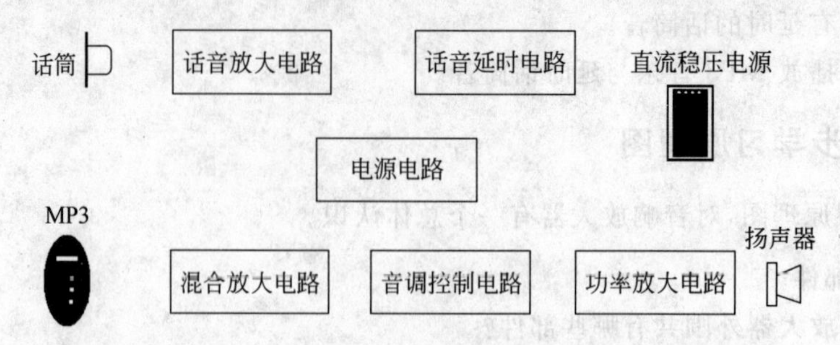

图 2-6 话筒音经过延时放大,最终推动扬声器的信号流向图

(3) 用带箭头线填画 MP3 音经过放大,最终推动扬声器的信号流向(见图 2-7)。

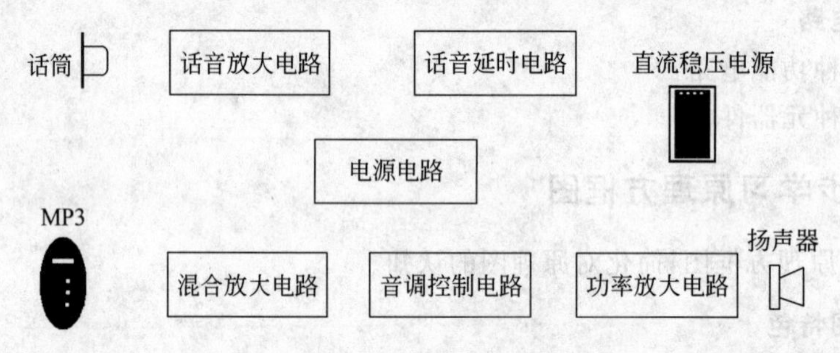

图 2-7 MP3 音经过放大,最终推动扬声器的信号流向图

2. 寻找耦合电容的代号及电容值

(1) 填写话筒音直接放大路径中的耦合电容代号于图 2-8。

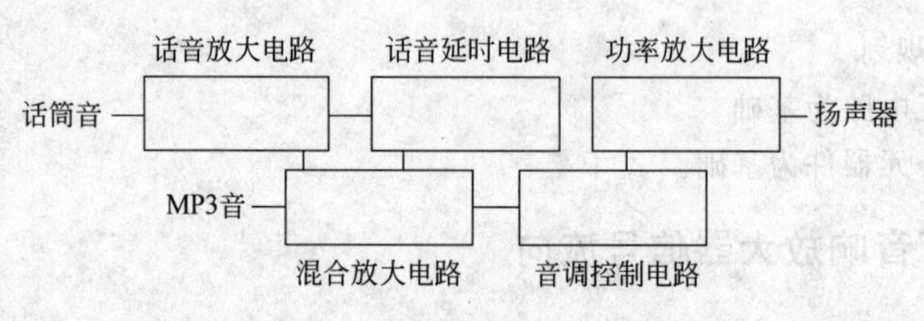

图 2-8 话筒音直接放大路径中的耦合电容

(2) 填写话筒音延时放大路径中的耦合电容代号于图 2-9。

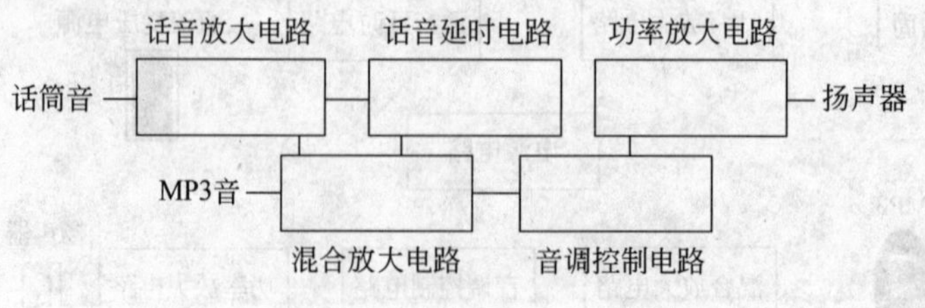

图 2-9 话筒音延时放大路径中的耦合电容

(3) 填写 MP3 音放大路径的耦合电容代号于图 2-10。

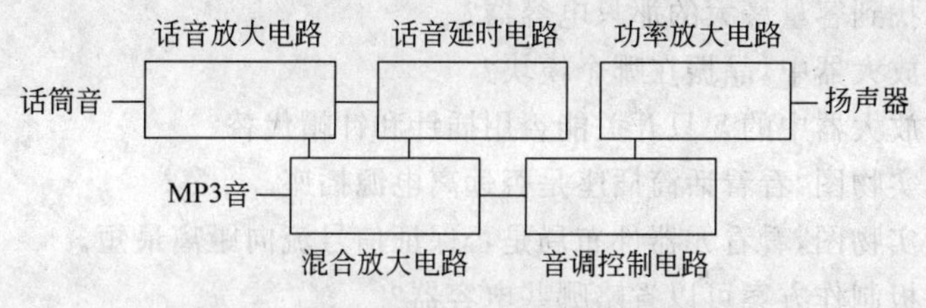

图 2-10　MP3 音放大路径中的耦合电容

2.3.5　确认元器件

1. 确认元器件总数

根据原理图(见图 2-1),按照元器件类别清点数量,将结果填于表 2-1。

表 2-1　音响放大器元器件数量确认(未计入 IC 插座、接线柱和螺钉等辅助材料)

序号	器件名称	数量	确认数量	序号	器件名称	数量	确认数量
1	电阻器	28		5	保险管	1	
2	电容器	42		6	集成电路	5	
3	发光二极管	1		7	开关	5	
4	石英晶振	1		8	插座	4	

2. 分模块确认元器件数量

根据原理图(见图 2-1)和分模块制作方案图(见图 2-4),按照功能模块清点元器件数量,将结果填于表 2-2(任务评价表)。

2.4　任务评价

2.4.1　互动交流

互动交流是任务实施过程中的一个重要环节。通过互相讨论,发现并提出问题,在理论指导下,最后把问题解决。互动交流方式可以是小组与小组之间,也可以是全班性的。互动交流可以促进本次任务的完成。

围绕本次任务实施,为互动交流提出了如下问题。

(1) 音响放大器中,阻值最小和阻值最大的电阻器在哪个功能模块?

(2) 最小电阻值和最大电阻值是多少?

(3) 10kΩ 电阻器集中在哪个模块?

(4) 音响放大器中,哪只电位器只用了两只引脚?

(5) 使用电阻器最多的是哪个模块?

(6) 音响放大器中,哪些电容器是起滤波作用的?

(7) 音响放大器中,哪些电容器是起信号耦合作用的?

(8) 极性电容器是否只能用来滤波?

(9) 无极性电容器是否只能用来耦合信号?

(10) 能否找到容量最大的那只电容器?

(11) 音响放大器中,晶振在哪个模块?

(12) 音响放大器中的5只开关能否用插针和针帽代替?

(13) 对照实物图,看看话筒插座是否远离电源插座。

(14) 对照实物图,看看元器件布局是否保证信号流向距离最短。

(15) 整块板制作方案可以省略哪些电容器?

2.4.2 完成任务评价表

本次任务是对音响放大器的初步认识,学生在短时间内不可能全部消化原理图知识和其他知识,但必须清楚各个功能模块的元器件数量。因此,任务评价表主要以此为依据,见表2-2。

表2-2 任务评价表

<table>
<tr><td>任务名称</td><td colspan="5"></td></tr>
<tr><td>学生姓名</td><td></td><td>所在班级</td><td></td><td>学生学号</td><td></td></tr>
<tr><td>实验场所</td><td></td><td>实施日期</td><td></td><td>指导教师</td><td></td></tr>
<tr><td colspan="6">将音响放大器各个模块内含元器件数量填于下表(不计入集成电路插座、接线柱、紧固螺钉等辅助材料)。</td></tr>
</table>

<table>
<tr><td rowspan="9">电源模块</td><td>核心器件名称</td><td></td><td rowspan="9">音频处理模块</td><td>核心器件名称</td><td></td></tr>
<tr><td>核心器件数量</td><td></td><td>核心器件数量</td><td></td></tr>
<tr><td>极性电容器数量</td><td></td><td>极性电容器数量</td><td></td></tr>
<tr><td>无极性电容器数量</td><td></td><td>无极性电容器数量</td><td></td></tr>
<tr><td>电阻器数量</td><td></td><td>电阻器数量</td><td></td></tr>
<tr><td>保险管数量</td><td></td><td>电位器数量</td><td></td></tr>
<tr><td>发光二极管数量</td><td></td><td>双声道插座数量</td><td></td></tr>
<tr><td>电源插座数量</td><td></td><td>元器件总数量</td><td></td></tr>
<tr><td>元器件总数量</td><td></td><td></td><td></td></tr>
<tr><td rowspan="9">功率放大模块</td><td>核心器件名称</td><td></td><td rowspan="9">话音延时模块</td><td>核心器件名称</td><td></td></tr>
<tr><td>核心器件数量</td><td></td><td>核心器件数量</td><td></td></tr>
<tr><td>极性电容器数量</td><td></td><td>极性电容器数量</td><td></td></tr>
<tr><td>无极性电容器数量</td><td></td><td>无极性电容器数量</td><td></td></tr>
<tr><td>电阻器数量</td><td></td><td>电阻器数量</td><td></td></tr>
<tr><td>电位器数量</td><td></td><td>电位器数量</td><td></td></tr>
<tr><td>扬声器插座数量</td><td></td><td>石英晶体数量</td><td></td></tr>
<tr><td>元器件总数量</td><td></td><td>开关数量</td><td></td></tr>
<tr><td></td><td></td><td>元器件总数量</td><td></td></tr>
</table>

学生自评		教师评价		教师签名	

2.5 总结与提高

2.5.1 知识小结

通过本次任务实施，获取的知识点归纳于表 2-3。

表 2-3　本次任务知识点

序号	知　识　点
1	在观看音响放大器实物之后，第一次接触电路原理图概念
2	原理图对产品负总责，通过制作音响放大器逐步加深理解
3	方框图是对原理图的一种简化，强调的是功能划分与信号流向
4	方框图优化后，音响放大器 6 种电路分 4 个模块实施，外围 4 个部件
5	不包括集成电路插座、接线柱和螺钉等辅助材料，一共使用 87 个元器件

2.5.2 知识拓展

1. 多级放大器的耦合方式

由于单级放大器的功能较弱，实用化电子电路一般都要把放大器级联起来，形成多级放大器。音响放大器就是放大器级联的应用，话音信号经过话音放大、混合放大、音调控制和功率放大，最终推动扬声器发出满足技术指标的声音。

放大器级联有交流耦合和直接耦合两种。

(1) 交流耦合多级放大器

交流耦合包括阻容耦合和变压器耦合。

图 2-11 所示是阻容耦合两级放大器的典型电路。图中，以 VT_1 和 VT_2 为核心，各自形成独立的单级放大器。R_{B1} 和 R_{B2} 是 VT_1 的基极偏置电阻，R_{C1} 是 VT_1 的集电极负载电阻，R_{E1} 和 C_{E1} 是 VT_1 发射极通路的反馈元件。VT_2 的外围元件及工作状态与 VT_1 类似。C_1 和 C_3 分别是两级放大器的输入耦合电容和输出耦合电容，R_L 为负载电阻。两级放大器之间，通过电阻 R_{C1} 和电容 C_2 耦合，将两级独立的放大器级联。与单级放大器相比，两级放大器电压增益得到了提高。由于电容器 C_2 对直流信号的隔离作用，两级放大器各自的工作点互不影响，这是交流耦合放大器的突出优点。

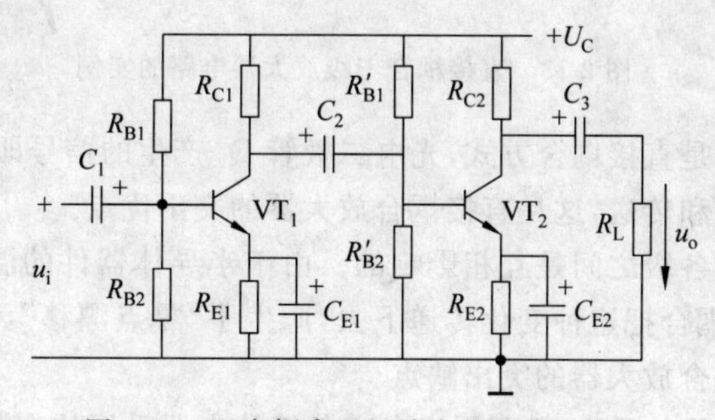

图 2-11　阻容耦合两级放大器的典型电路

图 2-12 所示是变压器耦合多级放大器的应用电路。图中，变压器 T_1 解决输入信号与 VT_1 的耦合问题，变压器 T_3 解决从 VT_3 输出信号的问题。变压器耦合不但能保证放大器工作状态不受影响，还能解决阻抗匹配问题。

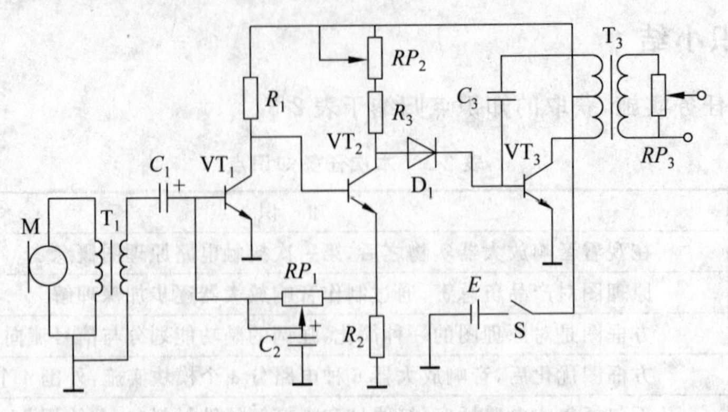

图 2-12 变压器耦合多级放大器的应用电路

交流耦合多级放大器的主要问题是：信号频率太低时，电容器或变压器耦合能力有限，造成传输信号能量的丢失，最终的效果很差或根本无法使用。

为满足放大频率很低的信号，多级放大器必须采用直接耦合方式。

(2) 直接耦合多级放大器

图 2-13 所示是直接耦合三级放大器电路的一个实例。图中，以 VT_1、VT_2 和 VT_3 为核心形成各自的放大器。放大器之间没有通过阻容耦合或变压器耦合，直接连接形成了三级放大器。光电转换二极管 D_1 的负极与场效应管 VT_1 的栅极直接连接，VT_1 的漏极与 VT_2 的发射极直接连接，VT_2 的集电极与 VT_3 的基极直接连接。

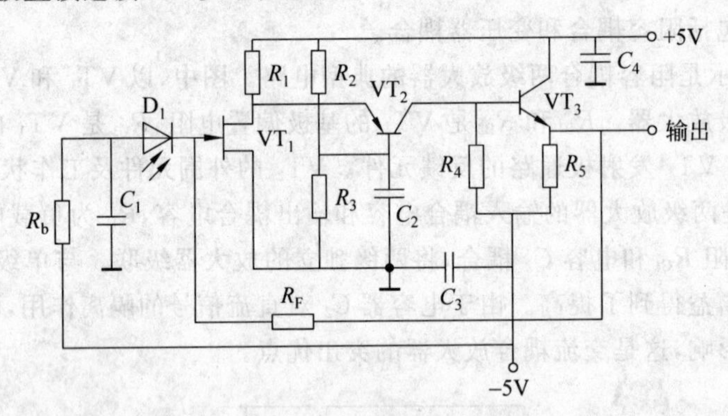

图 2-13 直接耦合三级放大器电路的实例

由于放大器之间是直接耦合方式，光电二极管 D_1 产生的信号即使低到 0Hz 频率（直流），都能够得以放大和传送，这是直接耦合放大器的突出优点。

直接耦合放大器各级之间是互相影响的。由于半导体器件的温度特性，造成静态工作状态的变化，直接耦合把这种变化传递下去，产生了“零点漂移”，放大器最终效果会完全失真。这是直接耦合放大器的突出缺点。

为克服放大器的零点漂移，需要周密考虑各级放大器采用的有源器件，这就是图 2-13

中三极管 VT_2 采用 PNP 型号的原因。选用不同型号的有源器件，使得各自随温度引起的变化相互抵消或降到最低程度，无论是设计还是应用，都是直接耦合放大器最为关注的问题。

表 2-4 对两种耦合方式的放大器性能进行了归纳。通过两种耦合方式的比较，说明直接耦合性能比交流耦合方式好。

表 2-4　放大器两种耦合方式的性能比较

类　别	交 流 耦 合	直 接 耦 合
耦合元器件	阻容或变压器	无
功能	放大信号或阻抗匹配	放大信号或阻抗匹配
突出优点	各级之间互不影响	信号低至 0Hz 频率
突出缺点	低频率信号无法通过	各级之间的零点漂移
技术难度	容易	困难

在分立元件制作电子产品的时代，尽管直接耦合技术较难掌握，但还是发挥了一定的作用。到集成电路时代，直接耦合的诸多难题全部得到解决，集成电路的功能强、规模大、性能好，使电子产品得到了突飞猛进的发展。因此，学习模拟电子技术，对分立元件组成的放大器只需略作了解，重点放到集成电路的认知上。对于任何一块模拟集成电路，在查阅其内部电路原理之后，会发现放大器之间几乎都是直接耦合方式。

顺便提及，图 2-13 中的电阻 R_F 是多级放大器中的反馈电阻。负反馈技术在后面的拓展知识中另作详细介绍。

2. 多级放大器的增益分配

(1) 基本概念

通过交流耦合或直接耦合将单级放大器级联起来形成了多级放大器，下一步需要考虑其功能。从应用角度，放大器的功能应用最多的是将微弱信号进行电压放大、电流放大或功率放大，其中电压放大最为常见。

技术上习惯把输出的物理量(电压、电流和功率等)与输入的物理量相比，这就是增益的概念。直接相比之后，结果为“倍”，无量纲。由于对数是乘法的简化，工程应用中，一般用 dB 对增益进行描述，便于计算和制图等工作。用 dB 表达的电压增益、电流增益和功率增益计算公式分别如下：

$$A_V = 20\lg(V_o/V_i)(\text{dB}) \tag{2-1}$$

$$A_I = 20\lg(I_o/I_i)(\text{dB}) \tag{2-2}$$

$$A_P = 10\lg(P_o/P_i)(\text{dB}) \tag{2-3}$$

多级放大器方框图如图 2-14 所示。图中，每个方框内部可以是单级放大器，也可以是多级放大器。

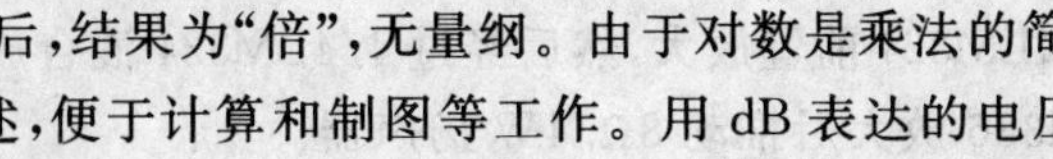

→ 前置级 → 中间级 → 末级 →

图 2-14　多级放大器方框图

前置级接收的信号最微弱，要求灵敏度高，信号放大之后线性度好，否则后续放大会产生严重失真。兼顾这些因素，前置级增益不宜太高。图 2-13 所示就是一个前置级电路。

中间级是多级放大器的增益主要提供者，也称主放大器。在宽带信号接收类电子产品中（如收音机、电视机），为保证输出信号幅度的稳定，主放大器一般具备自动增益控制功能（AGC）。低频类电子产品因为信号频率不高，直接把增益分配到末级。

末级为推动后续电路或物理器件，需要对信号再进行功率放大。末级信号最强。在发送类电子产品中（如 DVD、手机），为保证输出信号功率的稳定，末级一般具备自动功率控制功能（APC）。

（2）应用实例

根据以上原则，可以来认知多级放大器的增益分配问题。

首先确定增益属性，例如电压增益；然后根据输入/输出要求，确定总增益量。音响放大器话筒音信号输入到前置级只有 5mV，通过放大，末级功放输出 3V 推动扬声器，总增益需要达到 612 倍（56dB）。

根据总增益的要求，选定适当的模拟集成电路来承担，进行增益分配。由于各级的功能不同，放大器分担的增益要求不是平均的。

图 2-15 列出了音响放大器各级增益分配情况。其中，话放级就是前置级，占总增益的 1/3；中间级兼顾信号混合放大和音调控制，增益不高，不具备 AGC 功能；电压增益负担主要由末级功放承担。

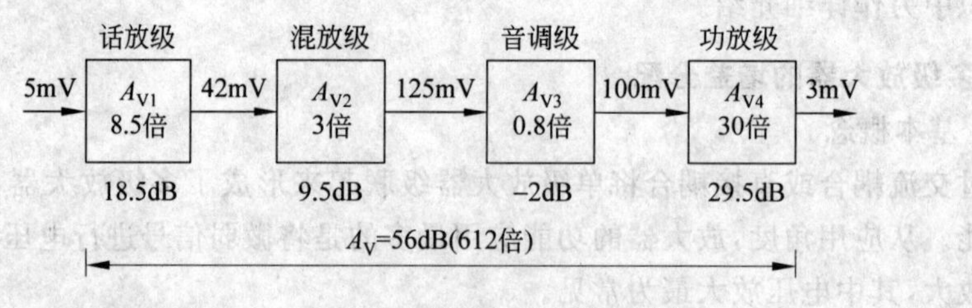

图 2-15　音响放大器各级增益分配情况

话音信号经过 1/4LM324 前置放大，然后经过 1/4LM324 混合放大，再经过 1/4LM324 音调控制，最后由 LM386 放大后推动 8Ω/4W 扬声器。

图中列出的是针对直达话音信号的放大情况。对于话音延时信号和 MP3 信号，电压增益都不会超过 56dB。还需注意，音调控制电路对电压无放大作用。

通过电压增益分配，可以进一步知道音响放大器放大信号的基本做法。

图 2-16 列出了某光纤通信接收机电压增益分配情况。图中，前置级完成光/电转换及小信号放大功能（详见图 2-13），信号频率低端接近 0Hz，高端接近 50MHz。接收机主放大器电压增益为 200 倍，具备 AGC 功能，中间级由增益动态可调的集成电路完成。

比较图 2-15 和图 2-16，两者相同之处是电压增益都很高，必须组成多级放大器，主要由集成电路来承担；不同之处是前者信号频率在 1000Hz 附近，放大器完成低频放大功能，后者信号频率为 0Hz～50MHz，放大器完成宽带信号放大功能。因此，后者电路较为复杂，如图 2-17 所示。

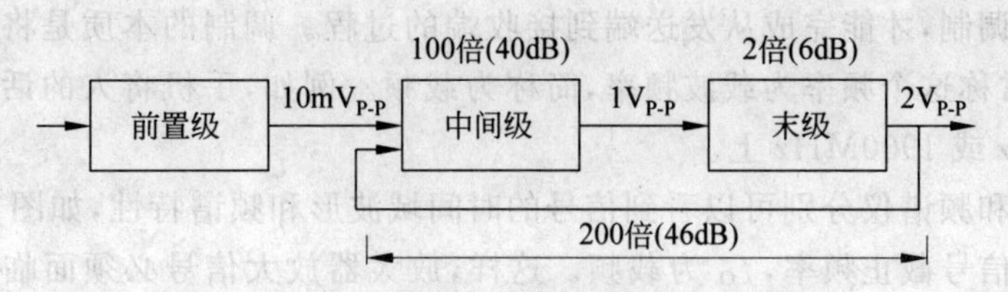

图 2-16　某光纤通信接收机电压增益分配情况

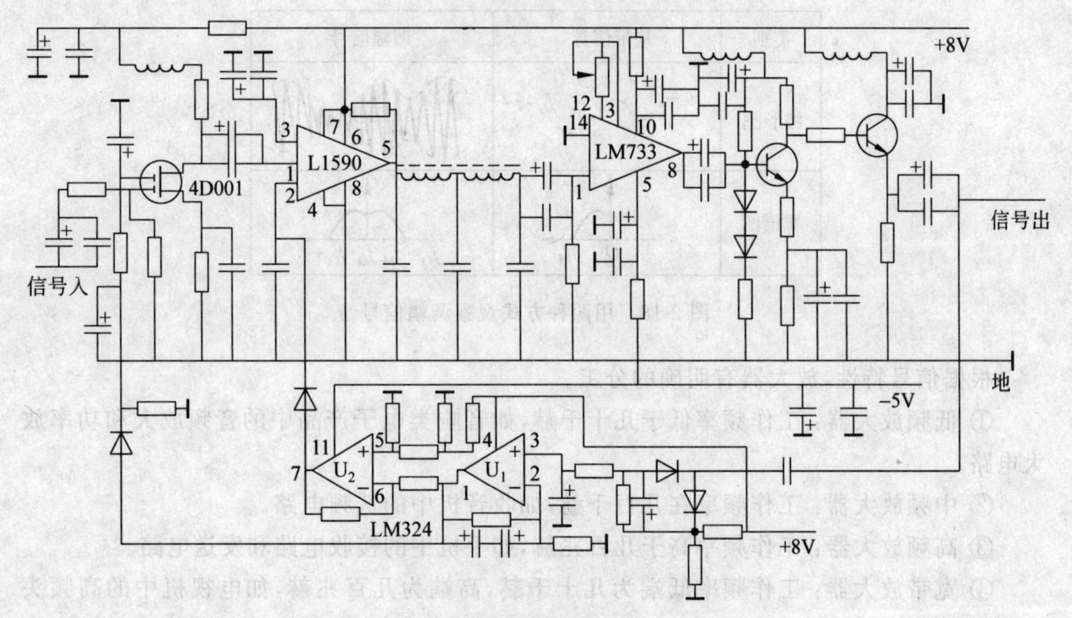

图 2-17　某光纤通信接收机主放大器电路图

图中，宽带信号放大主要由集成电路 L1590 和 LM733 完成。自动增益控制(AGC)由运算放大器 LM324 完成。增益受控器件为双栅极场效应管 4D001 和集成电路 L1590。前者为正向控制方式，电压越高，导通越强；后者为反向控制方式，电压越高，增益越低。为适应受控器件的要求，完成自动增益控制，运算放大器 LM324 必须提供相应的电压。电路由＋8V 和－5V 两种电源供电，连同前置级一起功耗 0.7W。

由于前置级的直接耦合保证了信号频带的要求，主放大器有 5 处采用了电容耦合方式。

3. 多级放大器的频率特性

(1) 信号特征

傅里叶分析告诉人们，任何时间上的信号都可以用频率分量的方式进行描述，从而引出了频带宽度的概念。例如，一个人的话音信号频率一般在 300～3400Hz，一路立体声广播信号频率在 20Hz～20kHz，一套电视节目的信号占据 8MHz 带宽，60 套电视节目占有频带接近 500MHz。这些信号未经加工和处理，称为基带信号。对于电子电路和传输介质，其带宽都不能低于基带信号的带宽；否则，信号无法通过，或损失太大而不能使用。

信号可以通过空气、金属导线和光纤等介质进行传输。为适应传输介质的性能，上述信号还需经过调制，才能完成从发送端到接收端的过程。调制的本质是将基带信号搬移到高频段，通常称这个频率为载波频率，简称为载频。例如，手机将人的话音信号搬移到载频 1800MHz 或 1900MHz 上。

用示波器和频谱仪分别可以看到信号的时间域波形和频谱特性，如图 2-18 所示。图中，f_M 为基带信号截止频率，f_O 为载频。这样，放大器放大信号必须面临工作频率和带宽的问题。

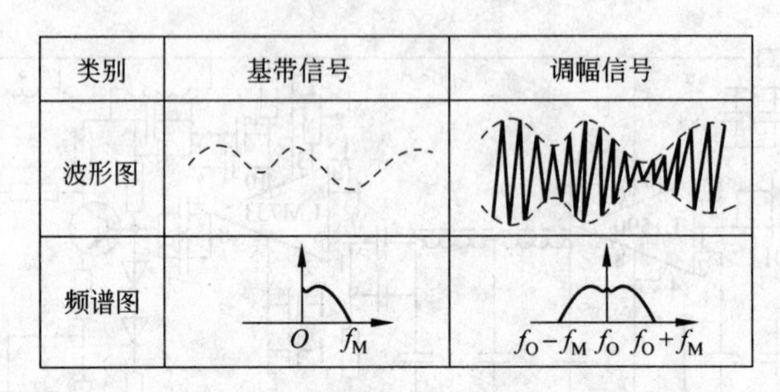

类别
基带信号
调幅信号
波形图
频谱图
O
fM
fO−fM fO fO+fM

图 2-18 用两种方式观察调幅信号

根据信号特性，放大器有明确的分工。

① 低频放大器：工作频率低于几十千赫，如音响类电子产品中的音频放大和功率放大电路。

② 中频放大器：工作频率在几百千赫，如收音机中的选频电路。

③ 高频放大器：工作频率高于几百兆赫，如手机中的接收电路和发送电路。

④ 宽带放大器：工作频率低端为几十千赫，高端为几百兆赫，如电视机中的高频头电路。

(2) 通频带

无论作为何种用途，衡量放大器有一个统一的标准和说法，这就是频率特性。

频率特性是放大器又一种能力的表征，包括幅频特性和相频特性。理想幅频特性要求放大器对信号的所有频率分量均匀地进行放大，即放大量恒定；理想相频特性要求放大器随频率的变化呈线性。只有这样，信号放大之后才会不失真。

实际情况由于电子元器件本身的能力有限，如储能元器件（电容、电感）的惰性，只能向理想要求靠近。

图 2-19 反映的是实际放大器的频率特性。图中，无论是幅频曲线还是相频曲线，都存在弯曲部分。在幅频特性中，幅度下降到 $0.707A_{um}$ 对应的两个频率 f_L（下限频率）和 f_H（上限频率）就决定了放大器的带宽性能，这就是通频带的概念。按此定义，将 60 套电视节目进行混合的放大器通频带至少应保证 480MHz。

音响放大器放大的话音信号和 MP3 音信号没有经过调制，载频为 0Hz；通频带以 1000Hz 为中心，下限频率在 20Hz 附近，上限频率在 20kHz 附近，是典型的低频放大器，级间耦合采用 10μF 电容器即可。

将若干个单级放大器级联形成多级放大器，可以使通频带得到展宽，如用分立元件实施，太过复杂，用集成电路就容易做到。

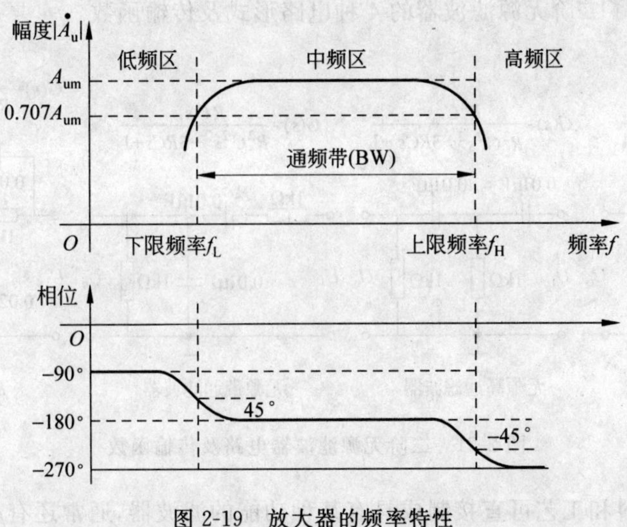

图 2-19　放大器的频率特性

即使是集成电路，要保证在通频带内的增益平坦也不容易，允许上、下略有波动。波动太大，则需要采用频率补偿技术，从而引出了滤波器的概念。

4. 滤波器

滤波器是使需要频段的信号顺利通过，而频段之外的信号不能通过的电路。显然，滤波器是用来协助放大器保证频率特性的一种辅助电路。

图 2-20 列出了各种滤波器的幅频特性，理想情况应该是矩形。

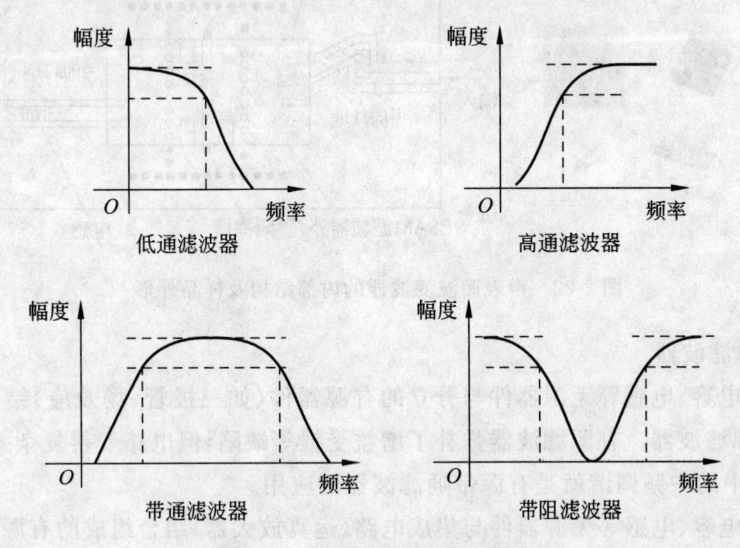

图 2-20　各种滤波器的幅频特性

(1) 无源滤波器

用电阻、电容、电感等无源器件组成的滤波器称为无源滤波器，其优点是电路简单，但会使放大器增益受损，带负载能力和稳定性也变差。

图 2-21 列出了二阶无源滤波器的 4 种电路形式及传输函数。

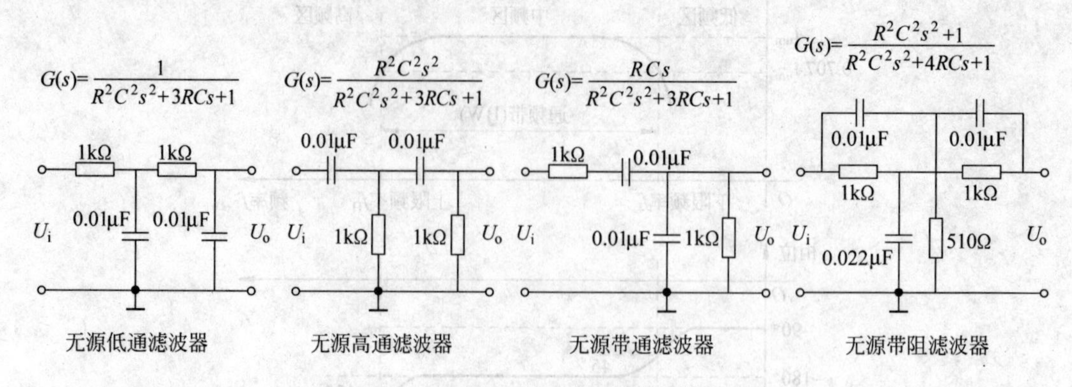

图 2-21 二阶无源滤波器电路及传输函数

采用特殊材料和工艺可直接制成具有某种功能的滤波器，通常还有晶体滤波器、陶瓷滤波器和声表面波滤波器(SAW)等。其中，声表面波滤波器(SAW)最具特色，尤其是其带通性能及稳定性，在电子类产品中应用十分广泛(如手机、电视机、通信设备)。

图 2-22 列出了声表面波滤波器的内部结构及样品外形。声表面波滤波器的应用电路比较简单，但毕竟是无源器件，插入损耗较大(十几分贝)，在其前级要保证信号足够强，后级还需要把增益补充上去。

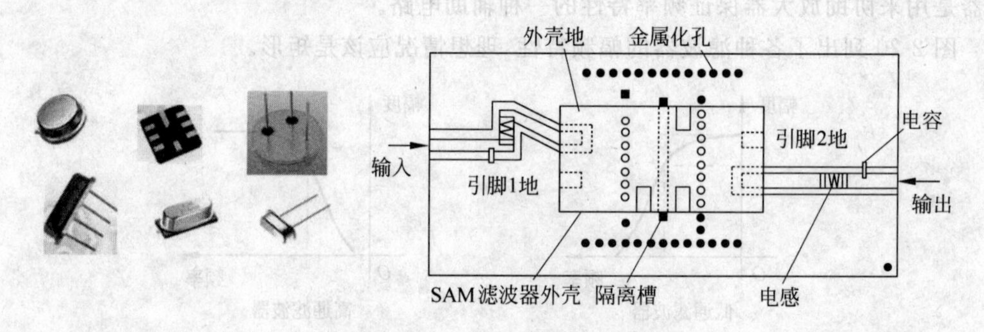

图 2-22 声表面波滤波器的内部结构及样品外形

(2) 有源滤波器

将电阻、电容、电感等无源器件与分立的有源器件(如三极管、场效应)结合组成的滤波器称为有源滤波器。有源滤波器弥补了增益受损等缺陷，但电路变得复杂。

图 2-12 中的中频调谐就是有源带通滤波器的应用。

将电阻、电容、电感等无源器件与集成电路(运算放大器)结合组成的有源滤波器最为流行，因为其电路简单，通频带效果也较理想。

表 2-5 列出了一些常见有源滤波器的电路形式。其中，有 11 种用电阻、电容配合运算放大器构成低通、高通、带通和带阻滤波器，一种用电容、电感配合三极管构成带通滤波器。

表 2-5　常见有源滤波器的电路形式

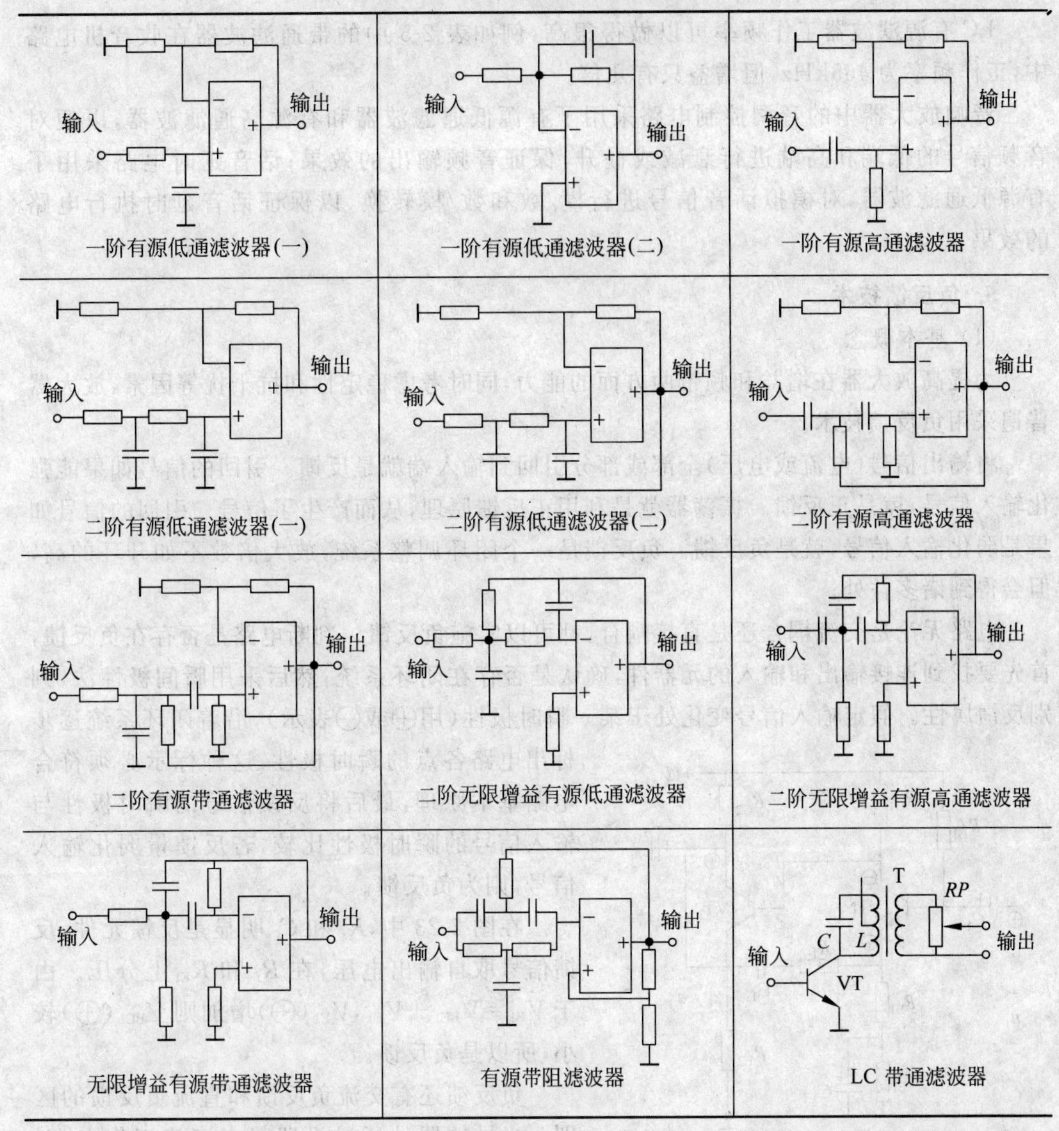

表 2-5 中所列举的两类滤波器各有所长，互为补充。用电阻、电容配合有源器件构成的滤波器几乎无所不能，电路形式也简单，但有一个致命的弱点，即工作频率高不上去。

根据上述对放大器能力要求的分析，需要将放大倍数和频带综合考虑。

放大器的特性受到单位增益带宽积（增益为 1 时的带宽）的制约，换言之，对放大器要在增益和工作频率两方面算总账。无论是单级放大器，还是多级放大器，单位增益带宽积是个定数。若要频率宽，则必然增益低；若要增益高，则必然频带窄。

RC 有源滤波器尽管能做到“增益无限”，由于其单位增益带宽积很低，只能在低频工作段发挥作用。以运算放大器集成电路 LM324 为例，其单位增益带宽积为 1MHz，若想用来获得 100 倍的增益，则带宽为 10000Hz(10kHz)，只能用来放大话音之类的基带信号

(300～3400Hz)。

LC 有源滤波器工作频率可以做得很高，例如表 2-5 中的带通滤波器在收音机电路中，工作频率为 465kHz，但增益只有几倍。

音响放大器中的音调控制电路采用了有源低通滤波器和有源高通滤波器，以便对音频信号的低端和高端进行衰减或提升，保证音频输出的效果；话音延时电路采用了有源低通滤波器，对模拟话音信号进行模/数和数/模转换，以保证话音延时执行电路的效果。

5. 负反馈技术

(1) 基本概念

为提高放大器在增益和频带两方面的能力，同时考虑稳定性和抗干扰等因素，放大器普遍采用负反馈技术。

将输出信号(电流或电压)全部或部分引回到输入端就是反馈。引回的信号如果能强化输入信号，就是正反馈。振荡器就是利用正反馈原理，从而产生了信号。引回的信号如果是弱化输入信号，就是负反馈。负反馈是一个闭环调整系统，放大倍数不如开环的高，但会得到诸多益处。

电路无论是交流耦合还是直接耦合，都可以实施负反馈。判断电路是否存在负反馈，首先要找到连接输出和输入的元器件，确认是否存在闭环系统；然后采用瞬间极性法，判别反馈属性。假定输入信号变化处于某一瞬时极性(用⊕或⊖表示)，沿着闭环系统逐步标出电路各点的瞬时极性，这种标示必须符合电路基本原理，最后将反馈信号的瞬时极性与输入信号的瞬时极性比较，若反馈量弱化输入信号，则为负反馈。

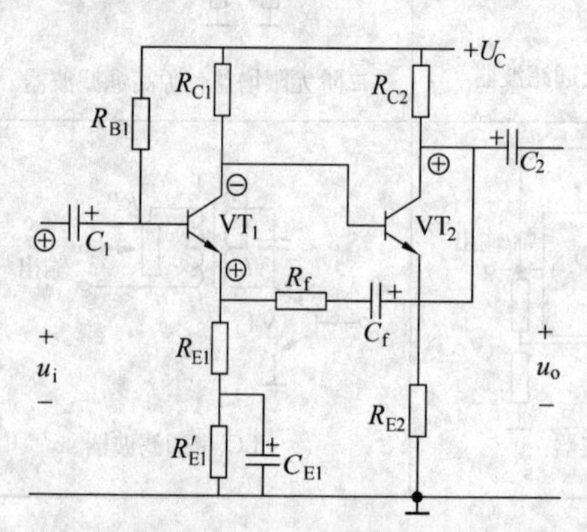

图 2-23 交直流负反馈判别示例

在图 2-23 中，R_f 和 C_f 明显是反馈元件，反馈信号取自输出电压，在 R_f 和 R_{E1} 上分压。由于 $V_{B1}=V_{BE1}+V_{E1}$，V_{E1}(⊕)增加则 V_{BE1}(⊕)较小，所以是负反馈。

负反馈还有交流负反馈和直流负反馈的区别。半导体器件通过设置静态直流工作点，对信号进行放大。如果反馈元件在直流通路中，则是直流负反馈，用来稳定放大器的静态工作点；如果反馈元件在交流通路中，则是交流负反馈，用来稳定信号；如果反馈元件同时存在于交、直流通路中，则是交直流负反馈，既能稳定放大器的静态工作点，又能稳定信号。

在图 2-23 所示电路中，R_{E1} 和 R_{E2} 属于交直流负反馈元件。R'_{E1} 属于直流负反馈元件，因为 C_{E1} 对交流信号视为短路；R_f 和 C_f 属于交流负反馈元件，直流信号无法通过 C_f。

(2) 反馈方法

为加深理解负反馈技术，还需要进一步了解反馈信号如何从输出信号取出、反馈信号如何加入到输入电路中、输入信号通过什么方式去控制输出信号，如表 2-6 所示。

表 2-6　四种反馈方式的基本特性

反馈名称	反馈信号获取来源	反馈目的	反馈方法	反馈信号弱化输入信号方式	输入电阻	输出电阻
电压串联	输出电压	稳定输出电压	串联	降低输入信号电压	提高	降低
电压并联	输出电压	稳定输出电压	并联	减少输入信号电流	降低	降低
电流串联	输出电流	稳定输出电流	串联	降低输入信号电压	提高	提高
电流并联	输出电流	稳定输出电流	并联	减少输入信号电流	降低	提高

判断四种反馈的具体方法如下。

① 电压反馈：如果将负载短路，则反馈信号消失。

② 电流反馈：如果将负载断开，则反馈信号消失。

③ 串联反馈：反馈信号与输入信号串联在一个回路中。

④ 并联反馈：反馈信号通路与输入信号通路并联。

如图 2-23 中，反馈信号取自 VT_2 集电极，如果负载短路，则反馈信号消失，因此是电压反馈；反馈元件 R_f、C_f 将输出电压传递到 VT_1 发射极电阻 R_{E1}，在 R_{E1} 上产生的压降与 V_{BE1} 串联，因此是串联反馈。

表 2-7 列举了四种反馈方式的分立元件电路图、方框图和控制特性。

表 2-7　分立元件组成的四种反馈方式情况

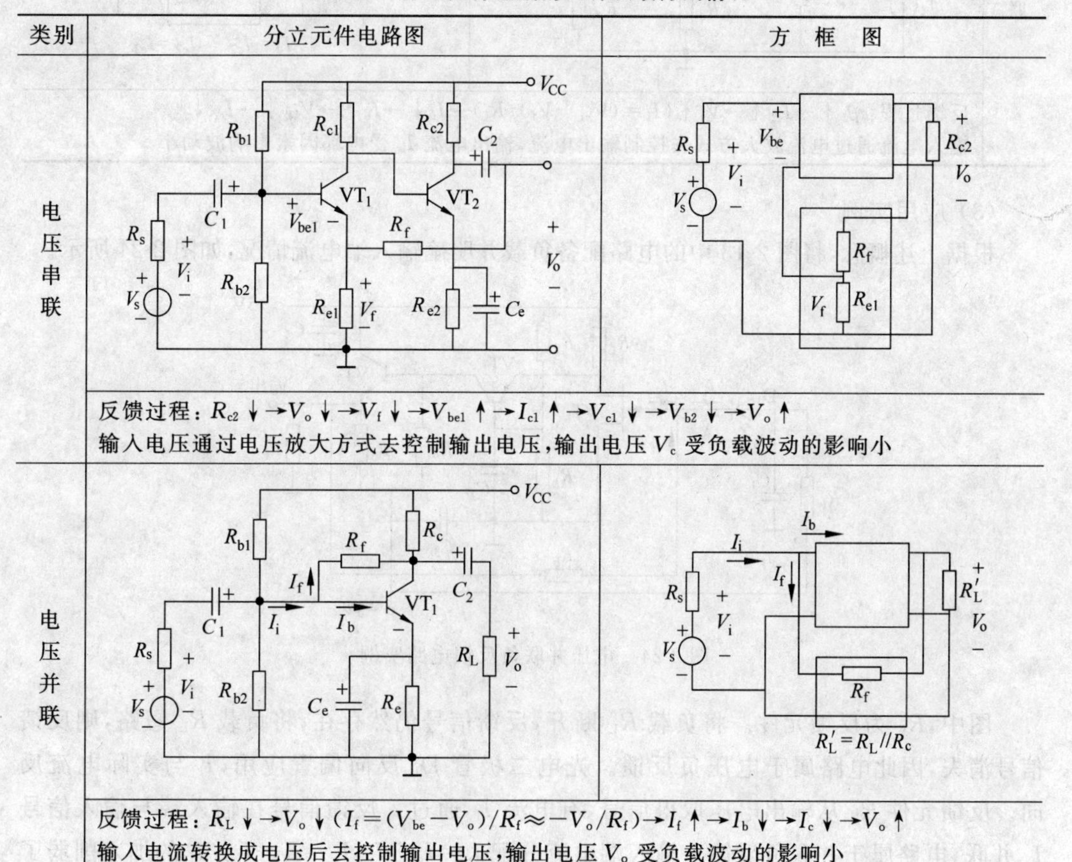

类别	分立元件电路图	方 框 图
电压串联	（电路图）	（方框图）
	反馈过程：$R_{c2}\downarrow\to V_o\downarrow\to V_f\downarrow\to V_{be1}\uparrow\to I_{c1}\uparrow\to V_{c1}\downarrow\to V_{b2}\downarrow\to V_o\uparrow$ 输入电压通过电压放大方式去控制输出电压，输出电压 V_c 受负载波动的影响小	
电压并联	（电路图）	（方框图）$R_L'=R_L//R_c$
	反馈过程：$R_L\downarrow\to V_o\downarrow\ (I_f=(V_{be}-V_o)/R_f\approx -V_o/R_f)\to I_f\uparrow\to I_b\downarrow\to I_c\downarrow\to V_o\uparrow$ 输入电流转换成电压后去控制输出电压，输出电压 V_o 受负载波动的影响小	

续表

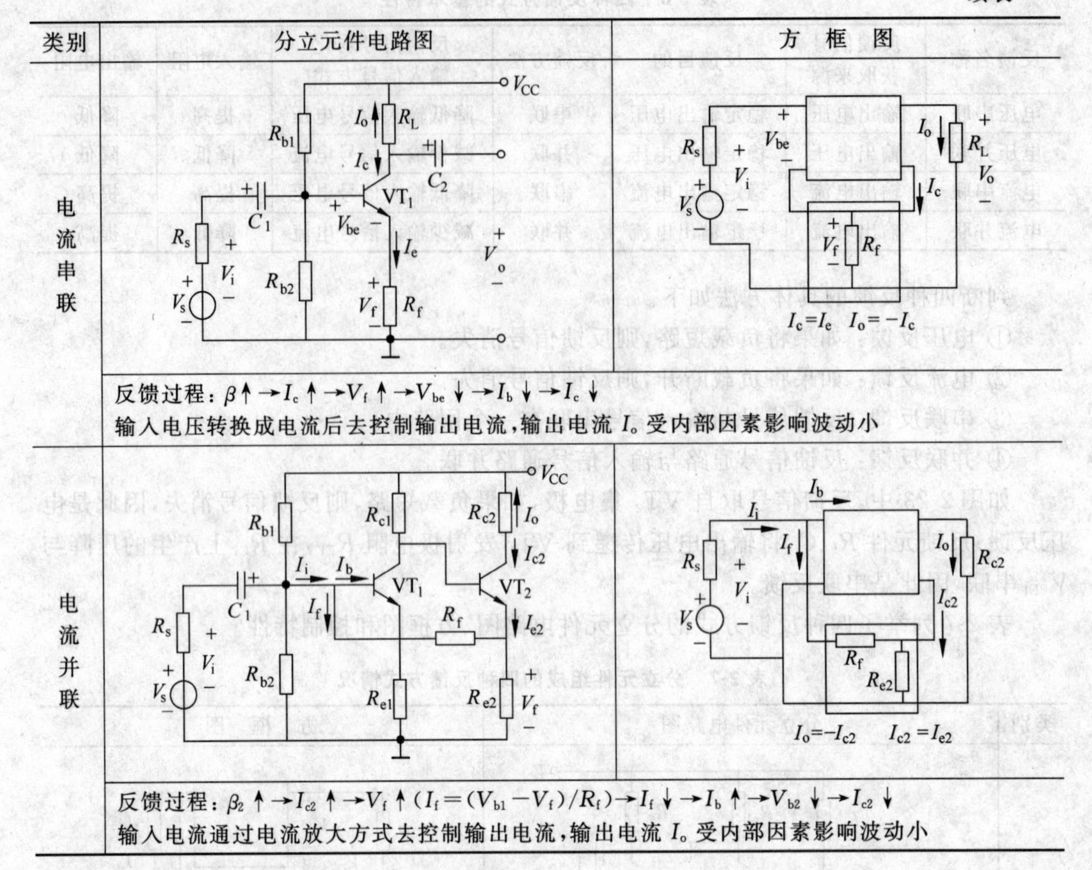

类别	分立元件电路图	方框图
电流串联		$I_c = I_e \quad I_o = -I_c$
	反馈过程：$\beta\uparrow \rightarrow I_c\uparrow \rightarrow V_f\uparrow \rightarrow V_{be}\downarrow \rightarrow I_b\downarrow \rightarrow I_c\downarrow$ 输入电压转换成电流后去控制输出电流，输出电流 I_o 受内部因素影响波动小	
电流并联		$I_o = -I_{c2} \quad I_{c2} = I_{e2}$
	反馈过程：$\beta_2\uparrow \rightarrow I_{c2}\uparrow \rightarrow V_f\uparrow (I_f = (V_{b1} - V_f)/R_f) \rightarrow I_f\downarrow \rightarrow I_b\uparrow \rightarrow V_{b2}\downarrow \rightarrow I_{c2}\downarrow$ 输入电流通过电流放大方式去控制输出电流，输出电流 I_o 受内部因素影响波动小	

(3) 应用实例

根据上述概念，将图 2-13 中的电路配备负载并明确输入端电流情况，如图 2-24 所示。

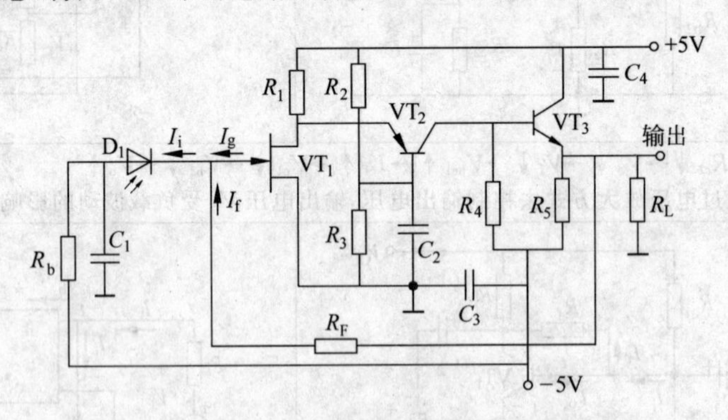

图 2-24 电压并联负反馈电路实例

图中，R_F 为反馈元件。将负载 R_L 断开，反馈信号仍然存在；将负载 R_L 短路，则反馈信号消失，因此电路属于电压负反馈。光电二极管 D_1 反向偏置应用，I_i 与实际电流反向。反馈元件 R_F 从输出电压取得信号，有电流 I_F 通过。反馈信号在输入端与输入信号 I_g 并联，电路属于并联负反馈。输入端电流分配 $I_i = I_g + I_f$，$I_g = I_i - I_f$。I_f 的加入削弱了

I_g 分量。

闭环控制过程如下：$R_L\downarrow\rightarrow V_o\downarrow(I_F=(V_o-V_{gs}/R_F))\rightarrow I_f\downarrow\rightarrow I_g\uparrow\rightarrow \mathrm{VT_1}$ 栅极电位↓→$\mathrm{VT_1}$ 导通能力↓→$\mathrm{VT_1}$ 漏极电位↑→$\mathrm{VT_2}$ 导通能力↑→$\mathrm{VT_3}$ 导通能力↑→$V_o\uparrow$。

(4) 负反馈对电路性能的改善

负反馈技术除稳定电路的输出(电压或电流)和改善阻抗特性之外,还能提高电路增益的稳定性。若无负反馈电路的增益为 A,反馈系数为 F,负反馈电路的增益为 A_f,三者的固定关系及微变关系为

$$A_f=\frac{A}{1+AF},\quad \frac{\Delta A_f}{A_f}=\frac{1}{1+AF}\frac{\Delta A}{A} \tag{2-4}$$

设 $A=10000,F=0.01,\Delta A=\pm1000$,则 $\Delta A/A=\pm10\%,\Delta A_f/A_f=\pm0.1\%$,说明负反馈提高了电路的稳定性。这种改善是以降低开环增益为代价的。

负反馈技术还可以减小电路的非线性失真,原因在于反馈信号在输入端与无反馈时的输出失真信号相互抵消,使失真得到补偿,从而改善了输出波形,如图 2-25 所示。

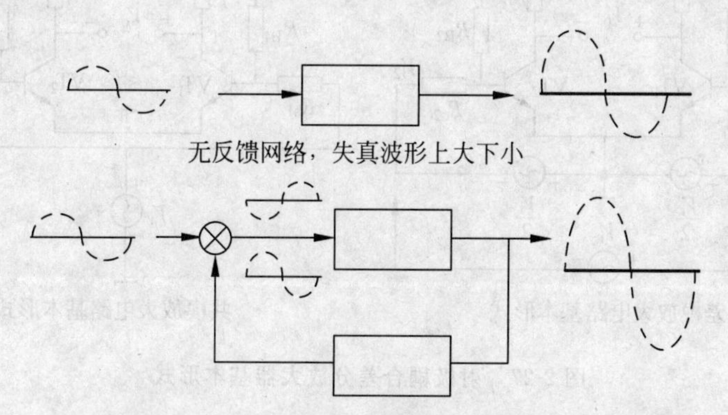

图 2-25　负反馈改善电路非线性失真示意图

负反馈技术还能改变电路的频率特性,展宽通频带,如图 2-26 所示。从图中可以看出,负反馈展宽通频带是以牺牲增益为代价的。

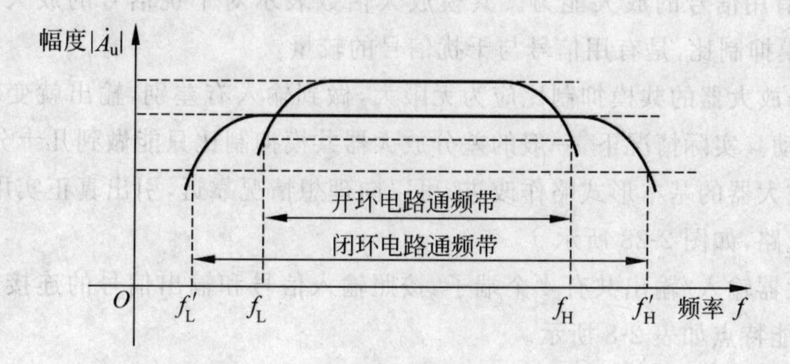

图 2-26　负反馈改变电路通频带示意图

负反馈技术还可以改变电路的输入、输出电阻。并联反馈使电路在原输入端并联了一个反馈回路，使电路的输入电阻降低，适合于信号源是电流源方式的应用，如图 2-24 所示电路；串联反馈使电路在原输入端串联了一个反馈回路，使电路的输入电阻提高，适合于信号源是电压源方式的应用，如图 2-23 所示电路。

6. 差分放大器

(1) 基本概念

差分放大也称差动放大，是当代线性放大电路的主流技术。

前面曾经介绍过放大器直接耦合的许多优点，也提到过克服零点漂移的各种方法，最好的方法就是组成差分放大电路。

差分放大器由两个特性相同的基本放大电路采用直接耦合方式形成，表达得更为具体一点，称其为射极耦合差分放大器，如图 2-27 所示。

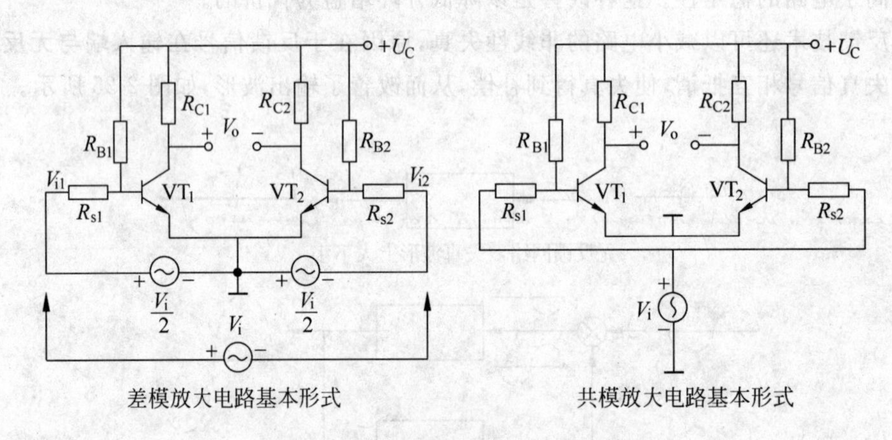

图 2-27 射极耦合差分放大器基本形式

与单管放大器相比，差分放大器的元器件数量增加了一倍，但带来了诸多好处。

差分放大器采用直接耦合方式，元器件左右对称。只要元器件参数一致，利用两管共同变化的特点，输出就能克服直接耦合的零点漂移问题。图 2-27 中，两种放大器的放大倍数分别称为差模放大倍数 A_d 和共模放大倍数 A_c。差模放大倍数与单管放大倍数概念相同，表示对有用信号的放大能力。共模放大倍数表示对干扰信号的放大能力。A_d 与 A_c 之比是共模抑制比，是有用信号与干扰信号的较量。

理想差分放大器的共模抑制比应为无限大，做到输入有差别，输出就变动；输入无差别，输出就不动。实际情况下，一般的差分放大器共模抑制比只能做到几十分贝。

将差分放大器的基本形式略作改进，可以向理想情况靠近，引出真正实用化的长尾电路和恒流源电路，如图 2-28 所示。

差分放大器输入/输出共有 4 个端子，按照输入信号和输出信号的连接方式，有 4 种用法，具体性能特点如表 2-8 所示。

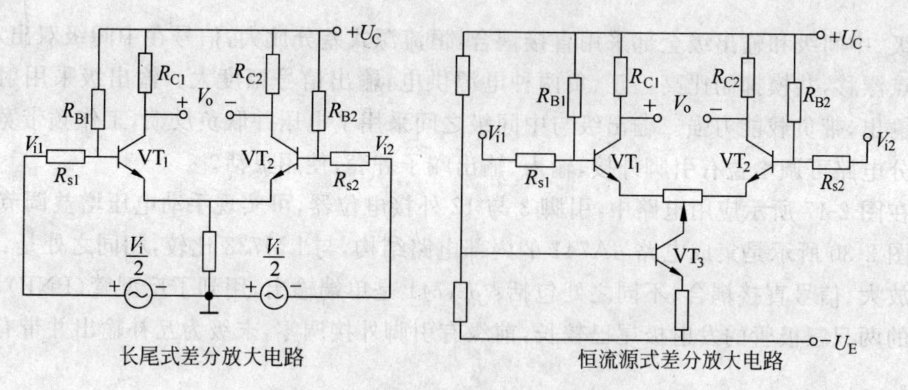

图 2-28　射极耦合差分放大器实用形式

表 2-8　差分放大器 4 种接法性能特点

项　目	接　法			
	双入双出	双入单出	单入双出	单入单出
差模放大倍数	同单管电路	单管电路的一半	同单管电路	单管电路的一半
用途	前、后级均为差分式	便于与后级电路连接成共地方式	后级为差分输入式，负载两端悬浮	介于两级单管电路中间，抑制零点漂移

差分放大工作方式较好地解决了模拟电子电路的信号放大问题。在分立元件时代，通过选管配对，也能制作性能较好的线性放大器；到集成电路时代，大规模、集成化、功能强、性能好的宽带放大器和运算放大器凸现出来，至今仍然是主流器件。

(2) 应用实例

图 2-17 中使用的宽带放大集成电路 LM733 的内部结构如图 2-29 所示。由图可知，

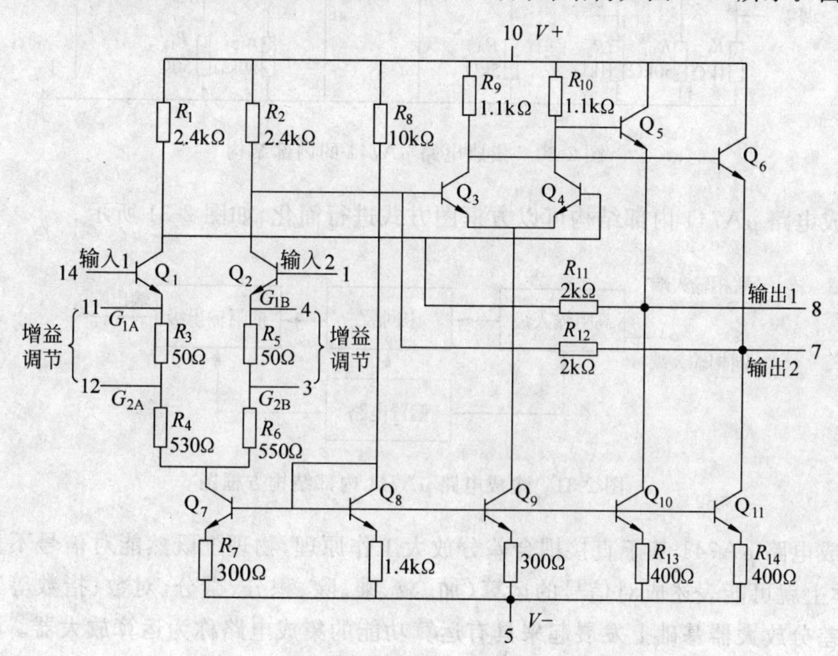

图 2-29　宽带放大集成电路 LM733 的内部结构

输入级、中间级和输出级全部采用直接耦合，恒流源式差分放大，信号在中间级双出双入，无零点漂移，共模抑制比高。正、负两种电源供电，输出信号幅度大。输出级采用射极跟随器输出，带负载能力强。输出级与中间级之间采用了电压并联负反馈，工作频带宽。前级差分电路可调增益有引脚外接，输入、输出端子齐套，使用灵活。

在图 2-17 所示应用电路中，引脚 3 与 12 外接电位器，可实现手动电压增益调节。

图 2-30 所示是集成电路 μA741 的内部电路结构，与 LM733 比较，相同之处是：输入差分放大、信号直接耦合；不同之处包括：μA741 是单端输出，用到了反型管(PNP)，差分放大的两只三极管的发射极尾巴较长，前级有引脚外接调零，末级为互补输出并带有保护电路。

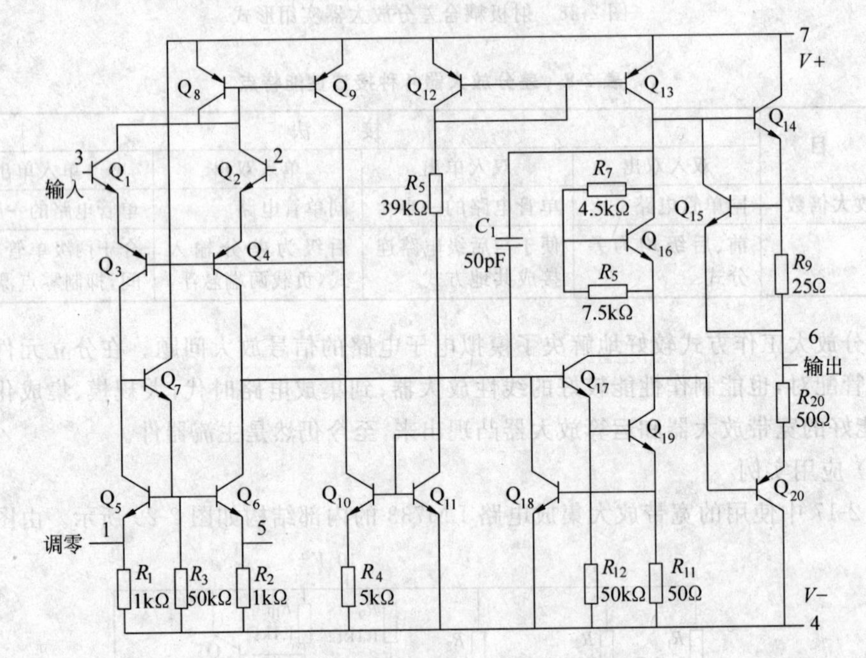

图 2-30　集成电路 μA741 的内部结构

集成电路 μA741 内部结构可以方框图方式进行简化，如图 2-31 所示。

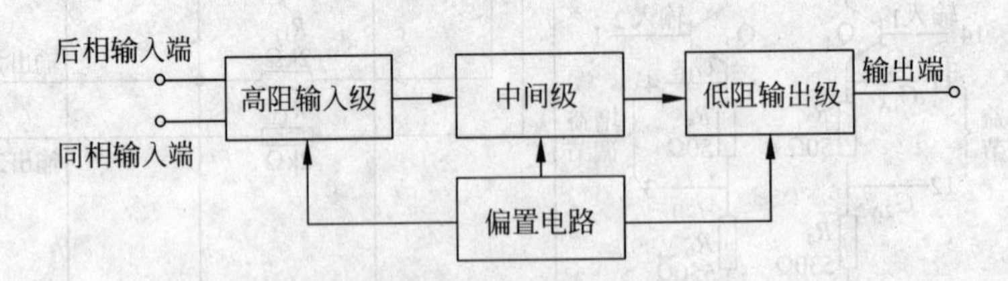

图 2-31　集成电路 μA741 内部结构方框图

集成电路 μA741 基于直接耦合差分放大工作原理，物理上既然能对信号不失真地放大，数学上就可能表述成对信号的运算(加、减、乘、除、积分、微分、对数、指数等)。因此，也把在差分放大器基础上发展起来具有运算功能的集成电路称为运算放大器。

7. 运算放大器

(1) 理想运算放大器

理想运算放大器通用图形符号如图 2-32 所示。图形符号中略去了电源引脚，突出了输入、输出端子，"▷"寓意信号放大，"∞"寓意差模开环放大倍数为无穷大，即理想运算放大器。理想运算放大器的技术指标包括：

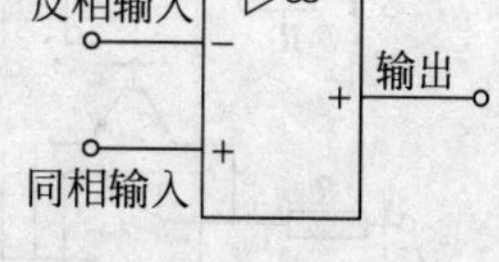

图 2-32　运算放大器通用图形符号

① 开环差模电压放大倍数 $A_{od}=\infty$；

② 差模输入电阻 $R_{id}=\infty$；

③ 输出电阻 $R_o=0$；

④ 共模抑制比 $K_{CMR}=\infty$；

⑤ 输入偏置电流 $I_{ib}=0$；

⑥ 上限频率 $f_H=\infty$。

基于理想运算放大器条件，各种运算电路的组成及运算原理如表 2-9 所示。

表 2-9　各种运算电路的组成及运算原理

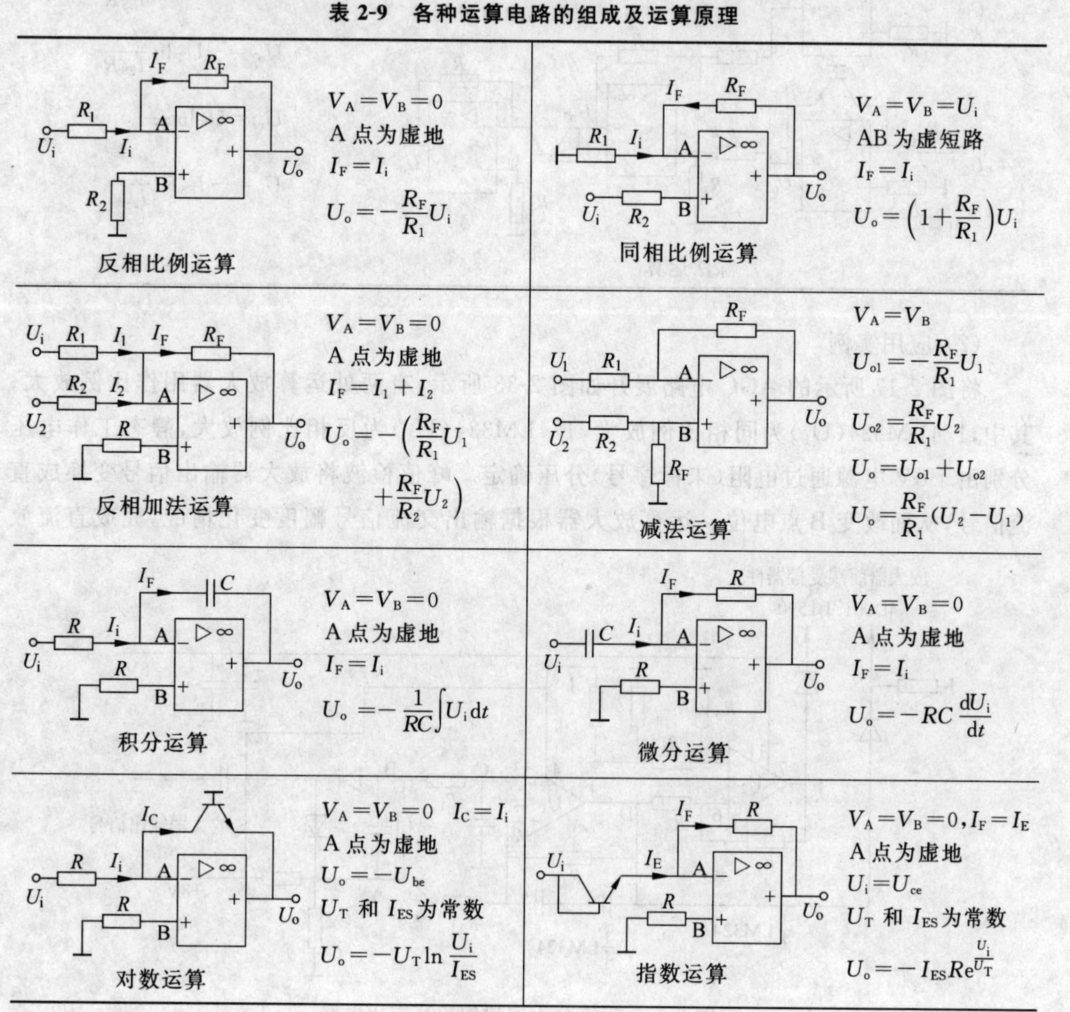

运算电路	运算原理
反相比例运算	$V_A=V_B=0$ A 点为虚地 $I_F=I_i$ $U_o=-\frac{R_F}{R_1}U_i$
同相比例运算	$V_A=V_B=U_i$ AB 为虚短路 $I_F=I_i$ $U_o=\left(1+\frac{R_F}{R_1}\right)U_i$
反相加法运算	$V_A=V_B=0$ A 点为虚地 $I_F=I_1+I_2$ $U_o=-\left(\frac{R_F}{R_1}U_1+\frac{R_F}{R_2}U_2\right)$
减法运算	$V_A=V_B$ $U_{o1}=-\frac{R_F}{R_1}U_1$ $U_{o2}=\frac{R_F}{R_1}U_2$ $U_o=U_{o1}+U_{o2}$ $U_o=\frac{R_F}{R_1}(U_2-U_1)$
积分运算	$V_A=V_B=0$ A 点为虚地 $I_F=I_i$ $U_o=-\frac{1}{RC}\int U_i\,dt$
微分运算	$V_A=V_B=0$ A 点为虚地 $I_F=I_i$ $U_o=-RC\frac{dU_i}{dt}$
对数运算	$V_A=V_B=0$　$I_C=I_i$ A 点为虚地 $U_o=-U_{be}$ U_T 和 I_{ES} 为常数 $U_o=-U_T\ln\frac{U_i}{I_{ES}}$
指数运算	$V_A=V_B=0, I_F=I_E$ A 点为虚地 $U_i=U_{ce}$ U_T 和 I_{ES} 为常数 $U_o=-I_{ES}Re^{\frac{U_i}{U_T}}$

续表

电路	运算关系
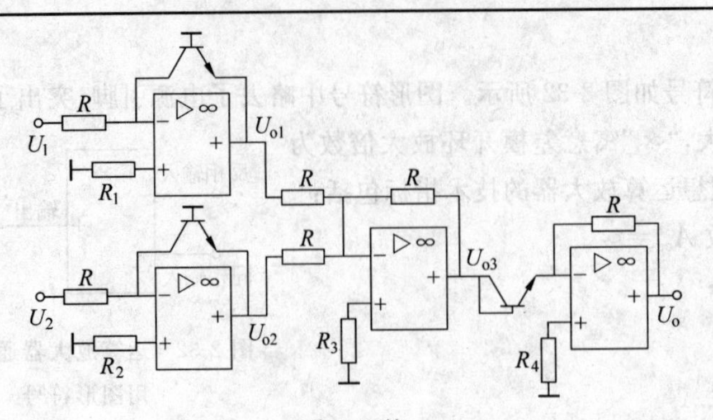 乘法运算	$U_{o1}=-U_T\ln\frac{U_1}{I_{ES}R}$ $U_{o2}=-U_T\ln\frac{U_2}{I_{ES}R}$ $U_{o3}=U_T\ln\frac{U_1U_2}{(I_{ES}R)^2}$ $U_o=-\frac{1}{I_{ES}R}U_1U_2$
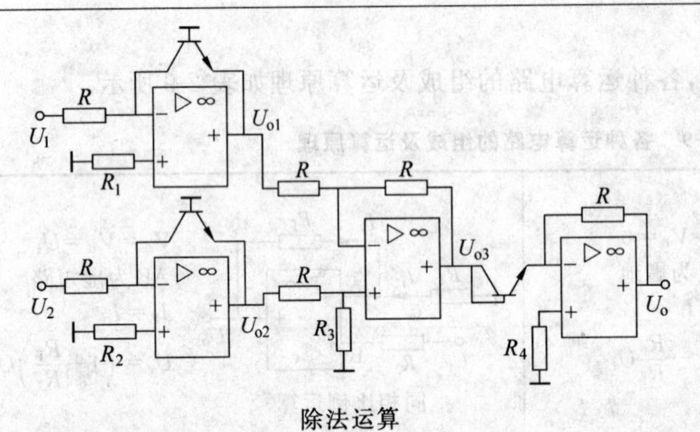 除法运算	$U_{o1}=-U_T\ln\frac{U_1}{I_{ES}R}$ $U_{o2}=-U_T\ln\frac{U_2}{I_{ES}R}$ $U_{o3}=U_T\ln\frac{U_1}{U_2}$ $U_o=-I_{ES}R\frac{U_1}{U_2}$

(2) 应用实例

将图 2-17 所示的 AGC 电路展开如图 2-33 所示，有两处运算放大器用作比例放大。其中，1/4LM324(U_1)为同相比例放大，1/4LM324(U_2)为反相比例放大，静态工作电压分别由＋8V 电源通过电阻(未标序号)分压确定。峰值检波将放大器输出信号变换成直流信号，从而改变 B 点电位。运算放大器根据输出交流信号幅度变化情况，完成直流放

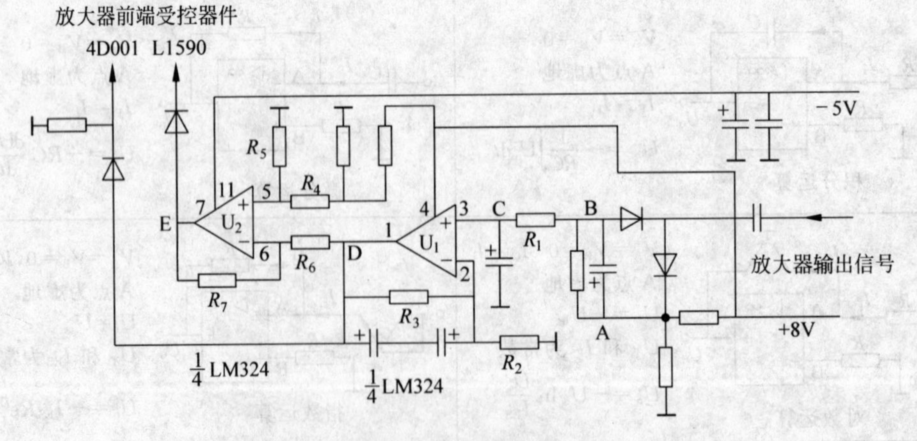

图 2-33 运算放大器比例运算应用电路

大功能，产生相应的输出电压去控制前端的增益(4D001 属正向控制，L1590 属反向控制)。

控制过程如下：如果输出信号幅度↑→V_{AB}↑→V_B↓→V_C↓→V_D↓→4D001 增益↓→输出信号幅度↓，同时，V_D↓→V_E↑→L1590 增益↓→输出信号幅度↓。

电阻器 R_1、R_2 和 R_3 决定了同相比例放大倍数，电阻器 R_4、R_5、R_6 和 R_7 决定了反相比例放大倍数，取值原则根据受控器件所需控制电压的范围确定。

本书与运算放大器应用相关的内容还包括：

① 有源低通滤波器和有源高通滤波器运用(第五单元，音调控制电路)；

② 反向加法运用(第六单元，混合放大电路)；

③ 同相放大运用(第七单元，话音放大电路)；

④ 有源低通滤波器、积分器和比较器运用(第九单元，话音延时执行电路)。

2.6 巩固与练习

1. 填空题

(1) 电源电路用到( )只电容器。

(2) 功率放大电路用到( )只电阻器。

(3) 音频处理模块用到( )只电位器。

(4) 话音延时电路用到( )只石英晶体。

(5) 音响放大器需要( )个外围部件。

2. 判断题

(1) 在音响放大器中，话筒音放大之后分成两路，一路去延时电路，一路去混合放大电路。( )

(2) 在音响放大器中，MP3 音没有进入延时电路。( )

(3) 音频处理模块是分块制作音响放大器的核心模块。( )

(4) 功率放大电路需要＋5V 供电。( )

(5) 话音延时电路需要＋9V 供电。( )

3. 简答题

(1) 简述音响放大器总体功能。

(2) 简述音响放大器电源模块功能。

(3) 简述音响放大器功率放大模块功能。

(4) 简述音响放大器音频处理模块功能。

(5) 简述音响放大器话音延时模块功能。

4. 填图题

(1) 参照图 2-3，将下图所示三模块制作方案中的连线补齐。

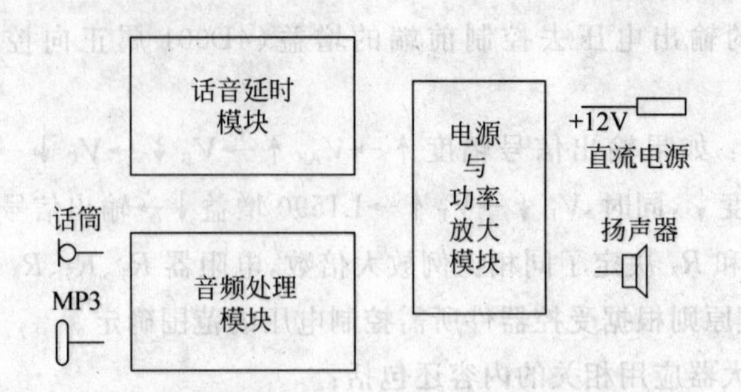

（2）参照图 2-3，将下图所示两模块制作方案中的连线补齐。

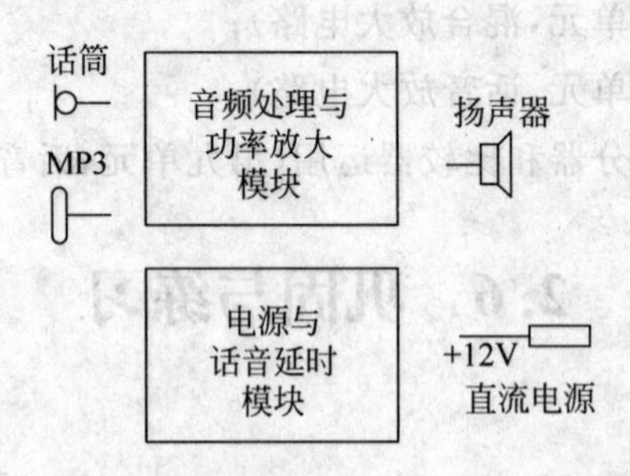

（3）参照图 2-1，以整块 LM324 图形符号为核心，完成话音放大、混合放大及音调控制电路组合而成的音频处理模块原理图。

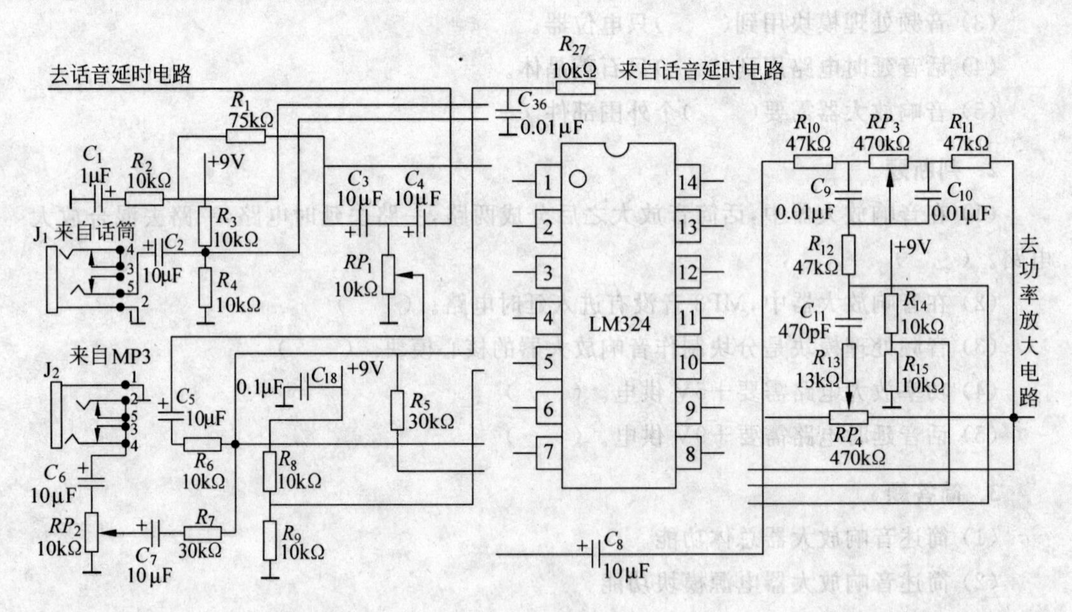

第三单元

电源电路的制作

3.1 任务情境

学习引导

任务情境首先为你提供音响放大器电源电路的制作实物，介绍电源电路的功能及组成；然后引出原理图、装配图和布线图，找到完成任务的途径；最后为你制定了一个可完成的任务要求和目标。

任务名称	电源电路的制作
任务内容	

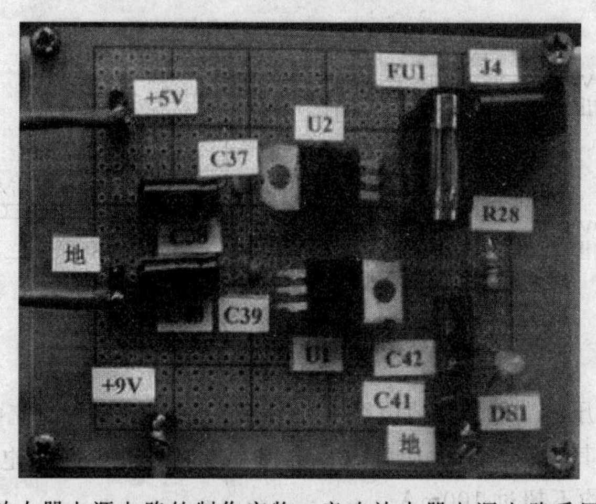

上图是一个音响放大器电源电路的制作实物。音响放大器电源电路采用直流电源（＋12V）供电，产生＋9V 和＋5V 两种电源电压，供其他模块使用。

从实物图上可以发现，电路板上的主、辅材料共有 17 个元器件，其中主材料 12 个，辅助材料包括 1 个保险管支架、4 个向外连接的接线柱。元器件标识醒目，引脚长度留有可检测的余地。

电源电路是保障音响放大器正常工作的基础，独立性较强。制作音响放大器先从制作电源电路开始，可以为后续各项任务的实施提供方便。电源电路看起来比较简单，但其核心器件、工作原理、配套元器件等在制作过程中还是有一些问题需要特别注意的。

任务实施从学习原理图开始，掌握核心器件 7805、7809 及辅助器件的技术性能，在装配图和布线图帮助下完成制作，并进行技术指标测试。

续表

任务要求

1. 学习和消化“任务资讯”提供的相关知识，用以指导实际训练。
2. 完成“任务实施”的各项步骤，制作电源电路。
3. 开展互动交流活动，并完成任务评价表。
4. 浏览“总结与提高”相关内容，总结并拓展在任务实施过程中学到的知识。
5. 课余时间继续完成“巩固与练习”中的相关习题，加深所学知识的印象。

任务目标

1. 知识目标：了解电源电路的作用，掌握1～2种实现方法及简单测试方法。
2. 技能目标：能借助原理图分析问题和查找故障，借助装配图和布线图制作电源电路。
3. 素质目标：继续培养读图、画图和区分各种图的习惯，注意安全用电。

3.2 任务资讯

学习引导

根据所给的任务，任务资讯首先提供了电源电路工作原理图；必须掌握电源电路的主要功能，了解每个元器件的作用；后面的装配图和布线图是帮助完成制作的。

3.2.1 电源电路的工作原理

音响放大器电源电路原理图如图3-1所示。

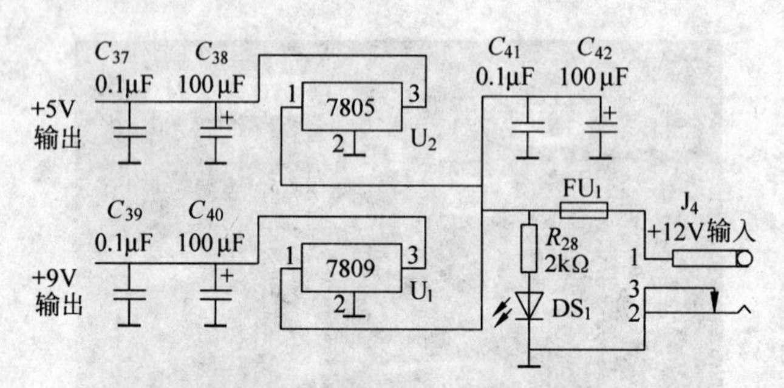

图3-1 音响放大器电源电路原理图

电源电路以正电压三端稳压集成电路7809和7805为核心，将直流电源电压(+12V)转换成+9V和+5V。其中，+9V为功率放大电路和音频处理电路供电，+5V为话音延时电路供电，两路供电均不超过100mA。

原理图中，插座J_4为外部直流电源电压接入插座。保险管FU_1为音响放大器提供过流保护。电阻器R_{28}和发光二极管DS_1用来检查输入直流电源是否接入。电容器C_{41}和C_{42}用来对输入电源滤波。电容器C_{39}、C_{40}和C_{37}、C_{38}分别用来对输出+9V电源和+5V电源滤波。

实现电源功能的方式不是唯一的，还可以通过其他方式。

3.2.2　×78××系列稳压集成电路

×78××系列三端正电源稳压集成电路图形及符号如图 3-2 所示。

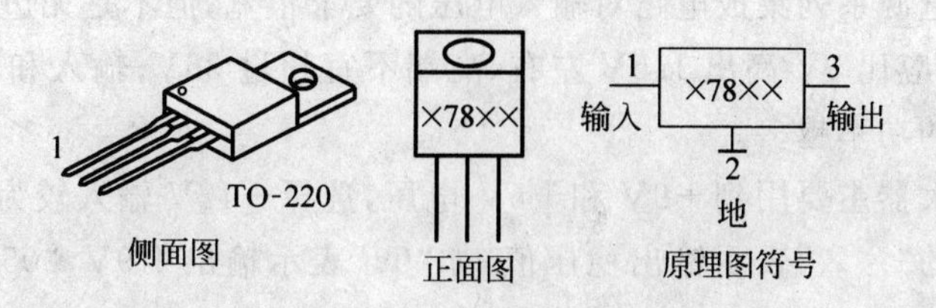

图 3-2　×78××系列三端正电源稳压集成电路图形及符号

×78××系列集成电路封装形式为 TO-220，有一系列固定的电压输出，应用非常广泛。每种类型由于内部电流的限制，以及过热保护和安全工作区的保护，使它基本上不会损坏。

×78××系列集成电路内部电路结构如图 3-3 所示。图中，由 VT_{13} 设定启动阈值，VT_{12} 与 VT_{18} 完成启动，VT_{17}、VT_1～VT_6 完成基准参考电压设置，VT_7～VT_{10} 为误差放大电路，VT_{11} 差分放大的镜像电流源由 VT_{19} 提供，VT_{15} 和 VT_{16} 组成复合管输出。过流保护从 R_{16} 取样，过压保护由 R_{20} 和 R_{21} 分压取样。

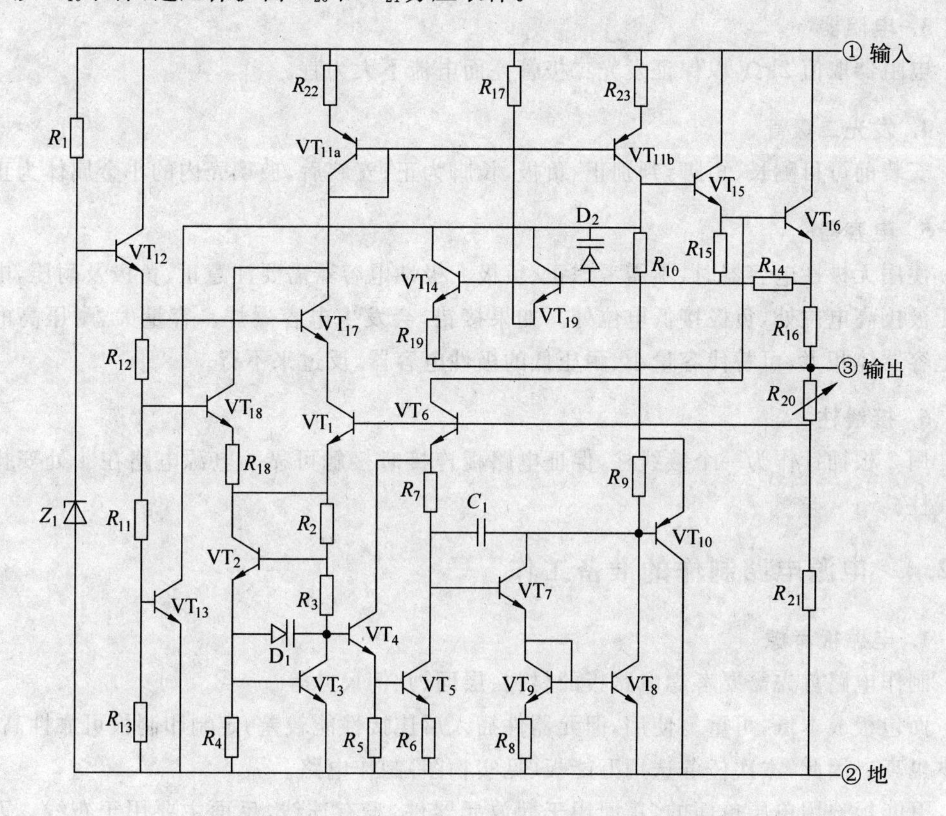

图 3-3　×78××正电源系列集成电路内部电路结构

×78××正电源系列集成电路的外壳顶部是接地的,如果提供足够的散热片,还能提供大于1.5A的输出电流。虽然是按照固定电压值来设计的,加上少量外部器件后,还能获得各种不同的电压值和电流值。

×78××正电源系列集成电路对输入电压的要求很宽,但不是无边际的。以7805为例,输入电压最低应比5V高出1.5V左右,高端不宜超过36V;输入和输出压差越大,集成电路本身消耗的功率越多。

制作音响放大器主要用到+9V和+5V电压,选择+12V输入较为合适。

×78××中的"××"表示输出稳压值,如"09"表示输出+9V,"05"表示输出+5V。正电源系列集成电路还有06、08、12、18、24等。

3.2.3 电源电路的其他元器件

1. 直流电源插座

直流电源插座有3只引脚,插头未插入时,两个负极相通;插头插入后,两个负极断开。

2. 保险管

保险管取值0.5A,装配时用支架支撑,没有极性问题。

3. 电阻器

电阻器取值2kΩ,以保证发光二极管亮而电流不大为宜。

4. 发光二极管

安装前可目测长、短脚,判别正、负极,长脚为正;安装后,玻璃壳内的小金属体为正。

5. 电容器

使用无极性电容器时,不需考虑正、负极。极性电容器需要注意正、负极及耐压,电容器正极接高电位处,负极接低电位处。如果接错,会发生电容爆炸。容量大、耐压高的极性电容器体积大,可替代容量小、耐压低的极性电容器,反过来不行。

6. 接线柱

用2根插针作为一个接线柱,保证电路板连接时接触可靠。电源电路在4处安排了接线柱。

3.2.4 电源电路制作的准备工作

1. 电路板考虑

制作电路首先需要考虑电路板的材料、层面、几何尺寸等。

面包板成本低,可重复使用,但元器件插入后连接性能较差;定制印制板可靠性高,但成本也高。因此,本次任务选用万能板(见实物图)制作电路。

万能板选用单层单面的,正面用于摆放元器件,没有连线,反面主要用于布线。万能板几何尺寸为9cm×7cm。

2. 元器件确认

电源电路主材料一共使用 12 个元器件，根据第一单元所学知识，需要对这些元器件逐个确认。通过目测和借助万用表测量，确认其功能及技术参数，如插座 J_4 引脚是否合格，极性电容器 C_{38}、C_{40}、C_{42} 是否漏电，集成电路 U_1、U_2 引脚 1、2、3 是否明确等。

3.2.5　电路的装配图与布线图

装配图是根据原理图的要求，将元器件“封装”以后摆放在选定电路板上的一种布局图。元器件封装之后，外形及引脚清晰可见。装配图首先要求布局合理，即信号流向自然；还要兼顾元器件分布均匀，布局美观；最后考虑便于检查故障和调测。

图 3-4 推荐了电源电路的一种装配图。

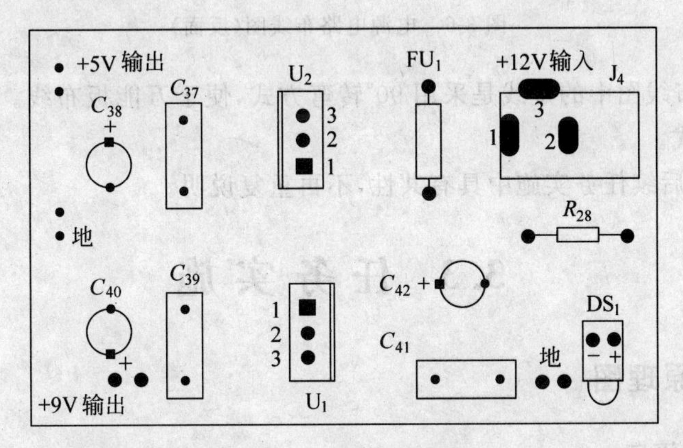

图 3-4　电源电路装配图

需要指出，装配图不是唯一的。个人可以根据自己的兴趣爱好，在规定的电路板尺寸内摆放元器件，达到完成电源电路制作的要求。

在装配图的基础上，根据原理图的要求，在电路板反面连线，形成布线图。大多数绘图软件会把元器件布局和连线放在同一张图上（正面看），好处是元器件关系一目了然，但初学者在反面连线时容易把左右搞错。因此，为帮助初学者连线，同时列出两种布线图。图 3-5 和图 3-6 分别列出了电源电路的两种布线图。

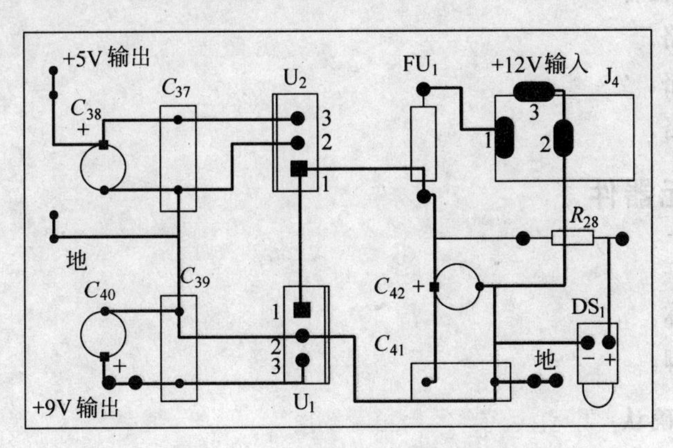

图 3-5　电源电路布线图（正面）

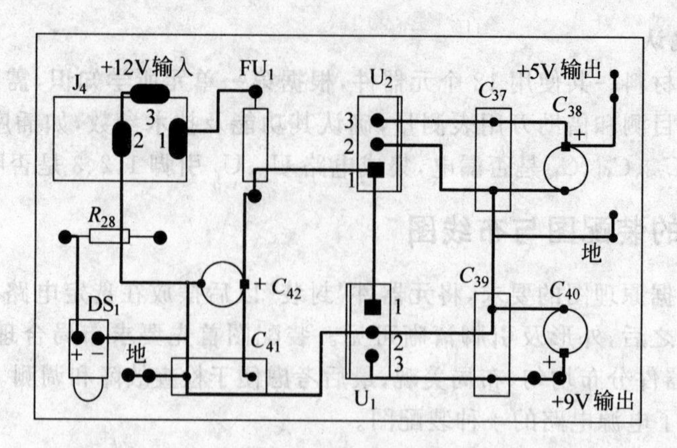

图 3-6 电源电路布线图(反面)

还需说明,布线图中的走线是采用 90°转弯方式,便于万能板布线。常规绘图软件是采用 45°转弯方式。

上述问题在后续任务实施中具有共性,不再重复说明。

3.3 任务实施

3.3.1 学习原理图

1. 分析信号流向

(1) 确认入、出端口。

(2) 确认核心器件及配套器件。

2. 认知核心器件

(1) 集成电路 7809 认知。

(2) 集成电路 7805 认知。

3. 区分配套器件

(1) 保护电路。

(2) 显示电路。

(3) 滤波电路。

3.3.2 确认元器件

1. 目测辨认

(1) 辨别名称。

(2) 辨别引脚。

2. 用万用表确认

(1) 测量引脚绝缘性能。

（2）测量电阻值或电容器漏电性能。

3.3.3　电源电路制作

1. 正面布局

根据装配图在万能板正面摆放元器件，注意摆放均匀。

2. 反面连线

根据布线图在万能板反面连线，注意焊接工艺。

3. 粘贴元器件符号

在万能板正面用不干胶在元器件附近粘贴元器件代号。

3.3.4　电源电路通电前测量

1. 粗略观察

粗略观察电路板正面元器件实物与标识是否相符，反面是否有漏焊或断线。

2. 细致检查

细致检查电路板正面元器件的规格、引脚和极性等摆放是否正确。

3. 用万用表测量

用万用表蜂鸣挡测量元器件之间连线是否可靠，不该连接的是否存在短路。

4. 测量电阻

用万用表电阻挡测量各点电阻，将测量值填于表 3-1。

表 3-1　电源电路各点对地电阻值测量记录

测量内容	参考值	测量值	备　注
＋12V 对地	大于 200kΩ		
＋9V 对地	10.0kΩ		
＋5V 对地	4.8kΩ		

3.3.5　电源电路通电后测量

1. 测量输入电流值

通电测量输入电流值的前提是表 3-1 所列各点对地电阻基本正常，万用表必须串联在电路中。

在测量之前，先将电路板上的保险管拔去，然后按照图 3-7 所示连接。实际上是用万用表的表笔取代原来保险管两个电极的位置。

用数字万用表测量时，不必在意表笔极性。用指针式万用表测量电流时，需注意表笔极性，否则会打坏表针，具体接法是：选择直流电流 100mA 或 200mA 挡之后，＋12V→红表笔，黑表笔→保险管与 R_{28} 连接点。测量完成之后，将结果填于表 3-2。

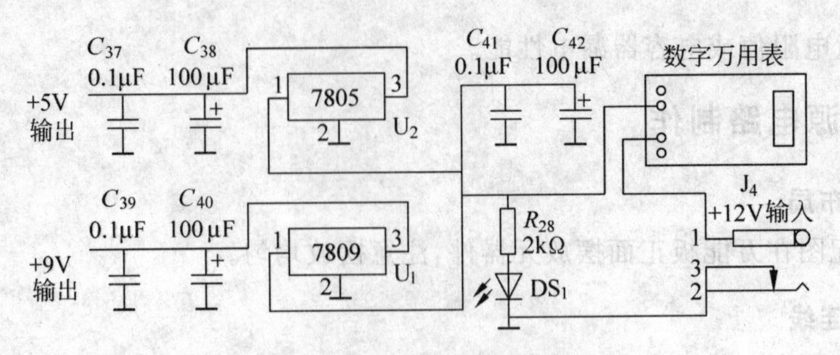

图 3-7 电源电路输入电流测量方法

表 3-2 电源电路输入电流测量记录

测 量 内 容	参考值	测量值
+12V 输入电流	16mA	

接通电源之后，首先测量静态工作电流的做法在后续任务实施中普遍采用。

2. 测量输出电压值

输入电流测量完毕，需要把保险管插回原位，再按照图 3-8 所示连接方法，用万用表电压挡测量输出电压值，将结果填于表 3-3。测量静态工作电压的做法在后续任务实施中也普遍采用。

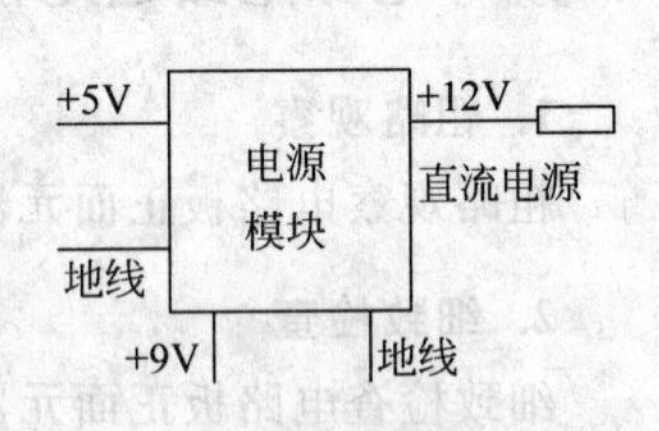

图 3-8 电源电路输出电压测量方法

表 3-3 电源电路输出电压测量记录

测 量 内 容	参考值	测量值
+9V 输出电压	8.95V	
+5V 输出电压	4.98V	

3. 测量输入电压改变时的输出电压值

按照图 3-9 所示连接，接入可变直流电源，用万用表电压挡测量输入电压改变时的输出电压值，将电源电路输出电压结果填于表 3-4。

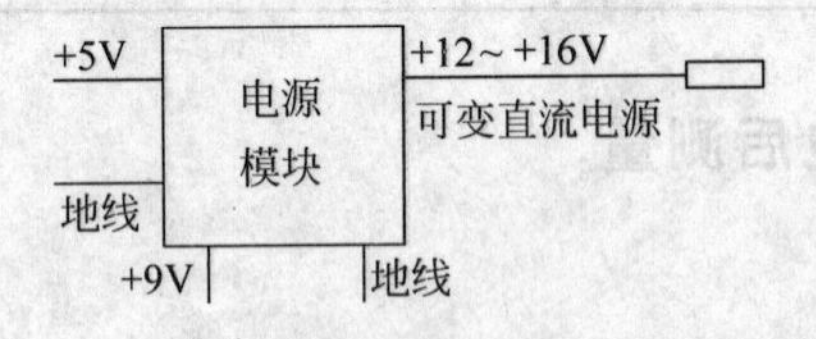

图 3-9 电源电路改变输入电压测量方法

表 3-4 电源电路改变输入电压测量记录

输入电源电压值	+9V 输出参考值	+9V 输出测量值	+5V 输出参考值	+5V 输出测量值
+12V	8.95V		4.98V	
+14V	8.95V		4.98V	
+16V	8.95V		4.98V	

4. 测量电压纹波

按照图 3-10 所示连接,用示波器测量+12V、+9V 和+5V 电压纹波,将结果填于表 3-5。

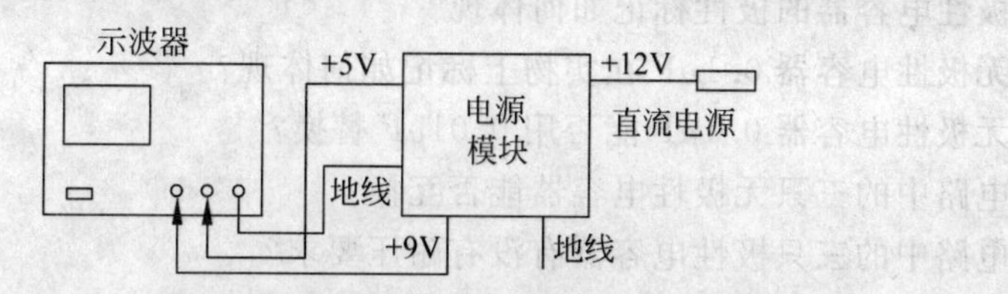

图 3-10 电源电路电压纹波测量方法

表 3-5 电源电路电压纹波测量记录

测量内容	参考值	测量值
+12V	8mV	
+9V	5mV	
+5V	5mV	

3.3.6 电源电路故障查询

电源电路常见故障及查询方法如表 3-6 所示。

表 3-6 电源电路常见故障及查询方法

序号	常 见 故 障	查 询 方 法
1	+12V 没有进入	查插座 J_4 的两个负极是否连接
2	开机烧保险管	查+9V 和+5V 输出对地电阻值
3	指示灯 DS_1 不亮	查+12V 是否进入,二极管极性是否接反
4	7809 或 7805 发烫	查 7809 或 7805 是否接反
5	C_{42}爆炸	C_{42}极性接反
6	C_{40}或 C_{38}爆炸	C_{40}或 C_{38}极性接反
7	+9V 无输出	查 7809 是否接反或虚焊
8	+5V 无输出	查 7805 是否接反或虚焊

3.4 任 务 评 价

3.4.1 互动交流

互动交流是任务实施过程中的一个重要环节,通过讨论,发现并提出问题,在理论指导下,最后把问题解决。互动交流方式可以是小组与小组之间,也可以是全班性的。互动交流可以促进本次任务的完成。

围绕本次任务实施,为互动交流提出了如下问题。

(1) 电源电路中,+12V 输入插座 J_4 的两个负极引脚为什么要连在一起?

(2) 保险管有没有极性要求?

(3) 电阻器 R_{28} 为什么取值 2kΩ？取 2MΩ 行不行？

(4) 二极管焊在电路板上之后，能否目测其正、负极？

(5) 极性电容器的极性标记如何体现？

(6) 无极性电容器 0.1μF 在实物上标记如何体现？

(7) 无极性电容器 0.1μF 能否用 0.01μF 替换？

(8) 电路中的三只无极性电容器能否互换？

(9) 电路中的三只极性电容器有没有耐压要求？

(10) 电路中的三只极性电容器能否互换？

(11) 极性电容器 16V/100μF 能否用 16V/47μF 代换？

(12) 极性电容器 50V/100μF 能否用 16V/47μF 代换？

(13) 电路布局中为什么安排了两处接地？

(14) 7809 和 7805 为什么没有加散热片？

(15) 电路布局中为什么把＋5V 放在左上角，＋9V 放在左下角？

3.4.2 完成任务评价表

本次任务重点是制作，需要理解工作原理，掌握电路制作技巧，完成电路功能，测量电路技术参数。任务评价表注重作品的完成，但对理论知识需要一定的考查。回顾任务实施过程，将相关内容填入表 3-7。

表 3-7 任务评价表

任务名称					
学生姓名		所在班级		学生学号	
实验场所		实施日期		指导教师	

1. 将电源电路制作的相关评价内容填于下表。

评价内容	自我评价	教师评价
完成进度		
作品外观		
作品正面		
作品反面		
出现事故		
互相帮助		
公益活动		

2. 根据任务资讯，画出电源电路功能方框图。

3. 通过本次任务的实施，归纳总结你感受最深的几点体会。

学生自评		教师评价		教师签名	

3.5　总结与提高

3.5.1　知识小结

通过本次任务实施，获取的知识点归纳于表 3-8。

表 3-8　本次任务知识点

序号	知　识　点
1	在观看音响放大器电源电路实物之后，再次接触电路原理图概念
2	电源电路是保证音响放大器成功的基础，集成电路和极性电容不能焊错
3	集成电路 7809 和 7805 是电源电路的核心器件，功能强，性能好
4	电源电路的一些辅助功能不容忽视
5	实现电源电路的方法不是唯一的

3.5.2　知识拓展

1. 稳压集成电路

×78××系列是典型的稳压集成电路，其功能表现为输入一定的电压，通过自身的调节，改变输出电压值，有较强的带负载能力，本身功率消耗小。

×78××系列集成电路通过增加少量外围元件的方式提高输出电压，如图 3-11 所示。图中，电阻器 R_1 为稳压管 D_1 提供工作电流，保障稳压管 D_1 工作在稳压区。稳压管 D_1 提供提升电压。二极管 D_2 具有保护稳压集成电路的作用。电容器 C_1 和 C_2 为集成电路输入电压和输出电压滤波。

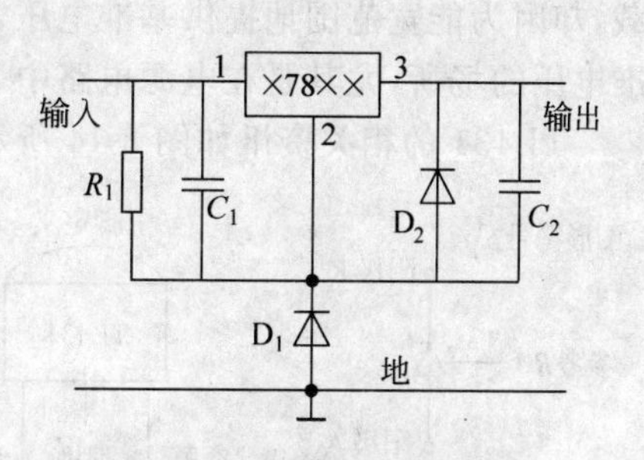

图 3-11　增加外围元件提高×78××系列集成电路输出电压

例如，选定集成电路为 7805，稳压管 D_1 的稳压值为 3.9V，提升电压后，输出电压为 8.9V。

具备稳压、调压的集成电路还很多见，简述如下。

(1) ×79××系列三端负电源稳压集成电路

与×78××系列三端正电源稳压集成电路有很多相似之处，×79××系列三端负电源稳压集成电路封装形式为 TO-220，有一系列固定的负电压输出，应用也比较广泛。每种类型由于内部电流的限制，以及过热保护和安全工作区的保护，使它基本上不会损坏。

×79××负电源系列集成电路的外壳顶部不是接地的，散热片需要绝缘，也能提供大于 1.5A 的输出电流。虽然是按照固定电压值来设计的，加上少量外部器件后，也能获得不同的电压值和电流值。×79××系列集成电路图形及符号如图 3-12 所示。

×79××中的“××”表示输出稳压值，如“09”表示输出－9V，“05”表示输出－5V。负电源系列集成电路还有 06、08、12、18、24 等。

(2) ×17 系列三端正电压可调集成电路

×17 系列三端正电压可调集成电路在×78××基础上发展起来，除具备×78××集

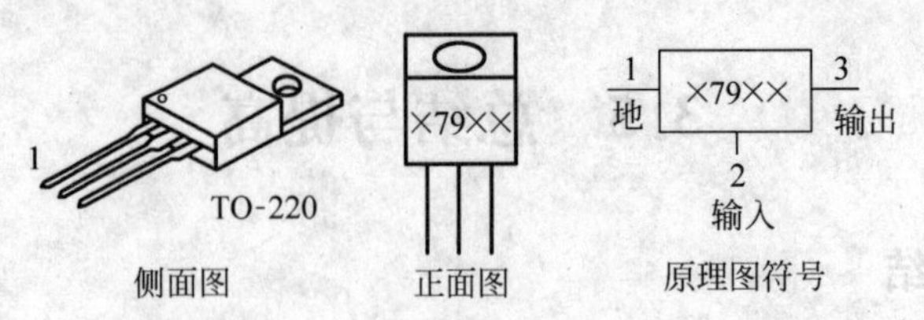

图 3-12 ×79××系列集成电路图形及符号

成电路的优点之外,外围增加少量元件,可实现输出电压更大范围的调节(1.2~37V)。

图 3-13 所示是×17 系列三端正电压可调集成电路封装和基本电路。需要注意,×17 系列集成电路左边引脚为调整端,中间引脚为输出端,右边引脚是输入端。

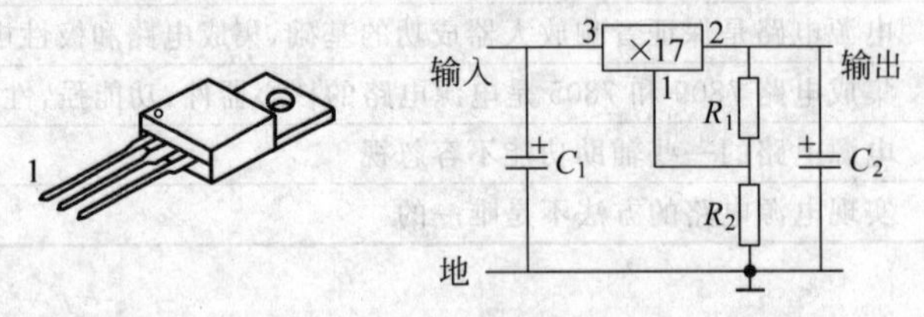

图 3-13 ×17 系列三端正电压可调集成电路封装和基本电路

(3) TL431 三端可调基准电压集成电路

TL431 是一个有良好热稳定性能的三端可调分流基准源,借助外接两个电阻,就可任意地设置从 2.5V 到 36V 之内的任何值。尽管不能像上述集成电路那样带动很重的负载,却因为能宽范围地提供基准电压,本身噪声性能和稳定特性也好,被广泛用于需要基准电压的场所,尤其是在电源电路中,与光电耦合器配合,保证了直流稳压电源的可靠性。

TL431 的相关资讯如图 3-14 所示。

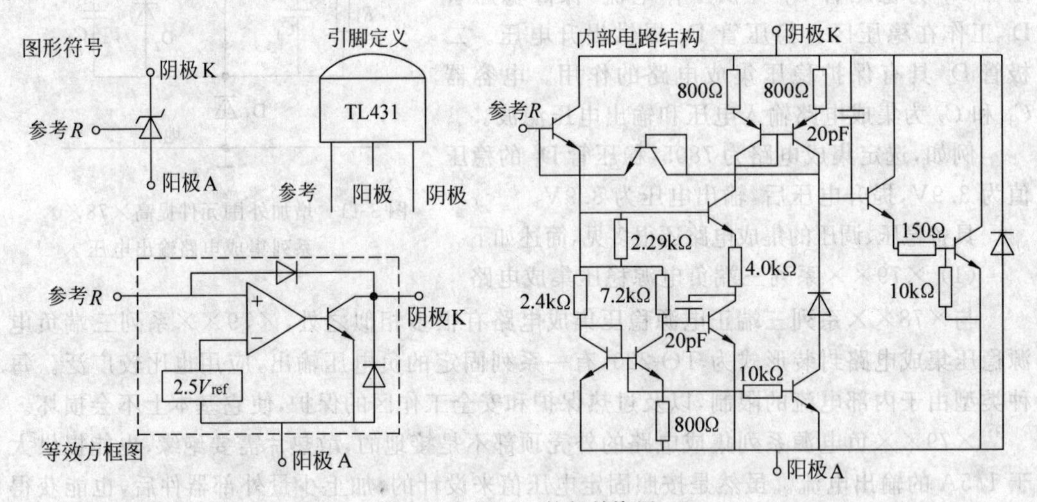

图 3-14 TL431 的相关资讯

从内部电路结构可以看出,TL431 是一个直接耦合多级放大器,偏置电路、差分放大、补偿和保护功能齐全。等效方框图中有一个 2.5V 参考电路,设置外部两个电阻的阻值,从输出电压分压,使 R 端输入参考电压为 2.5V,则从阴极流向阳极的电流就是控制输出电压稳定的源头。由于内部比较器的作用,加上器件动态阻抗只有 0.2Ω,控制动作灵敏，精度很高。

TL431 应用电路示意图如图 3-15 所示。

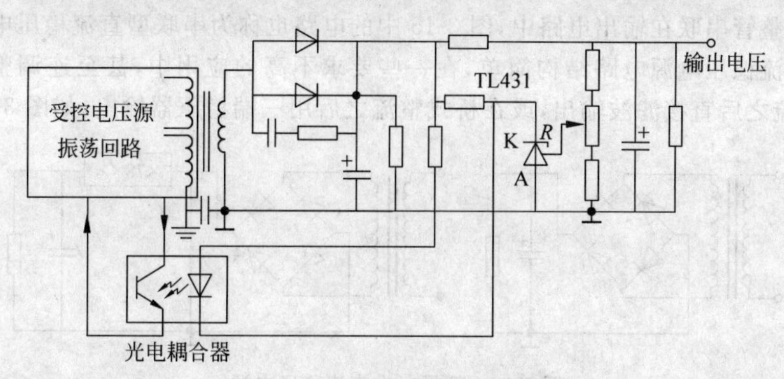

图 3-15　TL431 应用电路示意图

2. 直流稳压电源

(1) 基本概念

大多数电子产品或设备需要从市电(交流有效值 220V，频率 50Hz)获取电能，直流稳压电源的功能就是将交流电转换成直流电。对直流稳压电源的要求包括适应输入电压变化的范围宽，输出电压稳定，输出纹波小，功耗低等。

图 3-16 所示是传统直流稳压电源的功能方框图，由于从交流到直流只变换一次，又称为一次电源。

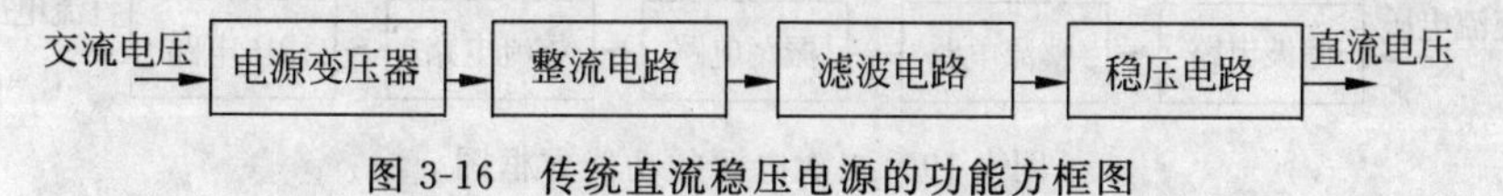

图 3-16　传统直流稳压电源的功能方框图

图中，电源变压器通过选择合适的初级和次级匝数，将交流 220V 降低到后续电路所需要的低电压；整流电路可采用半波、全波和桥式，利用二极管单向导电特性，产生有波动的准直流电压，滤波电路再把波动消除；加到负载之前，考虑到输出受负载变化的影响要小，还需要通过调整管进行稳压。

一次直流稳压电源应用电路如图 3-17 所示。图中，变压器把交流 220V 转换成低电压，二极管 D_1～D_4 为桥式整流，电容器 C_1 为稳压前滤波。调整管 VT_1 输出电压，输出电压值由稳压管 D_5 确定。输出电压的变化由 RP_1 取出，经 VT_2 放大之后，控制 VT_1 的导通，从而使输出电压保持稳定。C_2 为输出电路滤波电容。

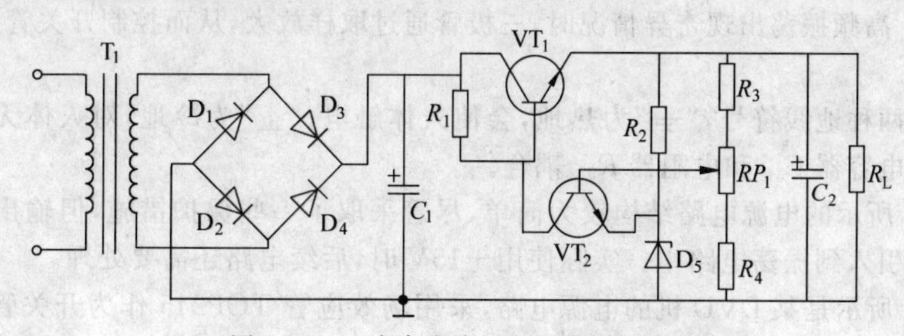

图 3-17　一次直流稳压电源应用电路图

输出电压调整过程如下：V_o↑→V_{b2}↑（由于稳压管 D_5 压降恒定）→V_{be2}↑→I_{b2}↑→I_{c2}↑（流过电阻 R_1，电流加大）→V_{R1}↑→V_{b1}↓→I_{b1}↓→I_{c1}↓→I_{e1}↓→V_o↓。

因为调整管串联在输出电路中，图 3-15 中的电路也称为串联型直流稳压电源。

一次直流稳压电源电路结构简单，在一些要求不高的应用中，甚至连调整电路都省去，桥式整流之后直接滤波输出，或在桥式整流之后用三端稳压器输出，如图 3-18 所示。

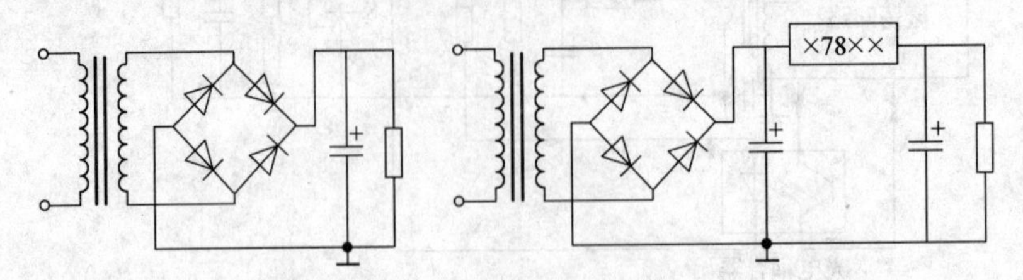

图 3-18　简易一次直流稳压电源

一次直流稳压电源的突出问题是变压器损耗较大，电源效率不高。因此，引出了二次直流稳压电源（简称为二次电源），时至今日，已成为直流稳压电源的主流技术。

二次电源的功能方框图如图 3-19 所示。图中，滤波电路用于抵抗市电波动。第一次整流电路大多采用桥式整流，将 220V 交流电转换成 308V 直流电压（有效值与峰—峰值关系：220×0.707×2）。开关电路产生高频振荡脉冲信号（频率在 100kHz 以上），整流电路将高频脉冲整流成直流电压，最后经稳压电路处理后输出。由于振荡电路是以开关方式工作的，又称其为开关电源。产生高频振荡的有源器件又称为开关管。

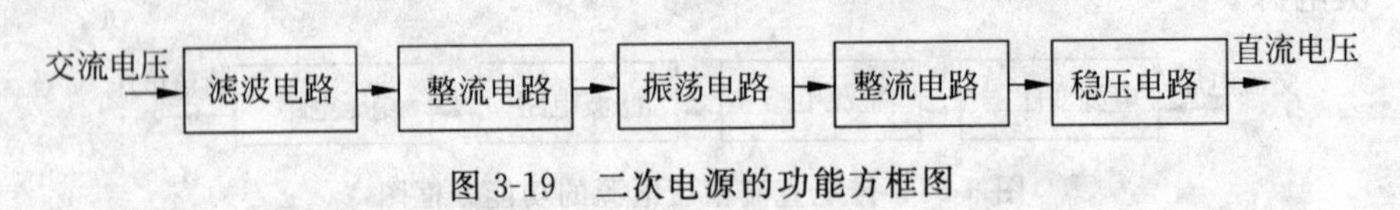

图 3-19　二次电源的功能方框图

(2) 应用实例

图 3-20 所示是某电视机的电源电路，采用晶体管 C3408 作为开关管。

图中，电感器 L_1 为前端滤波，二极管 D_{501}～D_{504} 为桥式整流，输出直流电压为＋300V，C_{506} 为滤波电容。三极管 VT_{504}（C3408）为开关管，振荡回路由变压器 T_2 绕组（7、1）和（10、9）提供，振荡频率在 100kHz 左右。整流输出回路分别由变压器 T_2 绕组（4、6）和（5、6）提供，输出电压为＋15V 和＋110V。D_{510} 和 D_{511} 为整流二极管，C_{511} 和 C_{518} 为输出滤波电容，D_{512} 为＋5V 稳压二极管。

保护电路从变压器 T_2 绕组（12、11）取得信号，保护动作由三极管 VT_{501}、VT_{502} 和 VT_{503} 实施。高频振荡出现奇异情况时，三极管通过取样放大，从而控制开关管工作，甚至停止振荡。

图中有两种地线符号，"⏚"为热地，会使人体触电；"⊥"为冷地，对人体无危害。两者之间通过电容器 C_{512} 和电阻器 R_{522} 耦合。

图 3-20 所示的电源电路结构较为简单，尽管采取了一些保护措施，但输出直流电压的变化没有引入到振荡电路中。实际使用＋15V 时，后续电路还需要处理。

图 3-21 所示是某 DVD 机的电源电路，采用场效应管 TOP245 作为开关管。机中电源电路输出电压种类较多，后续电路直接使用。

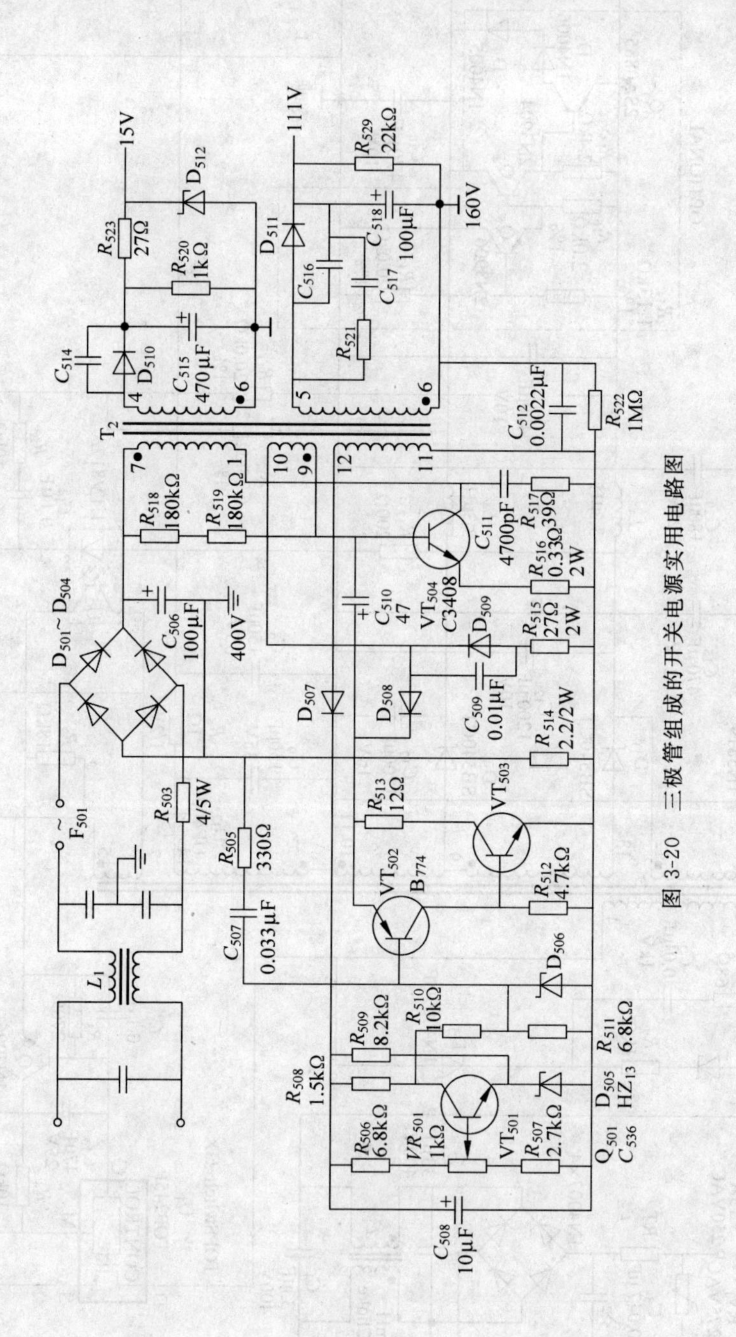

图 3-20　三极管组成的开关电源实用电路图

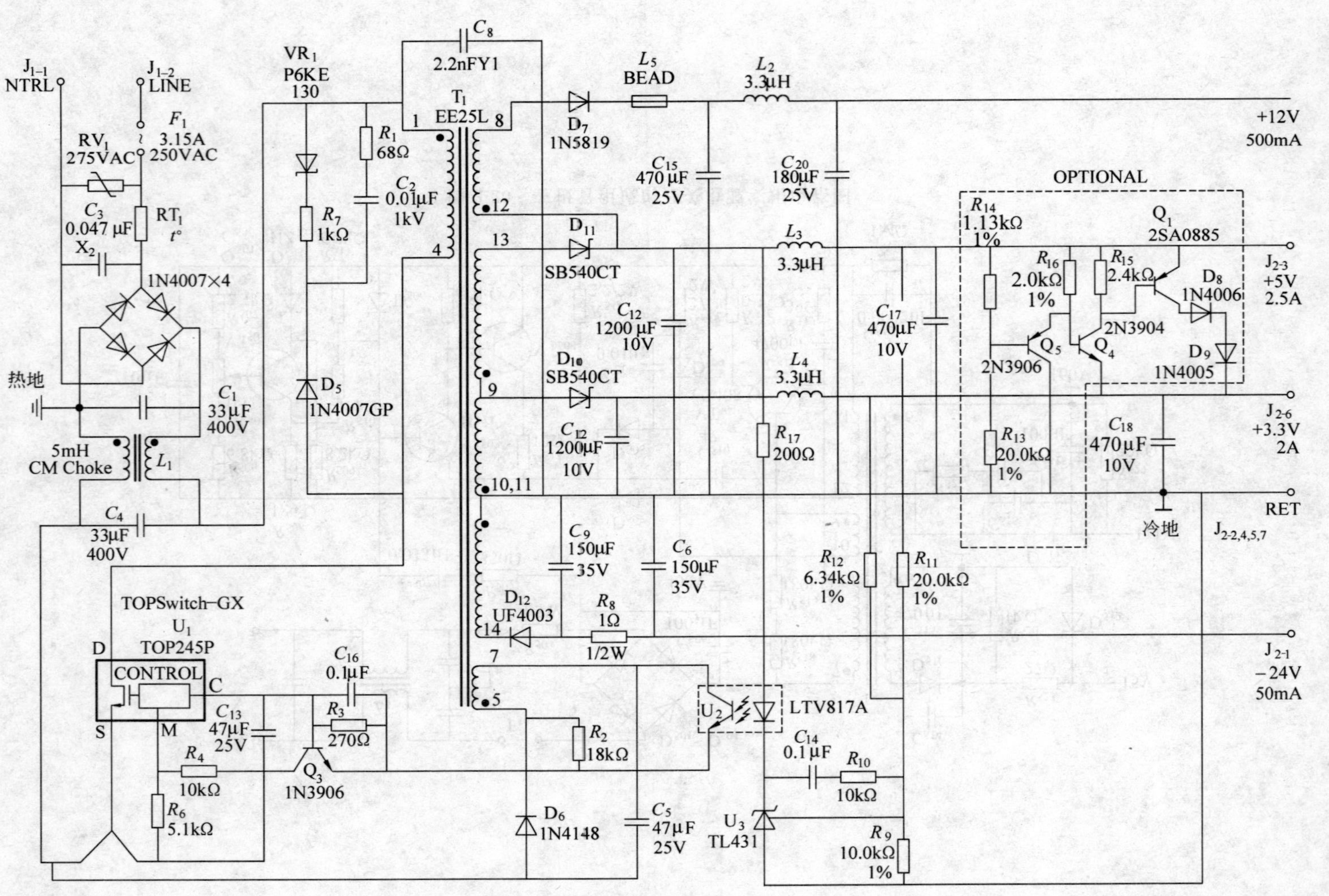

图 3-21 场效应管组成的开关电源原理图

场效应管 TOP245P 内含控制电路，比常规场效应管多了一个电极引脚，受控于三极管 Q_3。输出电压（+5V、+3.3V）的取样信息归口于集成电路 U_3（TL431）。U_3 根据输出电压变化情况，调整光耦器件（LTV817A）中通过二极管的电流。经过光/电转换，改变光耦器件中三极管的电流，进而改变 Q_3 的导通情况，使 TOP245P 调整工作状态，达到调整开关脉冲宽度、稳定输出电压的目的。同时，兼顾对开关电路的保护。在极端情况下，如果输出出现短路，将迫使开关电路停振。

图 3-21 所示的电源电路结构不太复杂，成本较低，取样控制和保护功能齐全，DVD 机普遍采用。使用过程中，常见故障多为滤波电容失效，也有开关管损坏的现象。

除三极管、场效应管之外，用作开关电源的集成电路很多，有的是协助振荡管完成起振、脉冲宽度调整、保护等功能。例如，3842 外形封装为 8 脚双列直插（DIP8），应用电路如图 3-22 所示。

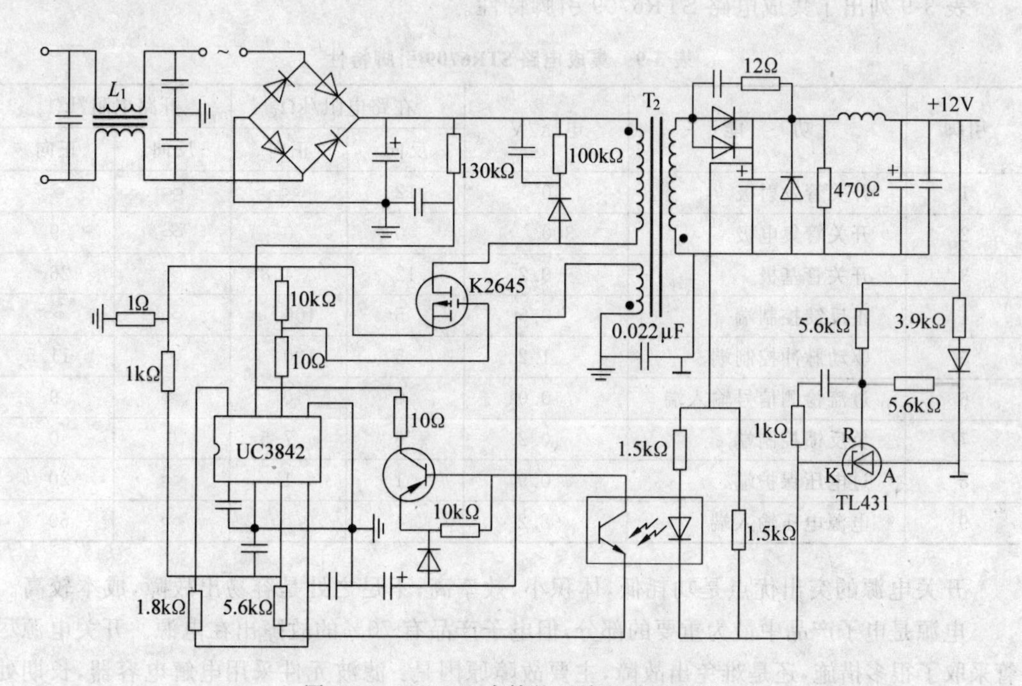

图 3-22　UC3842 支持的开关电源原理图

图中，控制电路以 UC3842 为核心。振荡管是大功率场效应管，控制振荡和执行振荡分工合理；采用基准电压器件（TL431）和光电耦合器件，输出电压取样保护电路也较周全；配备有余量的散热片，能稳定输出+12V 直流电压，提供 5A 电流。性能价格比较高，市面广为流传。

其实物如图 3-23 所示。图中，一块散热片为振荡管 K2465 散热，另一块散热片为双整流二极管散热。

为避免循环电流，引脚上附加的散热片不应与电路板上任何初级地（热地）或源节点连接。两块散热片也是相互绝缘的。

用作开关电源的集成电路还有功能更为强大的。例如，有的芯片厂家把控制电路和

图 3-23 ＋12V/5A 直流稳压电源实物图

振荡管合在一起，如日本山肯公司的 STR6709，外形封装为单排 9 脚（弯成两排），配散热片安装，很多大屏幕电视机都采用它做开关电源。

表 3-9 列出了集成电路 STR6709 引脚特性。

表 3-9 集成电路 STR6709 引脚特性

引脚	功　能	电压/V	在路电阻/kΩ		开路电阻/kΩ	
			反向	正向	反向	正向
1	开关管发射极	0	12	∞	∞	∞
2	开关管集电极	300	0	0	∞	9
3	开关管基极	−0.2	12	4.8	∞	26
4	正反馈控制端	0.5	5	100	∞	∞
5	驱动脉冲控制端	1.2	5	100	∞	11.5
6	过流检测信号输入端	0.01	0	0	∞	9
7	负反馈控制端	0.2	6	7.5	0	0
8	过电压保护端	0.9	1	1	∞	20
9	电源电压输入端	8.2	4	∞	∞	50

开关电源的突出优点是功耗低，体积小，效率高；不足之处是容易出故障，成本较高。

电源是电子产品中最为重要的部分，但电子产品有 70％的故障出在电源。开关电源尽管采取了很多措施，还是难免出故障，主要故障原因是：滤波元件采用电解电容器，长期处于高压状态，容易失效，变色、鼓包等现象都是失效的预兆；开关管更是长期处于高电压、大电流工作状态，一旦保护电路失控，开关管很容易被击坏。因此，要提高开关电源的可靠性，需要选择性能好的开关管，而且设计电路时开关管的能力只能用到 70％～80％，留足余地；电路复杂程度兼顾性能和成本，还要确保通风散热。

3. 逆变电源

实际应用中，开关电源的思路可以延伸到交流—直流—交流的应用或直流—交流的应用，这就是逆变电源的概念。日光灯电子镇流器是逆变电源的简单应用。

传统方式采用镇流器和启辉器两个元件，如图 3-24 所示。

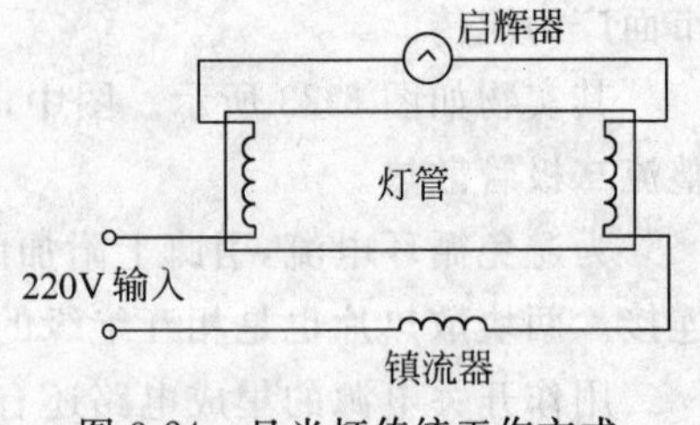

图 3-24 日光灯传统工作方式

接通电源之后，220V的电压立即使启辉器的惰性气体电离，产生辉光放电。放电热量使启辉器内的双金属片受热膨胀，两极接触，交流电流构成通路，灯丝很快被电流加热，发射出大量电子。

由于启辉器两极闭合，两极间电压为零，辉光放电消失，管内温度降低，双金属片自动复位，两极断开。在两极断开的瞬间，电路电流突然切断，镇流器产生很大的自感电动势，与电源电压叠加后作用于灯管两端。

灯丝受热时发射出来的大量电子在灯管两端高电压(600V)作用下，以极大的速度由低电动势端向高电动势端运动。在加速运动的过程中，碰撞管内氩气分子，使之迅速电离。氩气电离生热，热量使水银产生蒸汽。水银蒸汽也被电离，并发出强烈的紫外线。在紫外线的激发下，管壁内的荧光粉发出近乎白色的可见光。

日光灯正常发光后，灯管两端电压下降到110V，启辉器不再起作用。交流电不断通过镇流器的线圈，线圈中产生自感电动势，阻碍线圈中的电流变化。镇流器起降压限流作用，使灯管不会因50Hz频率而出现“闪烁”效应。镇流器因为长期工作发热，使日光灯耗电成本高。

归纳日光灯传统工作方式如下：高压启动，稳流稳压。电子镇流器就是按照这种思路运作的。

日光灯电子镇流器一般包括输入电源滤波、桥式整流、半桥逆变器和灯谐振等部分。典型应用如图3-25所示，电路形式为典型单级半桥式高频振荡。

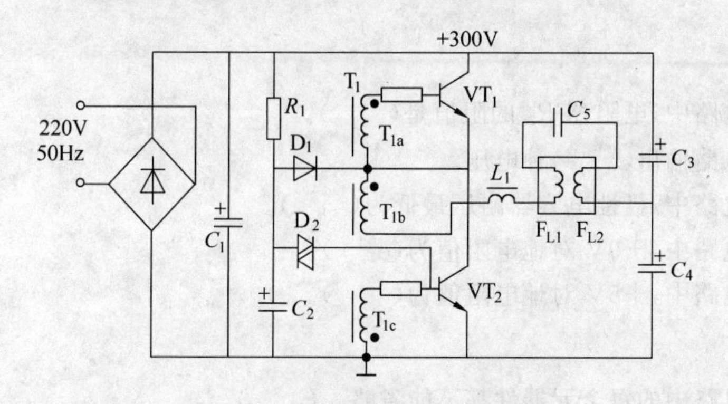

图3-25　日光灯电子镇流器原理图

图中，R_1、C_2及D_2构成半桥逆变器的启动电路。开关晶体管VT_1、VT_2(大多采用1300x系列)，电容器C_3、C_4及T_1构成振荡电路。同时VT_1、VT_2兼作功率开关，VT_1和VT_2为桥路的有源侧，C_3、C_4是无源支路，L_1、C_5及F_L(灯丝)组成电压谐振网络。

通电之后，电容器C_2两端电压慢慢上升，升高到压敏二极管D_2的转折电压值后，D_2击穿；C_2则通过VT_2的基极—发射极放电，VT_2导通。

在VT_2导通期间，半桥上的电流路径为：+300V—C_3—灯丝F_{L2}—C_5—灯丝F_{L1}—振流圈L_1—T_1初级线圈T_{1b}—VT_2—地。同时，流过T_{1b}的电流在T_1的两个次级线圈T_{1a}和T_{1c}两端产生感应电动势。T_{1c}上的感应电动势使得VT_2基极的电位进一步升高，形成正反馈过程，VT_2迅速饱和导通。

VT_2 导通后，C_2 通过 D_1 和 VT_2 放电，T_{1c}、T_{1a}的感应电动势逐渐减小至零。VT_2 基极电位呈下降趋势，使 I_{C2}减小；T_{1a}中的感应电动势将阻止 I_{C2}减少。于是 VT_2 基极电位下降，VT_1 基极电位升高，这种连续的正反馈使 VT_2 迅速由饱和变到截止。

VT_1 则由截止跃变到饱和导通，半桥上的电流路径为：＋300V—VT_1—T_{1b}—L_1—灯丝 F_{L1}—C_5—灯丝 F_{L2}—C_4—地。与 VT_2 情况类似，正反馈使得 VT_1 迅速退出饱和，变为截止状态。VT_2 由截止跃变为饱和导通状态。如此周而复始，VT_1 和 V_{12}轮流导通，流过 C_5 的电流方向不断改变。

由 C_5、L_1 及灯丝组成的 LC 网络发生串联谐振，频率一般在 50kHz，是输入频率的千倍。C_5 两端产生高压脉冲，施加到灯管上，使灯发光，L_1 起到了限流的作用。

图 3-25 所示电路出现故障的常见原因如下：

① 电容器 C_5 失效，使得谐振频率时有时无，灯光忽闪，只观察外形，一般不容易发现问题。电容器 C_3 或 C_4 失效，由于是电解电容器，观察外形容易判断。

② 开关管 VT_1 或 VT_2 失效，需要用万用表测量 PN 结。在路测量 PN 结正、反向电阻时，因基极 b 和发射极 e 两端接有小阻值电阻和线圈，需要注意，以免误判；拆卸后测量无此问题，但拆焊时如果不注意，电烙铁可能会击坏开关管。

3.6 巩固与练习

1. 填空题

(1) 电源电路中，电阻器 R_{28} 的阻值是(　　)。

(2) 电源电路输出(　　)种电压。

(3) 电源电路中，极性电容器耐压最低为(　　)。

(4) 电源电路中，＋9V 对地电阻值为(　　)。

(5) 电源电路中，＋5V 对地电阻值为(　　)。

2. 判断题

(1) 电源电路中的每个元器件都不能省略。(　　)

(2) 电源电路中的保险管无极性要求。(　　)

(3) 电源电路中的三个无极性电容器不一定要采用 0.1μF。(　　)

(4) 集成电路 7809 顶部外壳与接地引脚相通。(　　)

(5) 集成电路 7909 顶部外壳与接地引脚相通。(　　)

3. 简答题

(1) 简述音响放大器电源电路总体功能。

(2) 简述集成电路 7809、7805 的功能。

(3) 简述电源电路中滤波电容的作用。

(4) 简述电源电路中工作显示电路的作用。

(5) 简述电源电路中保险管的作用。

4. 填图题

(1) 参照图 3-1，将集成电路 7805 的输入端改为从＋9V 接入，填画下图。

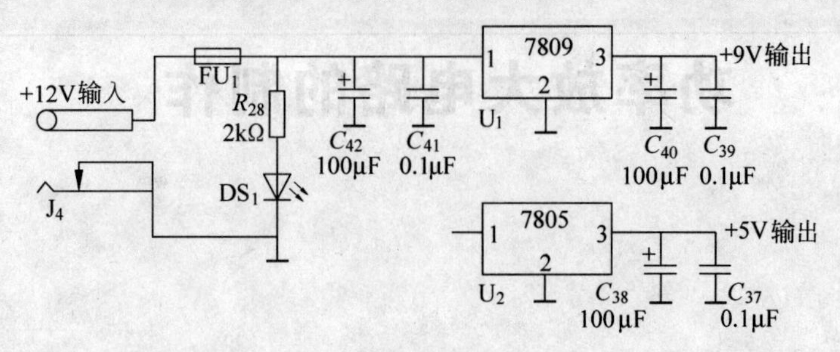

(2) 参照图 3-12，采用增加外围元件的方式，将＋5V 电压提升到＋9V。填写两块集成电路 7805 完成电源功能的原理图。

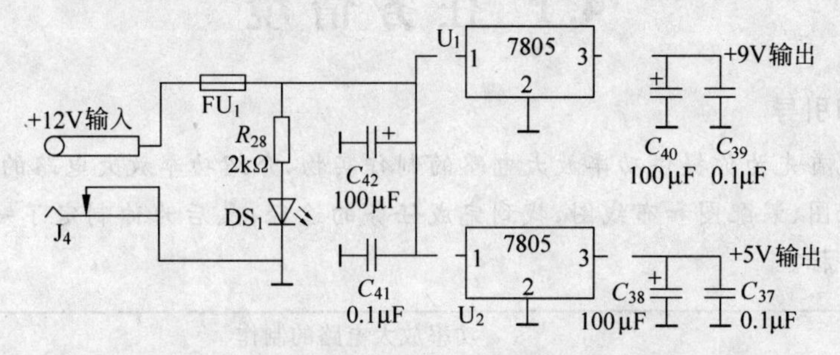

(3) 参照图 3-13，填画两块集成电路 CW317 完成电源功能的原理图。

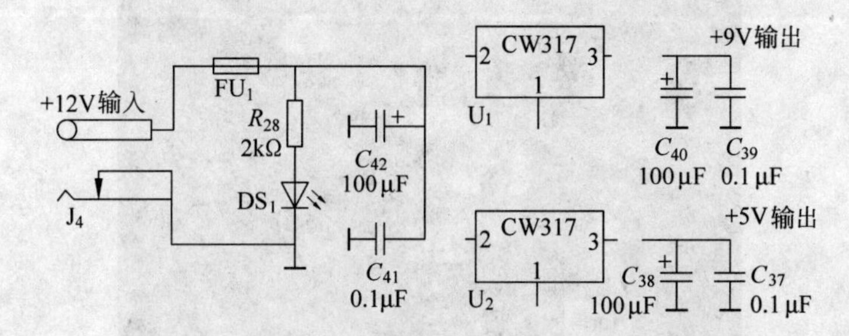

(4) 参照图 3-13，填画两块集成电路 CW317 完成电源功能的布线图。

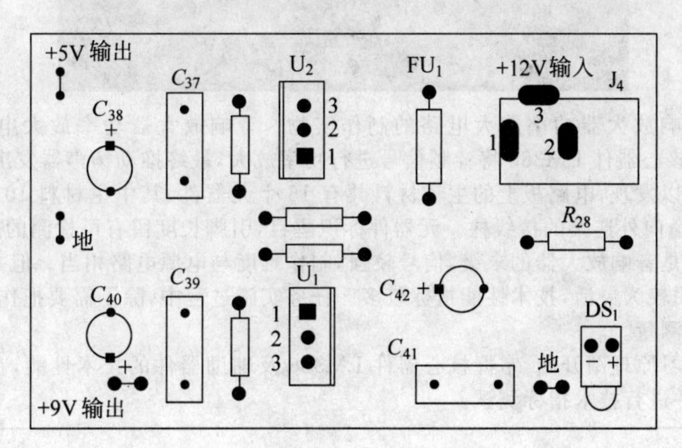

第四单元

功率放大电路的制作

4.1 任务情境

学习引导

任务情境首先为你提供功率放大电路的制作实物，介绍功率放大电路的功能及组成；然后引出原理图、装配图和布线图，找到完成任务的途径；最后为你制定了一个可完成的任务要求和目标。

任务名称	功率放大电路的制作
任务内容	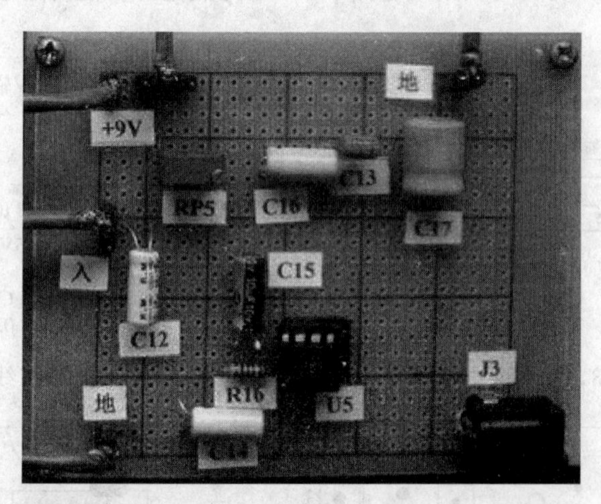 上图是一个音响放大器功率放大电路的制作实物。音响放大器功率放大电路采用直流电源(+9V)供电，利用核心器件 LM386 将音频信号进行功率放大，最终推动扬声器发出声音。 从实物图上可以发现，电路板上的主辅材料共有 16 个元器件，其中主材料 10 个，辅助材料包括 1 个 DIP-8插座、5 个向外连接的接线柱。元器件标识醒目，引脚长度留有可检测的余地。 功率放大电路是音响放大器的末级，信号较强，制作难度与电源电路相当。但本次任务理论性较强，核心器件的运用较为灵活，技术性能指标较多。任务实施过程中，除了需要把作品完成之外，还需要关注技术参数的测量。 任务实施从学习原理图开始，掌握核心器件 LM386 及辅助器件的技术性能，在装配图和布线图帮助下完成制作，并进行技术指标测试。

续表

任务要求

1. 学习和消化“任务资讯”提供的相关知识，用以指导实际训练。
2. 完成“任务实施”的各项步骤，制作功率放大电路。
3. 开展互动交流活动，并完成任务评价表。
4. 浏览“总结与提高”相关内容，总结并拓展在任务实施过程中学到的知识。
5. 课余时间继续完成“巩固与练习”中的相关习题，加深所学知识的印象。

任务目标

1. 知识目标：了解功率放大电路的作用，掌握1～2种实现方法及简单测试方法。
2. 技能目标：能借助原理图分析问题和查找故障，借助装配图和布线图制作功率放大电路。
3. 素质目标：继续培养读图、画图和区分各种图的习惯，对大功率强信号不陌生。

4.2 任务资讯

学习引导

根据所给的任务，任务资讯首先为你提供了功率放大电路工作原理图，你必须掌握功率放大电路的主要功能，了解每个元器件的作用。后面的装配图和布线图是帮助你完成制作的。

4.2.1 功率放大电路的工作原理

音响放大器功率放大电路原理图如图4-1所示。

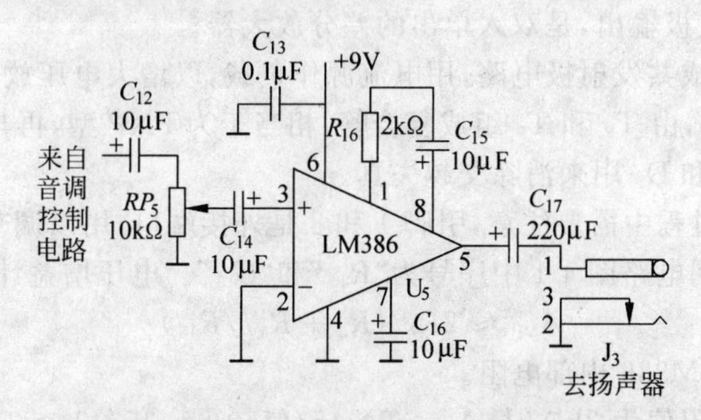

图4-1　音响放大器功率放大电路原理图

功率放大简称功放，其作用是给音响放大器的负载(扬声器)提供一定的输出功率。当负载一定时，希望输出功率尽可能大，输出信号的非线性失真尽可能小，效率尽可能高。

功率放大电路以集成电路LM386为核心，外围配置少量元器件，在＋9V电源推动下，完成音频信号的功率放大，最终通过插座J_3推动8Ω 4W的扬声器。

插座J_3为外接扬声器插座。电容器C_{13}和C_{16}为电源滤波电容，电容器C_{12}、C_{14}和C_{17}为信号耦合电容。电位器RP_5用来调节输入信号大小。电阻器R_{16}与电容器C_{15}共同完成集成电路U_5的增益调节。实现功率放大功能的方式不是唯一的，还可以采用其他方式。

4.2.2 LM386 功率放大集成电路

LM386 主要应用于低电压消费类产品。为使外围元件最少，内部设置 20 倍电压增益；外接一只电阻和电容，可将电压增益调整到任意值，直至 200；其输入端静态功耗只有 24mW，特别适合于电池供电的场合。

LM386 集成电路内部电路功能结构如图 4-2 所示。

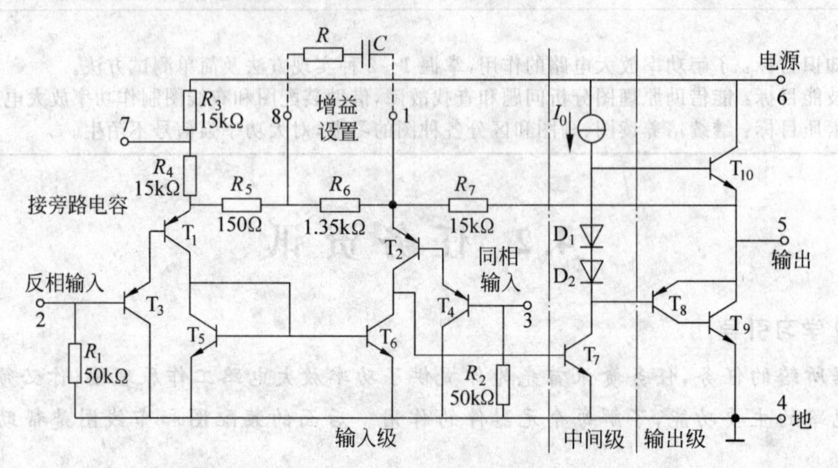

图 4-2 LM386 集成电路内部电路功能结构

输入级是差分放大电路，T_1 和 T_3、T_2 和 T_4 分别组成复合管；T_5 和 T_6 组成的镜像电流源作为 T_1 和 T_3 的有源负载，以提高输入级的电压放大倍数。信号从 T_3 和 T_4 的基极输入，从 T_2 的集电极输出，是双入单出的差分放大器。

中间级由 T_7 构成共发射极电路，用电流源作负载，以增大电压放大倍数。

输出级是功放级，由 T_8 和 T_9 组成复合管，相当于为 PNP 型，再与 T_{10} 构成准互补功放电路。二极管 D_1 和 D_2 用来消除交越失真。

LM386 在使用过程中需要注意，引脚 1 和 8 是外接端口，用以调节电压增益。图 4-2 中的“R”和“C”在应用电路图 4-1 中序号为“R_{16}”和“C_{15}”。电压增益计算公式为

$$A_{VF} \approx 2R_7/(R_5 + R_6//R_{16}) \tag{4-1}$$

式中，R_5、R_6、R_7 为 LM386 内部电阻。

当外接电阻 R_{16} 阻值为 2kΩ 时，$A_{VF} \approx 2\times15/(150+1.35//2)\approx31$。此结果与第二单元图 2-13 所示增益分配的数据基本吻合。

4.2.3 功率放大电路的其他元器件

1. 扬声器插座

扬声器插座有 3 只引脚。插头未插入时，两个负极相通；插头插入后，两个负极断开。

2. 电容器

无极性电容器使用时，不需考虑正、负极。极性电容器需要注意正、负极及耐压，电容器正极接高电位处，负极接低电位处；如果接错，会发生电容爆炸。容量大、耐压高的极性电容器体积大，可替代容量小、耐压低的极性电容器，反过来不行。

3. 电阻器

电阻器是 LM386 的外围器件，对其电压增益影响很大，阻值不能搞错。

4. 电位器

电位器在电路中用来控制输入信号大小。手动调节需要服从大多数人的习惯，即顺时针调节时，信号越来越大。封装图上电位器的标记"■"与外壳上的铜螺钉对应。

5. 接线柱

考虑与电源模块和音频处理模块的连接，接线柱共安排了 5 处。

4.2.4　功率放大电路制作的准备工作

1. 电路板考虑

与制作电源电路类似，本次任务选用万能板，几何尺寸为 9mm×7mm。

2. 元器件确认

功率放大电路主材料一共使用 10 个元器件，大多数器件与电源电路确认方式类似。电位器 RP_5 引脚电阻需要确认是否可变，集成电路 U_5 引脚 1 需要明确。

4.2.5　电路的装配图与布线图

图 4-3、图 4-4 和图 4-5 分别列出了功率放大电路的装配图和布线图。

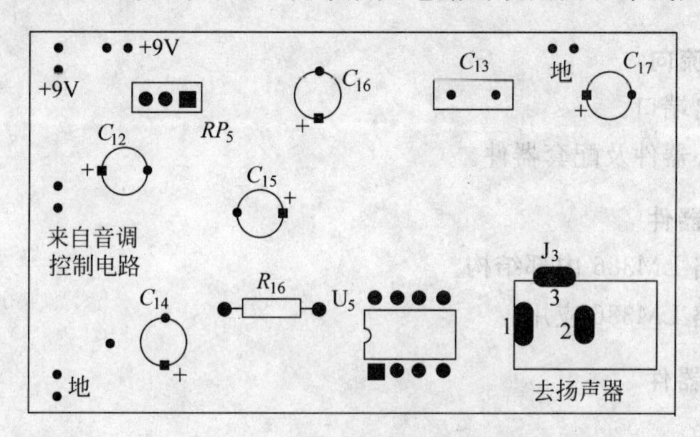

图 4-3　功率放大电路装配图

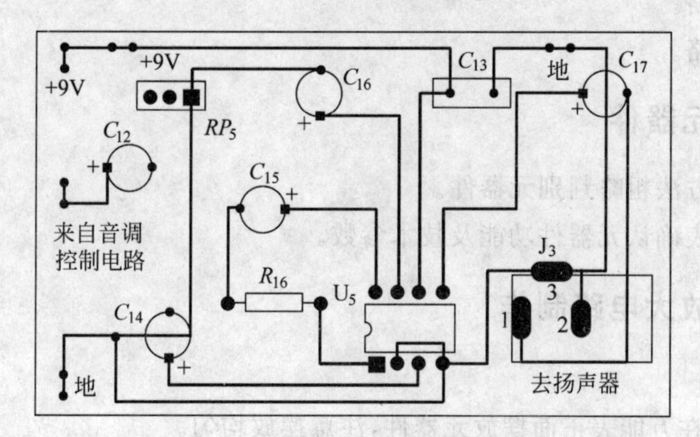

图 4-4　功率放大电路布线图(正面)

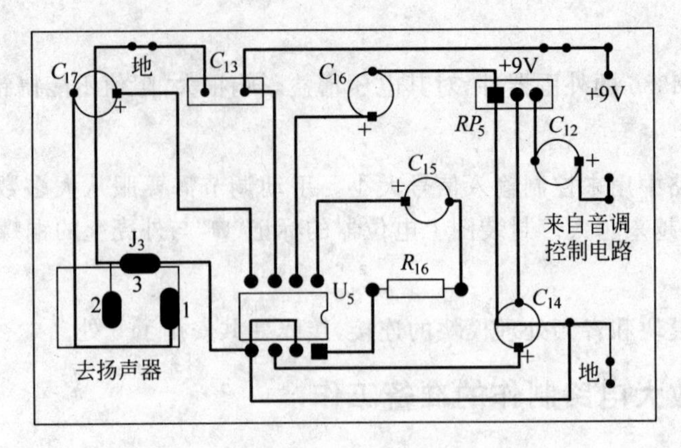

图 4-5　功率放大电路布线图(反面)

装配图和布线图的特色在第三单元已经作过说明,如元器件摆放、90°走线、正反面看图习惯等。电位器引脚"■"与正面铜螺钉对应,安装时必须注意。

4.3　任务实施

4.3.1　学习原理图

1. 分析信号流向

(1) 确认入出端口。

(2) 确认核心器件及配套器件。

2. 认知核心器件

(1) 集成电路 LM386 内部结构。

(2) 集成电路 LM386 应用。

3. 区分配套器件

(1) 输入电路。

(2) 输出电路。

(3) 滤波电路。

4.3.2　确认元器件

(1) 用目测方法粗略判别元器件。

(2) 用万用表确认元器件功能及技术参数。

4.3.3　功率放大电路制作

1. 正面布局

根据装配图在万能表正面摆放元器件,注意摆放均匀。

2. 反面连线

根据布线图在万能板反面连线，注意焊接工艺。

3. 粘贴元器件符号

在万能板正面用不干胶在元器件附近粘贴元器件代号。

4.3.4 功率放大电路通电前测量

1. 粗略观察

粗略观察电路板正面元器件实物与标识是否相符，反面是否有漏焊或断线。

2. 细致检查

细致检查电路板正面元器件的规格、引脚和极性等摆放是否正确。

3. 用万用表测量

用万用表蜂鸣挡测量元器件之间连线是否可靠，不该连接的是否存在短路。

4. 测量电阻

用万用表电阻挡测量各点电阻，将测量值填于表 4-1。

表 4-1　功率放大电路各点对地电阻值测量记录

测 量 内 容	参 考 值	测量值	备　注
+9V 对地	大于 200kΩ		单板测量
C_{12}负极对地	10kΩ		
386 的 6 脚对地	大于 200kΩ		
386 的 3 脚对地	60～80kΩ		
386 其他脚对地	大于 200kΩ		不含 2、4 脚

4.3.5 功率放大电路通电后测量

1. 测量输入电流值

按照图 4-6 所示连接，测量功率放大电路输入电流值，将结果填于表 4-2。

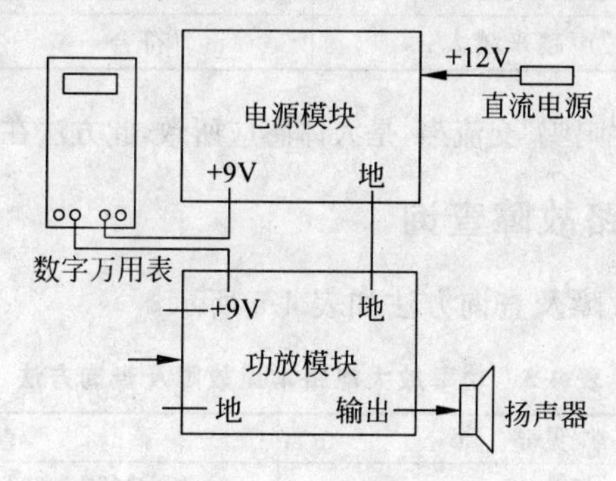

图 4-6　功率放大电路输入电流测量方法

表 4-2 功率放大电路输入电流测量记录

测量内容	参考值	测量值
+9V 输入电流	2～2.5mA	

2. 测量 LM386 工作电压

按照图 4-7 所示连接，用万用表测量 LM386 各引脚电压，将测量值填于表 4-3。

表 4-3 LM386 静态工作状态测量记录

类　别	引　脚　号							
	1	2	3	4	5	6	7	8
参考电压值/V	1.30	0.00	0.00	0.00	4.55	8.97	4.40	1.30
测量值/V								

3. 音频功率放大特性定性测量

按照图 4-8 所示连接，用金属镊子或手指触碰输入电容 C_{12} 或 C_{14} 任意脚，扬声器能发出“呜呜”交流声。顺时针调节电位器 RP_5，扬声器的“呜呜”交流声会越来越大。将上述效果填于表 4-4。

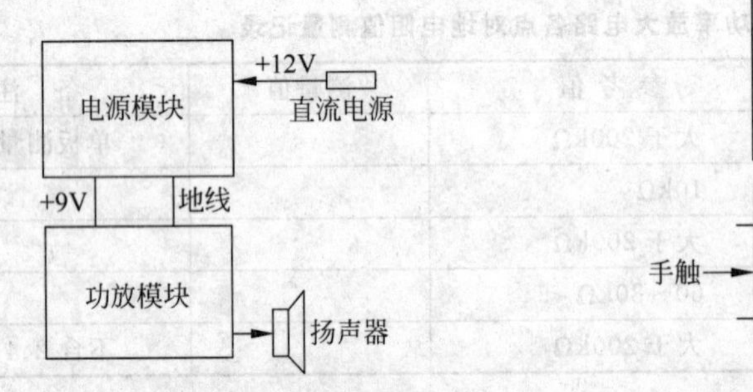

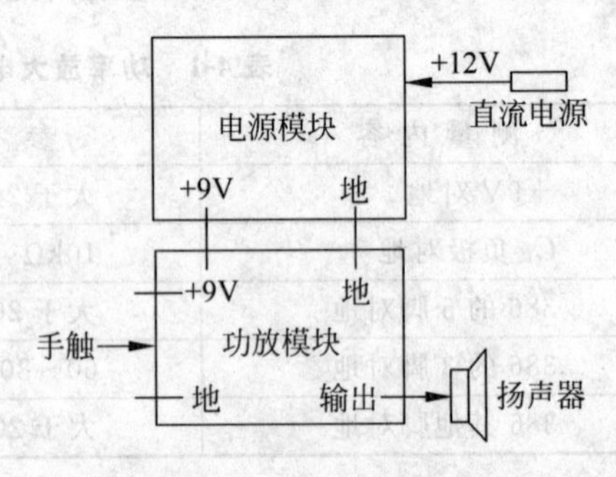

图 4-7 LM386 静态工作状态测量方法

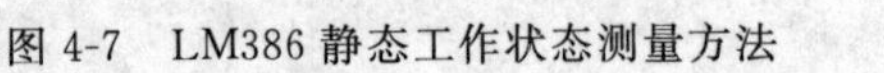

图 4-8 音频功率放大特性定性测量方法

表 4-4 音频功率放大特性定性测量记录

测 量 内 容	参考结果	测量结果
触碰电容 C_{12}，扬声器发“呜呜”声	发生	
顺时针调 RP_5，“呜呜”声越来越大	符合	

扬声器能之所以发出“呜呜”交流声，是人体感应所致，此方法在后续测量时会多次用到。

4.3.6 功率放大电路故障查询

功率放大电路常见故障及查询方法如表 4-5 所示。

表 4-5 功率放大电路常见故障及查询方法

序号	常 见 故 障	查 询 方 法
1	开机烧保险	查 LM386 的 6 脚是否对地短路
2	LM386 发烫	查 LM386 是否插反

续表

序号	常见故障	查询方法
3	触碰 C_{12} 或 C_{14} 无交流声	查＋9V 电压是否到达 LM386 的 6 脚
4	无电压增益或很小	查 LM386 外围元件 R_{16} 和 C_{15}
5	输入音量不可调	查 RP_5 是否连接正确
6	RP_5 调节方向不合常规	将 RP_5 转向 180°
7	背景杂声大	检查地线连接是否可靠
8	扬声器不发声	查插座 J_3 两个负极是否连接

4.4 任务评价

4.4.1 互动交流

互动交流是任务实施过程中的一个重要环节，通过讨论，发现并提出问题，在理论指导下，最后把问题解决。互动交流方式可以是小组与小组之间，也可以是全班性的。互动交流可以促进本次任务的完成。

围绕本次任务实施，为互动交流提出了如下问题。

(1) 功率放大电路中，双声道插座 J_3 的两个负极引脚为什么要连在一起？

(2) 电容器 C_{17} 为什么容量很大？

(3) 电容器 C_{14} 为什么要负极接电位器？

(4) 电容器 C_{13} 能否用 10μF？

(5) 电阻器 R_{16} 能否用 200kΩ？

(6) LM386 的引脚 3 对地电阻为什么不是大于 200kΩ？

(7) 为什么要把电位器外壳铜螺钉对应的引脚接地？

(8) 为什么手碰电容器 C_{12} 或 C_{14}，扬声器会发出“呜呜”声？

(9) 通电之后，集成电路发烫是何原因？

(10) 元器件在电路板正面引脚留有一点余地有何好处？

(11) LM386 插反了会出现什么现象？

(12) LM386 引脚 6 增加一只 10μF 电容器下地行不行？

(13) 电容器 C_{15} 改为 1000pF 行不行？

(14) LM386 引脚 2 通过一只 10μF 电容器下地行不行？

(15) 电路布局为什么安排了两处接地？

4.4.2 完成任务评价表

本次任务既要重视制作，又要注意理论联系实际。任务实施要求掌握电路制作技巧，完成电路功能，测量电路技术参数。任务评价表对作品的完成和理论知识的消化都有一定要求，见表 4-6。

表 4-6 任务评价表

任务名称					
学生姓名		所在班级		学生学号	
实验场所		实施日期		指导教师	

1. 将功率放大电路制作的相关评价内容填于下表。

评价内容	自我评价	教师评价
完成进度		
作品外观		
作品正面		
作品反面		
出现事故		
互相帮助		
公益活动		

2. 根据任务资讯，画出功率放大电路功能方框图。

3. 通过本次任务的实施，归纳总结你感受最深的几点体会。

学生自评		教师评价		教师签名	

4.5 总结与提高

4.5.1 知识小结

通过本次任务实施，获取的知识点归纳于表 4-7。

表 4-7 本次任务知识点

序号	知 识 点
1	在观看音响放大器功放电路实物之后，再次接触电路原理图概念
2	功率放大电路直接影响音响放大器的播放效果，电路板上信号较强
3	集成电路 LM386 功能强大，如果用分立元件制作，体积很大
4	电路测试分通电前和通电后两种，通电后还分静态测试和动态测试
5	实现功率放大的方法不是唯一的

4.5.2　知识拓展

1. 功率放大电路性能测试

按照图 4-9 所示，信号源向功放电路提供输入信号，用 8Ω 负载取代扬声器。保持信号源输出信号幅度不变，改变频率，用示波器在 8Ω 负载两端测量电压，将测量结果填写于表 4-8，并与式(4-1)理论计算值比较。

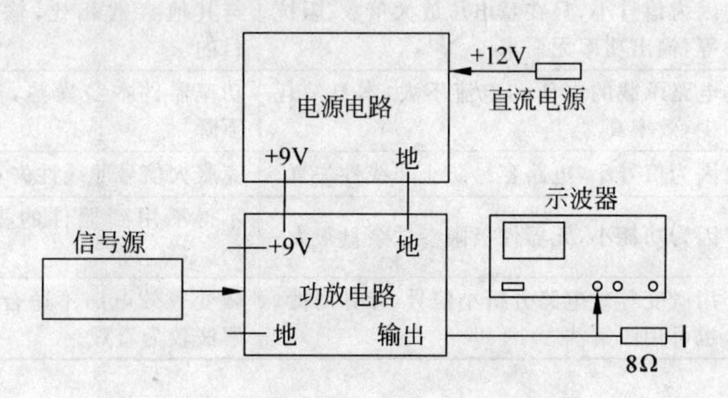

图 4-9　功率放大电路电压增益测量方法

表 4-8　功率放大电路电压增益测量记录

输入频率/Hz	500	800	1000	1200	1500
信号源输出有效值/mV	100	100	100	100	100
示波器读出有效值/mV					
实测电压增益/倍					
理论计算增益/倍	31	31	31	31	31

将电阻器 R_{16} 阻值改为 5kΩ，重做以上测量，验证电压增益为 25 倍。

2. 功率放大的基本概念

(1) 功率放大与电压放大的比较

电子元器件组成的放大电路本质上是一种能量转换，从电源获取电能(电压、电流)，再去推动负载。功率是单位时间内转换的能量，在电子学中定义为电压与电流的乘积。在小信号放大电路中，负载大多很轻，放大器不需要太多的电压和电流就能带动。有一些应用，例如推动扬声器的音圈发出声音、推动电动机转动和使继电器动作等，没有足够的功率就无法运转或性能很差。因此，必须进行功率放大。功率放大电路用小的输入功率去控制较大的功率，是一种控制电路。

功率放大电路与电压放大电路相比，从基本原理和能量控制上看，没有本质的区别，但工作特点和对电路的要求是不同的。

电压放大电路与功率放大电路情况比较列于表 4-9。

(2) 功率放大电路的技术参数

功率放大电路的技术参数包括输出功率 P_o、管耗 P_t、电源功率 P_u 和集电极效率 η，下面结合图 4-10 来说明。

表 4-9 电压放大电路与功率放大电路情况比较

类别		电压放大	功率放大
相同点	能源	由电源提供能源	
	基本原理	利用有源器件的流控流或压控流特性，考虑输入/输出电阻，合理设置工作点，使有源器件工作在线性区	
	控制	利用电源的能量，将小信号低功率转换为大信号高功率	
不同点	输出功率	因为信号小，只在意电压放大倍数、阻抗等，输出功率无要求	与其他参数相比，输出功率成为首要目的
	电路效率	电路承载的电压和电流不大，本身消耗少，效率高	功率器件本身发热，消耗能量，使效率下降
	非线性失真	因为信号小，电路容易防止非线性失真	克服大信号非线性失真的难度增加很多
	元器件极限参数	因为功耗小，元器件极限参数余量很大	不得不用到器件的极限参数，如 I_{CM}、P_{CM}、U_{CBO} 等
	电路分析方法	用微变等效电路分析小信号，计算简捷，也可用图解法	微变等效电路不适合分析大信号，用图解法较为直观

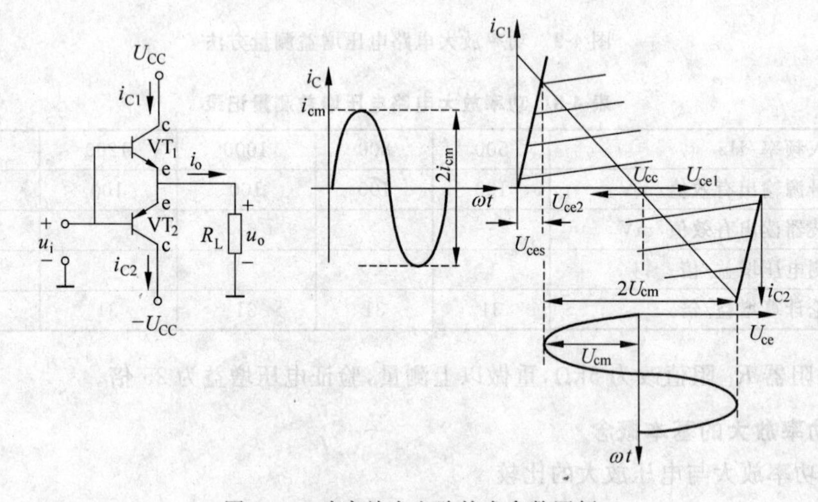

图 4-10 功率放大电路技术参数图例

图中，VT_1 为 NPN 管，VT_2 为 PNP 管。输入信号正半周时，VT_1 导通，VT_2 截止，电流 $i_{c1} \approx i_{e1}$ 流过负载；输入信号负半周时，i_{c2} 流过负载。两管在输入信号作用下轮流导通，使负载 R_L 得到随输入信号变化的电流。

由于电路接成射极跟随器形式，输入阻抗高，输出阻抗低，便于与低阻类扬声器匹配。

图中，将 VT_2 的输出特性曲线倒置在 VT_1 的输出特性曲线下方，使得在 $U_{ce}=U_{cc}$ 处重合。负载线经过 U_{cc} 点，斜率为 $-1/R_L$。这样，允许 i_c 的最大变化范围为 $2I_{cm}$，U_{ce} 的变化范围为 $2(U_{cc}-U_{ces})=2U_{cem}=2I_{cem}\ R_L$。忽略管子的饱和压降 U_{ces}（假设 $U_{ces}=0$），则 $U_{cem}=I_{cm}\ R_L \approx U_{cc}$。

输出功率 P_o 用输出电压有效值 U_o 与输出电流有效值 I_o 的乘积表示，与输出电压峰值 U_{cm} 关系如式(4-2)所示。

$$P_o = U_o I_o = \frac{1}{2}\frac{U_{cm}^2}{R_L} \tag{4-2}$$

图中，两管看成射极输出器状态，电压放大倍数接近1，如果输入信号足够大，使得

$$U_{im} = U_{cm} = U_{cem} = U_{cc} - U_{ces}, \quad I_{cm} = I_{om} \tag{4-3}$$

则最大输出功率与电源电压(U_{cc})和负载(R_L)的关系为

$$P_{om} = \frac{1}{2}\frac{U_{cm}^2}{R_L} = \frac{1}{2}\frac{U_{cem}^2}{R_L} = \frac{1}{2}\frac{U_{cc}^2}{R_L} \tag{4-4}$$

图中，两管在一个信号周期内各自导通约180°，两管电流 i_c 和电压 u_{ce} 在数值上分别相等。先求出单管的管耗，再求总管耗，即

$$P_{t1} = \frac{1}{R_L}\left(\frac{U_{cc}U_{om}}{\pi} - \frac{U_{om}^2}{4}\right) \tag{4-5}$$

$$P_t = P_{t1} + P_{t2} = \frac{2}{R_L}\left(\frac{U_{cc}U_{om}}{\pi} - \frac{U_{om}^2}{4}\right) \tag{4-6}$$

电源功率 P_u 包括负载得到的信号功率和两管消耗的功率，即

$$P_u = P_o + P_t = \frac{2U_{cc}U_{cm}}{\pi R_L} \tag{4-7}$$

当输出电压幅度达到最大时，即 $U_{cm} \approx U_{cc}$，电源提供的功率最大，即

$$P_{um} = \frac{2U_{cc}^2}{\pi R_L} \tag{4-8}$$

电路效率 η 定义为输出功率与电源功率之比，无量纲，即

$$\eta = \frac{P_o}{P_u} \times 100\% = \frac{\pi U_{cm}}{4U_{cc}} \times 100\% \tag{4-9}$$

假定负载电阻取值理想，忽略管子的饱和压降 U_{ces}，输入信号足够大，$U_{cm} \approx U_{cc}$，集电极效率为

$$\eta = \frac{P_o}{P_u} \times 100\% = \frac{\pi U_{cm}}{4U_{cc}} \times 100\% = \frac{\pi}{4} \times 100\% \approx 78.5\% \tag{4-10}$$

(3) 交越失真及防护措施

交越失真是两管互补功率放大最容易出现的现象。其产生原因在于三极管的 i_b—u_{be} 特性是一条准直线，开始部分有一个非线性的过渡过程，基极电流 i_b 必须在 $|u_{be}|$ 大于死区电压时才能有显著变化，结果表现为输出信号的正、负半周在交接处出现断裂或扭曲，如图4-11所示。

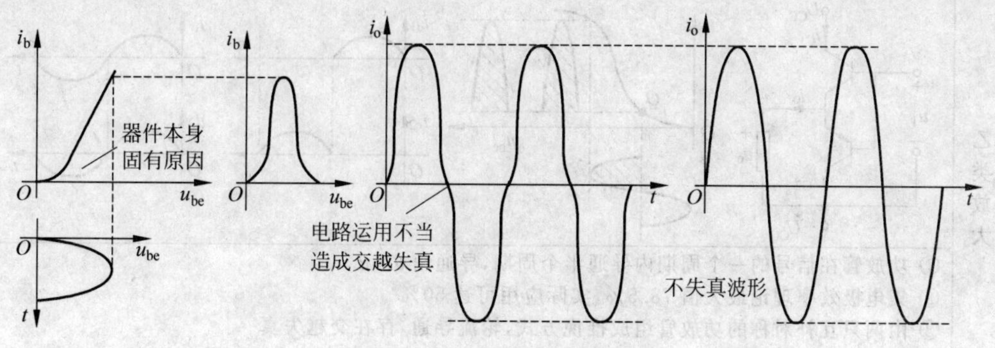

图4-11　交越失真原因及结果

消除或减轻交越失真的危害有各种办法，图 4-12 列举了两种电路。左图将二极管 D_1 和 D_2 串联起来，使其微微导通，为互补推动管 VT_1 和 VT_2 提供偏置，从而线性工作。右图三极管 VT_3 和 VT_4 不但可以防止交越失真，对输入信号还有放大作用。

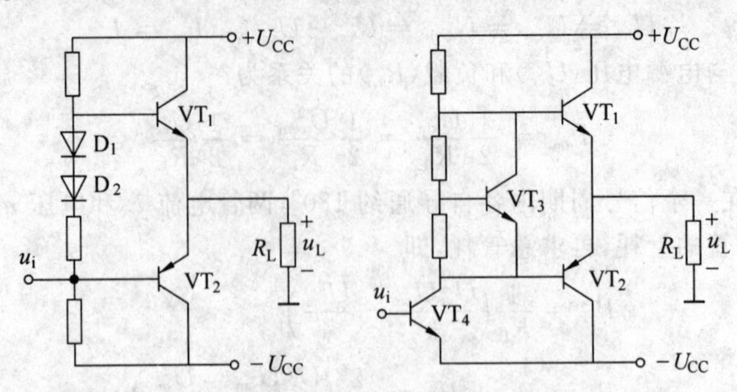

图 4-12 为互补推动管施加偏置，防止交越失真

3. 功率放大电路的组成形式

(1) 按照有源器件工作状态分类

选择不同的有源器件组成各种功率放大电路，使其达到较好的技术参数。最常见的有甲、乙、甲乙和丙四类，表 4-10 列出了各自的相关情况。

表 4-10 四类功率放大电路情况比较

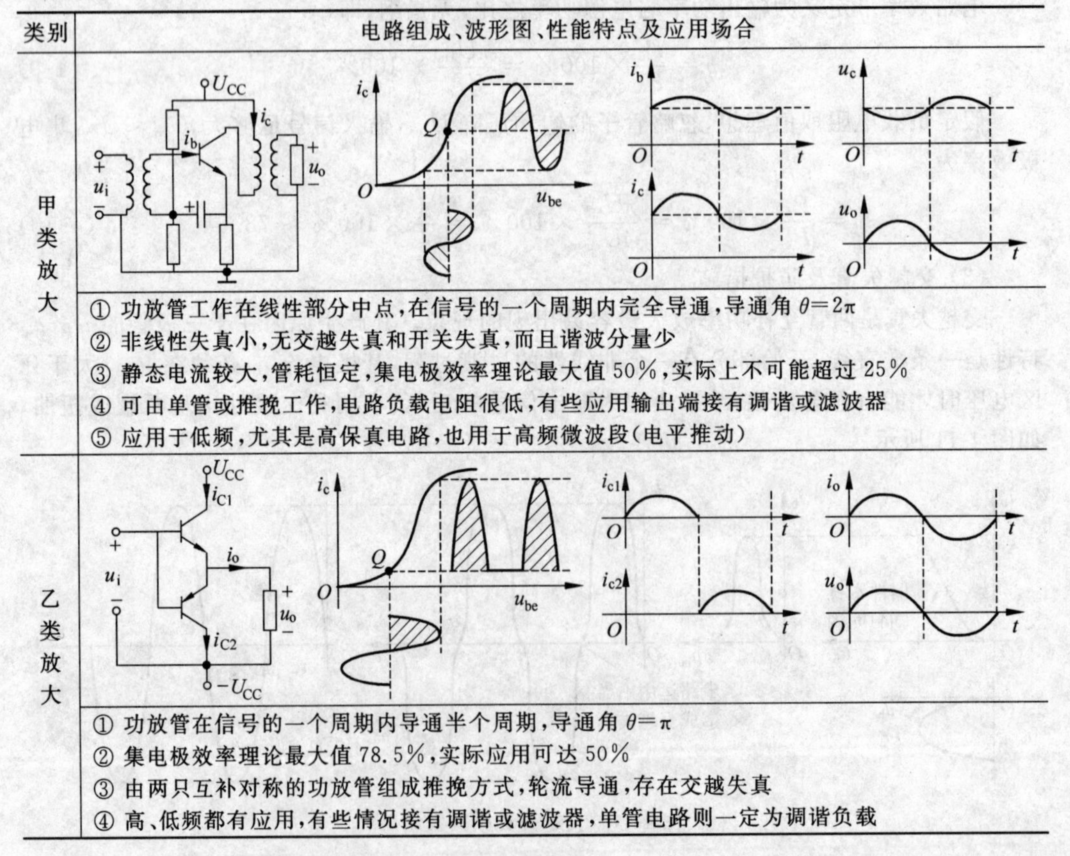

类别	电路组成、波形图、性能特点及应用场合
甲类放大	① 功放管工作在线性部分中点，在信号的一个周期内完全导通，导通角 $\theta=2\pi$ ② 非线性失真小，无交越失真和开关失真，而且谐波分量少 ③ 静态电流较大，管耗恒定，集电极效率理论最大值 50%，实际上不可能超过 25% ④ 可由单管或推挽工作，电路负载电阻很低，有些应用输出端接有调谐或滤波器 ⑤ 应用于低频，尤其是高保真电路，也用于高频微波段(电平推动)
乙类放大	① 功放管在信号的一个周期内导通半个周期，导通角 $\theta=\pi$ ② 集电极效率理论最大值 78.5%，实际应用可达 50% ③ 由两只互补对称的功放管组成推挽方式，轮流导通，存在交越失真 ④ 高、低频都有应用，有些情况接有调谐或滤波器，单管电路则一定为调谐负载

续表

类别	电路组成、波形图、性能特点及应用场合
甲乙类放大	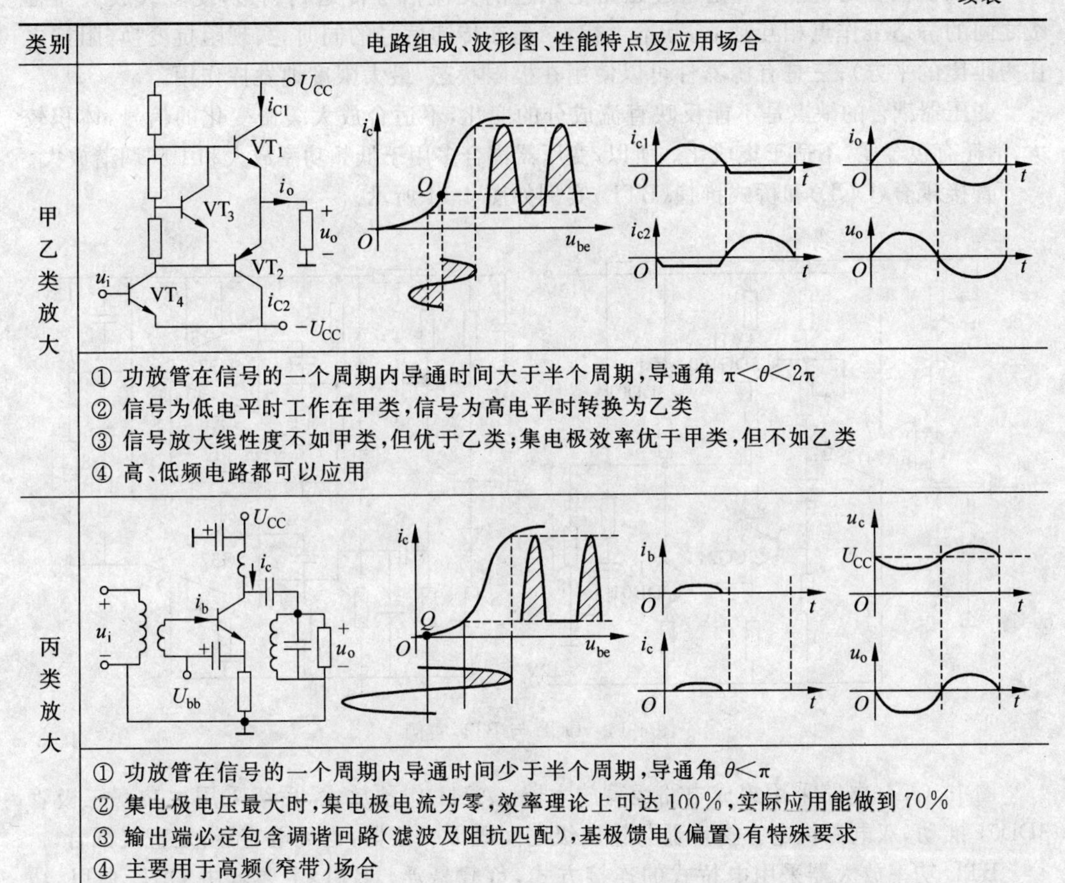
	① 功放管在信号的一个周期内导通时间大于半个周期，导通角 $\pi<\theta<2\pi$ ② 信号为低电平时工作在甲类，信号为高电平时转换为乙类 ③ 信号放大线性度不如甲类，但优于乙类；集电极效率优于甲类，但不如乙类 ④ 高、低频电路都可以应用
丙类放大	
	① 功放管在信号的一个周期内导通时间少于半个周期，导通角 $\theta<\pi$ ② 集电极电压最大时，集电极电流为零，效率理论上可达 100%，实际应用能做到 70% ③ 输出端必定包含调谐回路（滤波及阻抗匹配），基极馈电（偏置）有特殊要求 ④ 主要用于高频（窄带）场合

(2) 按照与负载的耦合方式分类

功率放大电路采用变压器耦合、电容耦合 OTL(Output Transformer Less)、直接耦合 OCL(Output Capacitor Less)和桥式推挽 BTL(Bridge Transformer Less)四种方式推动负载。

变压器耦合和电容耦合(OTL)实例如图 4-13 所示。

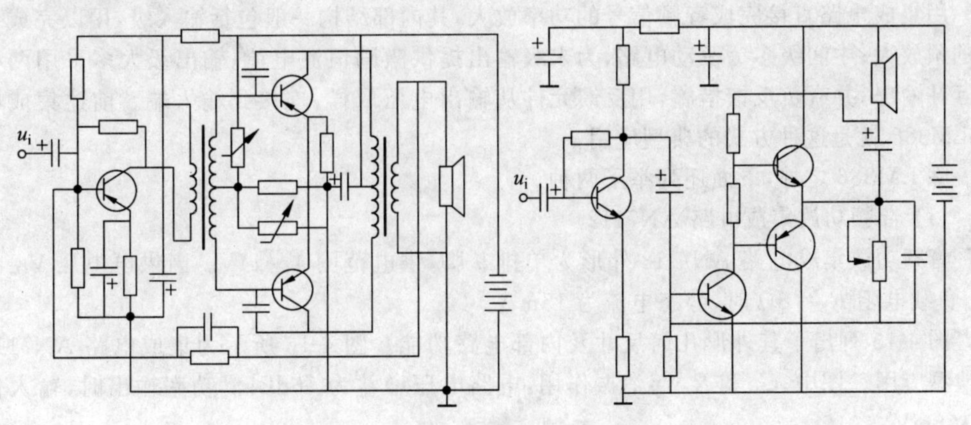

图 4-13　变压器耦合与 OTL 实例

变压器耦合的优点：一是通过磁路把原边的交流信号传送到副边，使多级放大器各级之间的静态工作点相互独立，互不干扰；二是在传递信号的同时，实现阻抗变换（阻抗之比为匝比的平方）；三是有源器件可以使用在极限状态，最大限度地发挥作用。

变压器耦合的缺点是不能反映直流成分的变化，不适合放大缓慢变化的信号，体积较大，消耗有色金属，不适于集成化。所以，变压器耦合多用于低频功率放大和中频调谐放大。

直接耦合（OCL）和桥式推挽（BTL）实例如图 4-14 所示。

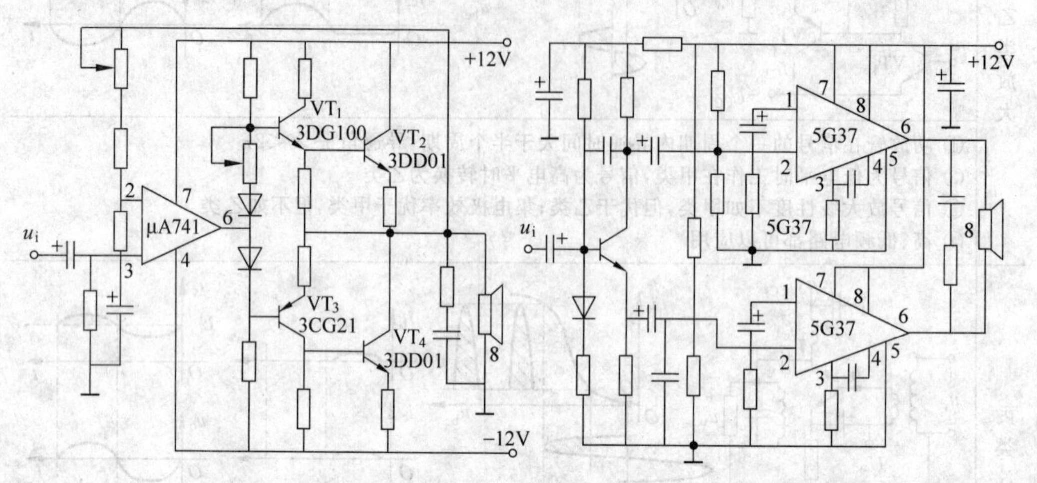

图 4-14 OCL 与 BTL 实例

图中，OCL 电路采用集成电路运算放大器 μA741 作预放大，后级采用大功率三极管 3DD01 推动，双电源供电。扬声器与输出级之间既无变压器，也无电容器，是直接耦合。

BTL 功率放大器采用电桥式的连接方式，负载悬浮。BTL 主要解决 OCL、OTL 功放效率虽高，但电源利用率不高的问题。在相同的工作电压和相同的负载条件下，BTL 输出功率提高到 3 或 4 倍。在单电源的情况下，BTL 可以不用输出电容。电源的利用率为一般单端推挽电路的 2 倍，适用于电源电压低而需要获得较大输出功率的场合。

两种电路在扬声器旁边并联有电阻器和电容器，用以补偿扬声器本身的频率特性。

4. 功率放大集成电路

用集成电路直接完成音频信号的功率放大，其内部结构一般包括输入级，用以完成信号的预放大；中间级多为驱动电路，为末级输出提供激励恒流电流；输出级大多采用两种管互补输出，并有负反馈措施，用反馈元件从输出电压取样，连接到输入端。前述集成电路 LM386 就是这种方式的典型应用。

除 LM386 之外，下面还列举了两种。

（1）音频功放集成电路 AN7112

音频功放集成电路 AN7112 外形为单排 9 脚，供电范围 4～14V。当供电电压 $V_{CC}=6V$，负载电阻 $R_L=8\Omega$ 时，静态电流为 15mA。

图 4-15 列出了其外形几何尺寸及内部电路功能。图 4-16 所示为集成电路 AN7112 的典型应用。图中，C_4 和 R_1 起消振作用，电路电压增益为 50dB；满功率输出时，输入信号为 6mV。

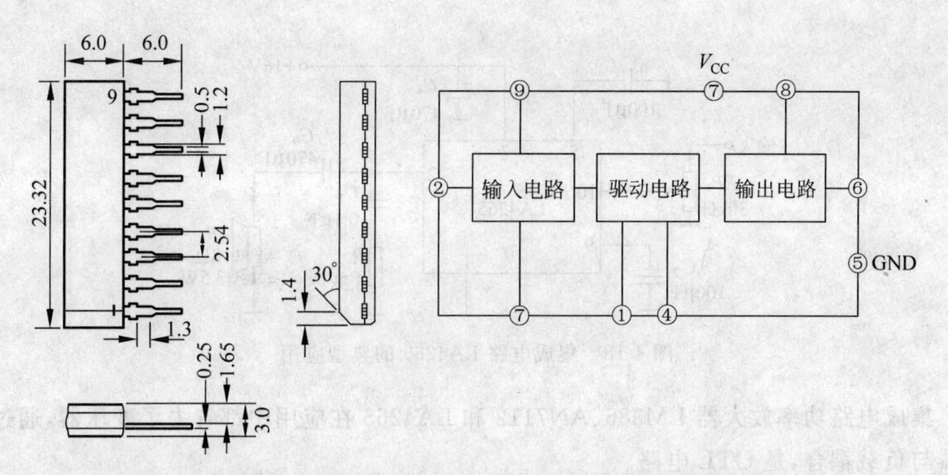

图 4-15　音频功放集成电路 AN7112 外形几何尺寸及内部功能图

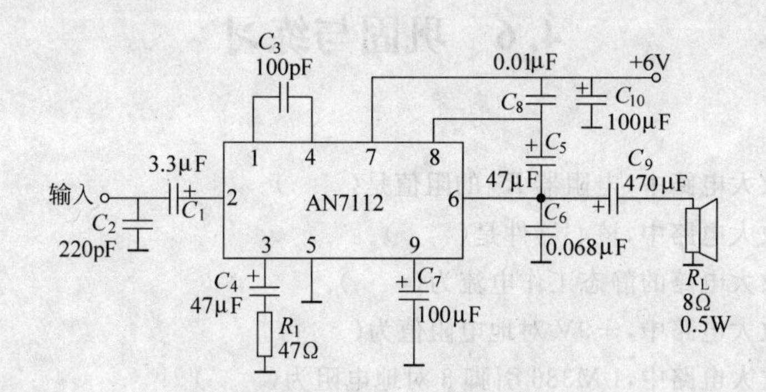

图 4-16　集成电路 AN7112 的典型应用

(2) 音频功放集成电路 LA4265

音频功放集成电路 LA4265 外形为单排 10 脚，供电范围可达 25V。当供电电压 $V_{CC}=16V$，负载电阻 $R_L=8\Omega$ 时，静态电流为 35mA。

图 4-17 列出了其外形几何尺寸及内部电路功能。图 4-18 所示为集成电路 LA4265 的一种典型应用。图中，C_3 和 R_1 起消振作用，电路电压增益为 50dB；满功率输出时，输入信号为 17mV。

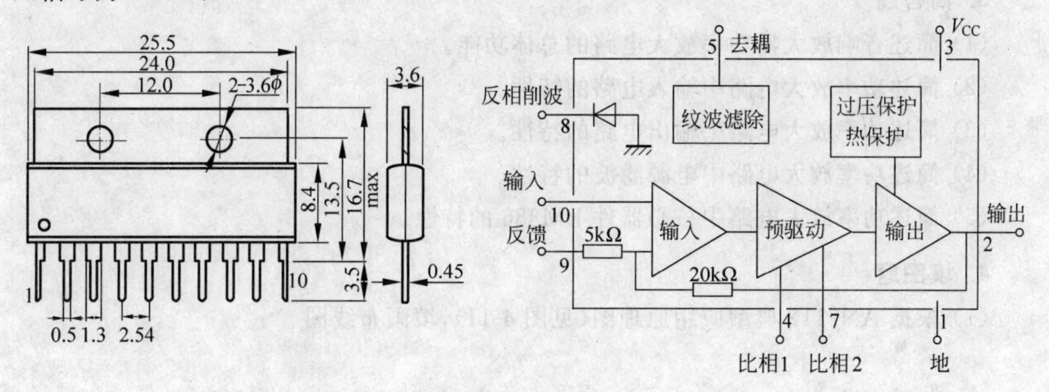

图 4-17　音频功放集成电路 LA4265 外形几何尺寸及内部功能图

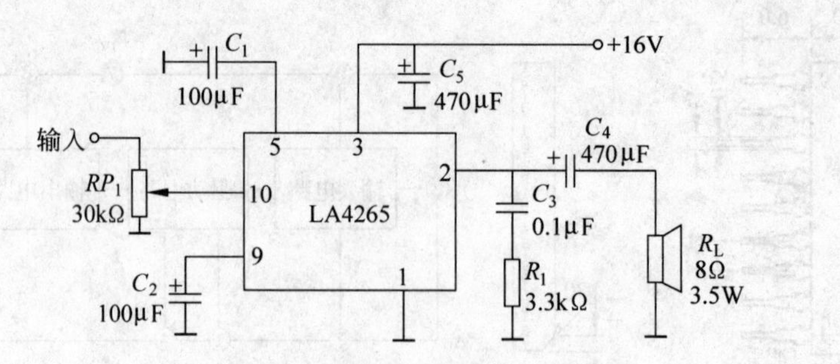

图 4-18 集成电路 LA4265 的典型应用

集成电路功率放大器 LM386、AN7112 和 LA4265 在应用中都省去了变压器，通过电容器与负载耦合，是 OTL 电路。

4.6 巩固与练习

1. 填空题

(1) 功率放大电路中，电阻器 R_{16} 的阻值是(　　)。

(2) 功率放大电路中，核心器件是(　　)。

(3) 功率放大电路的静态工作电流为(　　)。

(4) 功率放大电路中，+9V 对地电阻值为(　　)。

(5) 功率放大电路中，LM386 引脚 3 对地电阻为(　　)。

2. 判断题

(1) 功率放大电路中的每个元器件都不能省略。(　)

(2) 功率放大电路中的电位器 RP_5 随便安装，无特殊要求。(　)

(3) 功率放大电路中的电源滤波电容可用 10μF 代替。(　)

(4) 集成电路 LM386 引脚 2 可通过 10μF 电容下地。(　)

(5) 电阻器 R_{16} 越大，电压增益越小。(　)

3. 简答题

(1) 简述音响放大器功率放大电路的总体功能。

(2) 简述功率放大电路中输入电路的特性。

(3) 简述功率放大电路中输出电路的特性。

(4) 简述功率放大电路中电源滤波的特性。

(5) 简述功率放大电路中核心器件 LM386 的特性。

4. 填图题

(1) 根据 AN7112 典型应用原理图(见图 4-11)，填画布线图。

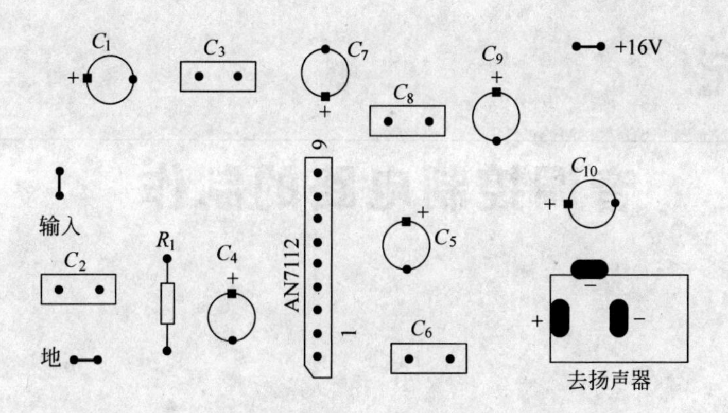

(2) 根据 LA4265 典型应用原理图(见图 4-13),填画布线图。

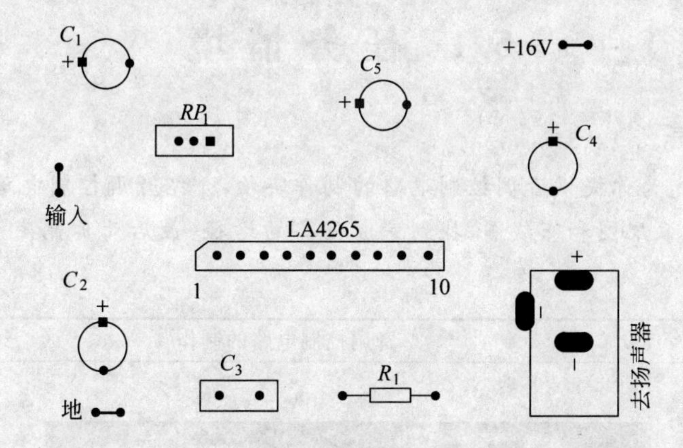

(3) 根据集成运放 μA741 和晶体管组成的功放电路原理图(见图 4-14),填画布线图。

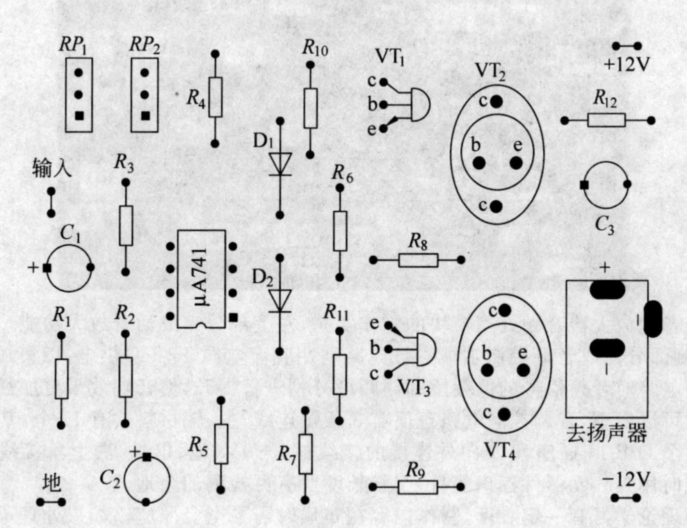

第五单元

音调控制电路的制作

5.1 任务情境

学习引导

任务情境首先为你提供音调控制电路的制作实物，介绍音调控制电路的功能及组成；然后引出原理图、装配图和布线图，找到完成任务的途径，最后为你制定了一个可完成的任务要求和目标。

任务名称	音调控制电路的制作

任务内容

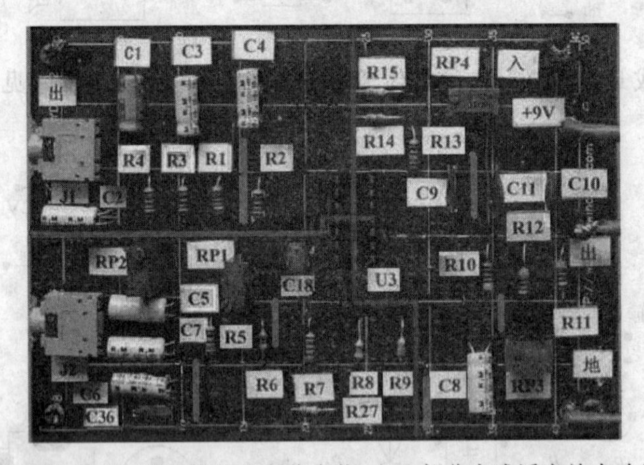

上图是一个音响放大器音频处理模块的制作实物，左上部分完成话音放大功能，左下部分完成混合放大功能，右侧部分完成音调控制功能。该电路采用直流电源（＋9V）供电，以集成电路 LM324 为核心。音调控制电路对音频信号的低频段和高频段分别进行提升，使音响效果更加悦耳动听。

从实物图上可以发现，音调控制电路正面有 3 条短连线，主、辅材料共有 17 个，其中主材料13 个；辅助材料包括 1 个 DIP-14 插座，3 个向外连接的接线柱（＋9V、地、出）。右上角接线柱（入）预留，第六单元任务实施时用到。元器件标识醒目，引脚长度留有可检测的余地。

本次任务的理论学习有一定难度，制作内容在布局时需要全盘照应。如果处理不当，将会影响后续任务的完成。

任务实施从学习原理图开始，掌握核心器件 LM324 及辅助器件的技术性能，在装配图和布线图帮助下完成制作，并进行技术指标测试。

续表

任务要求
1. 学习和消化“任务资讯”提供的相关知识，用以指导实际训练。 2. 完成“任务实施”的各项步骤，制作音调控制电路。 3. 开展互动交流活动，并完成任务评价表。 4. 浏览“总结与提高”相关内容，总结并拓展在任务实施过程中学到的知识。 5. 课余时间继续完成“巩固与练习”中的相关习题，加深所学知识的印象。
任务目标
1. 知识目标：了解音调控制电路的作用，掌握实现音调控制的方法及简单测试方法。 2. 技能目标：能借助原理图分析问题和查找故障，能借助装配图和布线图制作音调控制电路。 3. 素质目标：继续培养读图、画图和区分各种图的习惯，逐步接受频谱特性的概念。

5.2　任务资讯

学习引导

根据所给的任务，任务资讯首先为你提供了音调控制电路工作原理图。你必须掌握音调控制电路的主要功能，了解每个元器件的作用。后面的装配图和布线图是帮助你完成制作的。

5.2.1　音调控制电路的工作原理

音响放大器音调控制电路原理图如图 5-1 所示。

音调控制电路用来控制和调节音响放大器的幅频特性。理想的控制曲线如图 5-2 所示。从音调控制曲线看出，音调控制电路在中音频率（1000Hz）保持增益不变，只对低音频和高音频进行提升或衰减。

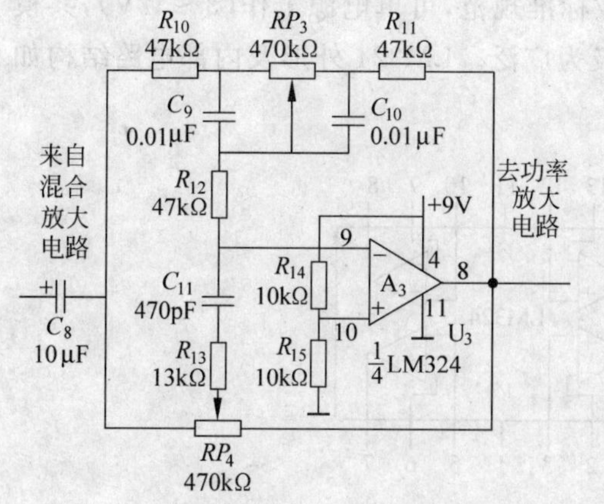

图 5-1　音响放大器音调控制电路原理图

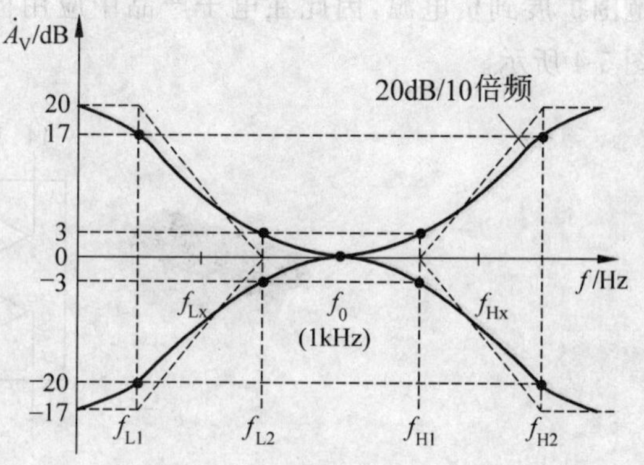

图 5-2　音调控制曲线

原理图中以 1/4LM324 为核心，与外围相关元器件构成有源低通滤波器和有源高通滤波器。电阻器 R_{10}、R_{11}、R_{12}，电位器 RP_3，电容器 C_9、C_{10} 为低通滤波器元件。电容器 C_{11}、电阻器 R_{13}、电位器 RP_4 为高通滤波器元件。电阻器 R_{14}、R_{15} 为运算放大器偏置元件。电容器 C_8 为输入信号耦合电容，输出信号耦合电容已在功放模块安装（C_{12}）。

实现音调控制功能的方式不是唯一的，还可以采用其他方式。

5.2.2 运算放大器 LM324

运算放大器集成电路 LM324 内含 4 个独立电路，每个电路的内部结构如图 5-3 所示。

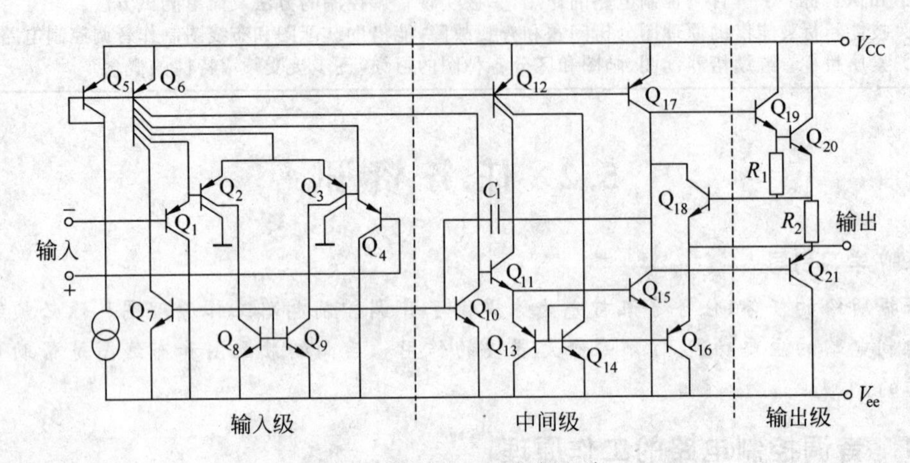

图 5-3 1/4LM324 内部电路

电路是真正的差动输入级，偏置电流低（最大 100nA），Q_2 和 Q_3 的下地集电极能起到静电保护作用，由 Q_9 单端输出；中间级有频率补偿功能，输出级过流信息通过 Q_{18} 进行短路保护。

除上述性能之外，LM324 的引脚符合行业标准规范，可单电源工作（3～32V），共模范围扩展到负电源，因此在电子产品中应用极为广泛。LM324 外形及内部电路结构如图 5-4 所示。

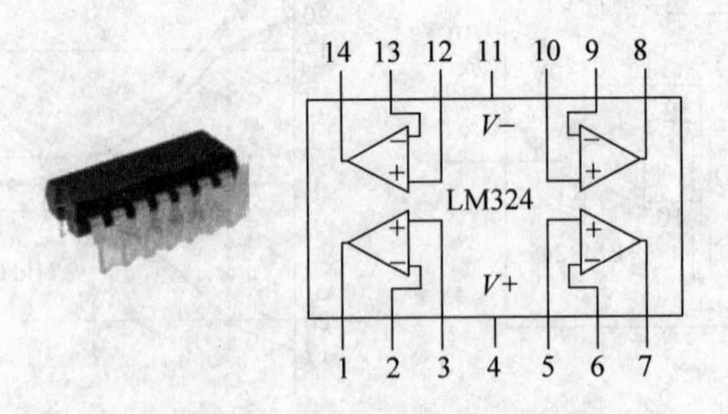

图 5-4 LM324 外形及内部电路结构

音响放大器采用的 LM324 中，引脚 12、13、14 对应的 1/4LM324 闲置；引脚 8、9、10 对应的 1/4LM324 用作音调控制电路；引脚 5、6、7 对应的 1/4LM324 用作混合放大电路；引脚 1、2、3 对应的 1/4LM324 用作话音放大电路。后两个 1/4LM324 应用会在后续任务中详细介绍。

5.2.3　音调控制电路的其他元器件

1. 电阻器

音调控制电路一共使用6只电阻器，分别用于低通滤波器、高通滤波器和偏置电路，阻值相差较大，不能焊错。

2. 电位器

2只电位器分别用于低通滤波器和高通滤波器。购买元器件时，可用500kΩ电位器替代。

3. 电容器

3只无极性电容器中，有2只用于低通滤波器，1只用于高通滤波器，其容量差别较大，不能焊错。1只极性电容器用作信号耦合，焊接时，不能焊错极性。

4. 接线柱

3只接线柱中，2只连接＋9V和地，1只将信号送入功放电路。

5.2.4　音调控制电路制作的准备工作

1. 电路板考虑

音频处理模块内容较多，选用万能板，最小几何尺寸为12mm×8mm。

2. 元器件确认

音调控制电路主材料一共使用13个元器件，确认方式与前面的任务类似。例如，色环电阻器阻值，电位器引脚电阻是否可变，极性电容器是否漏电，集成电路U_3引脚4、8、9、10、11是否明确等。

5.2.5　电路的装配图与布线图

1. 布局

制作音调控制电路是制作音频处理模块的第一步。布局需要全盘兼顾，为后续电路留有空间。考虑到信号流向，音调控制电路元器件摆放在万能板的右侧，右上角预留了来自话音延时电路的接线柱。为保证连线最短，在万能板的正面人为设置了3条短连线。

2. 连线

与前面单元一样，采用90°转角方式，便于万能板布线。

图5-5、图5-6和图5-7分别列出了音调控制电路的装配图和布线图。

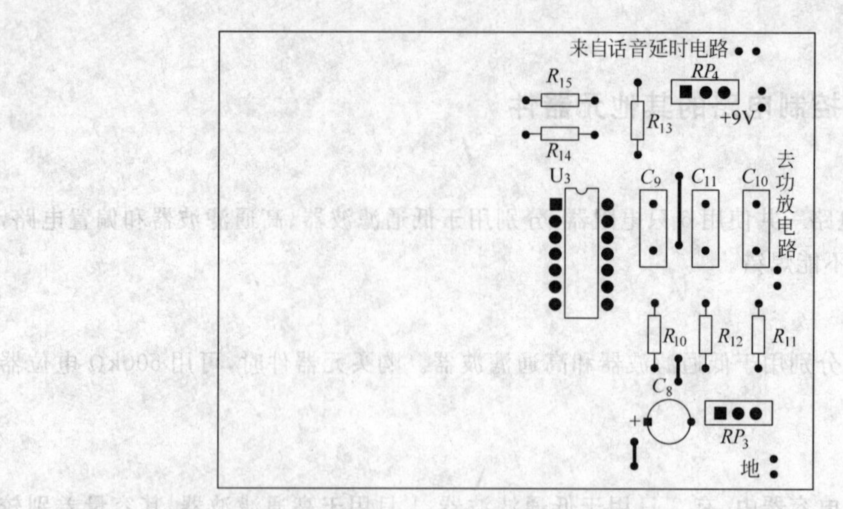

图 5-5 音调控制电路装配图

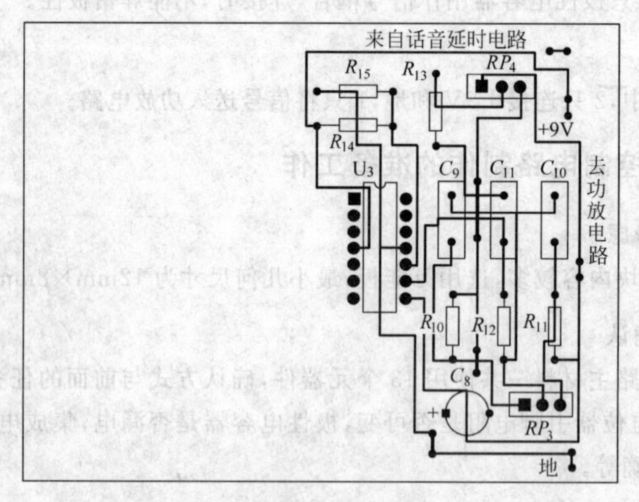

图 5-6 音调控制电路布线图(正面)

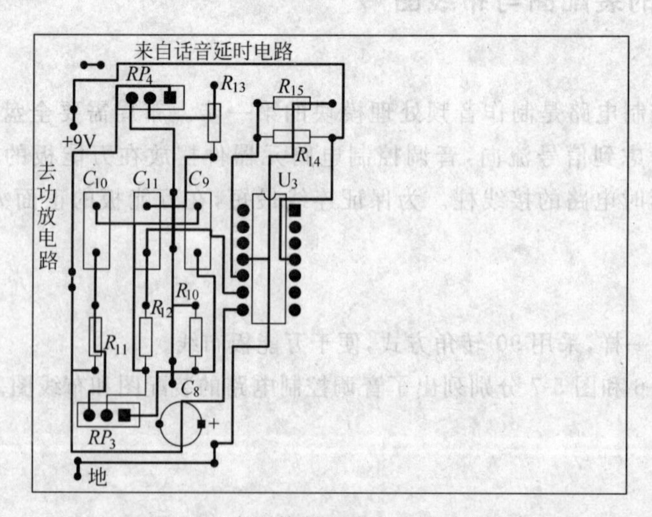

图 5-7 音调控制电路布线图(反面)

5.3 任务实施

5.3.1 学习原理图

1. 分析信号流向

(1) 确认入出端口。

(2) 确认核心器件及配套器件。

2. 认知核心器件

(1) 集成电路 LM324 内部结构。

(2) 集成电路 LM324 应用。

3. 区分配套器件

(1) 输入电路。

(2) 低通滤波器。

(3) 高通滤波器。

5.3.2 确认元器件

(1) 用目测方法粗略判别元器件。

(2) 用万用表确认元器件功能及技术参数。

5.3.3 音调控制电路制作

1. 正面布局

根据装配图在万能表正面摆放元器件,注意摆放均匀。

2. 反面连线

根据布线图在万能板反面连线,注意焊接工艺。

3. 粘贴元器件符号

在万能板正面用不干胶在元器件附近粘贴元器件代号。

5.3.4 音调控制电路通电前测量

1. 粗略观察

粗略观察电路板正面元器件实物与标识是否相符,反面是否有漏焊或断线。

2. 细致检查

细致检查电路板正面元器件的规格、引脚和极性等摆放是否正确。

3. 用万用表测量

用万用表蜂鸣挡测量元器件之间连线是否可靠,不该连接的是否存在短路。

4. 测量电阻

用万用表电阻挡测量各点电阻，将测量值填于表 5-1。

表 5-1 音调控制电路各点电阻值测量记录

测量内容	参考值	测量值	备注
+9V 对地	20kΩ		单板电路
324 的 8 脚对地	大于 200kΩ		
324 的 9 脚对地	大于 200kΩ		
324 的 10 脚对地	6kΩ		
电位器 RP_4(500kΩ)左右两端	272kΩ		慢慢达到

5.3.5 音调控制电路通电后测量

1. 测量输入电流值

按照图 5-8 所示连接，测量音调控制电路输入电流值，将结果填于表 5-2。

表 5-2 音调控制电路输入电流测量记录

测量内容	参考值	测量值
+9V 输入音频模块电流	2mA	
+9V 输出总电流	4～4.5mA	

2. 测量 LM324 工作电压

按照图 5-9 所示连接，用万用表测量 LM324 各引脚电压，将测量值填于表 5-3。

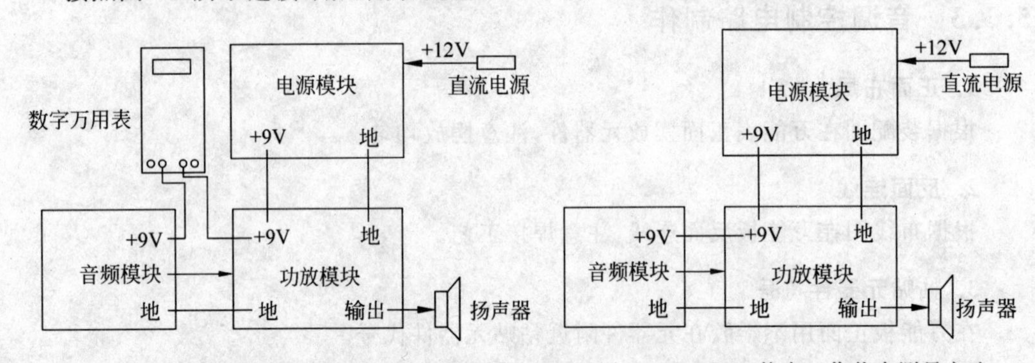

图 5-8 音调控制电路输入电流测量方法　　图 5-9 LM324 静态工作状态测量方法

表 5-3 LM324 静态工作状态测量记录

类别	引脚号				
	4	8	9	10	11
参考电压值/V	8.95	4.45	4.45	4.45	0.00
测量值/V					

3. 音调控制特性定性测量

按照图 5-10 所示连接，用金属镊子或手指触碰输入电容 C_8 或 LM324 引脚 8、9、10，扬声器能发出“呜呜”交流声。将上述效果填于表5-4。

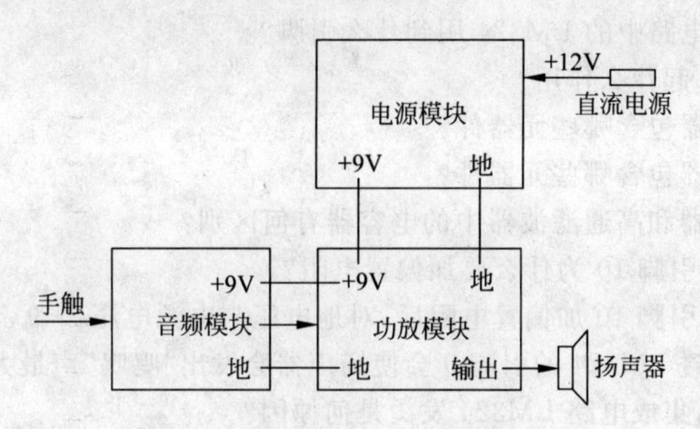

图5-10　音调控制特性定性测量方法

表5-4　音调控制特性定性测量记录

测量内容	参考结果	测量结果
触碰电容 C_8，扬声器发“呜呜”声	发生	
触碰LM324引脚8、9、10，效果同上	发生	
触碰LM324引脚9，声音最大	符合	

5.3.6　音调控制电路故障查询

音调控制电路常见故障及查询方法如表5-5所示。

表5-5　音调控制电路常见故障及查询方法

序号	常见故障	查询方法
1	+9V对地电阻不是20kΩ	必须单板检查，查 R_{14}、R_{15}
2	电位器 RP_4 两端电阻值不合要求	查 R_{10}、R_{11}、RP_3、RP_4
3	LM324引脚10电压不对	查 R_{14}、R_{15}
4	LM324引脚8电压太低或太高	查引脚10是否偏离4.45V
5	触碰试音无效果	查各个电容器连接是否可靠
6	触碰LM324引脚9效果不明显	查LM324静态工作电压
7	LM324发烫	查LM324是否插反
8	电路通电后啸叫	除上述检查外，再查 RP_3、RP_4 是否用错

5.4　任务评价

5.4.1　互动交流

互动交流是任务实施过程中的一个重要环节，通过讨论，发现并提出问题，在理论指导下，最后把问题解决。互动交流方式可以是小组与小组之间，也可以是全班性的。互动交流可以促进本次任务的完成。

围绕本次任务实施，为互动交流提出了如下问题。

(1) 音调控制电路中的 LM324 用到什么引脚？

(2) 电容器 C_8 起什么作用？

(3) 低通滤波器包含哪些元器件？

(4) 高通滤波器包含哪些元器件？

(5) 低通滤波器和高通滤波器中的电容器有何区别？

(6) LM324 的引脚 10 为什么要加偏置电阻？

(7) LM324 的引脚 10 加偏置电阻后，对地电压与电源电压(+9V)关系如何？

(8) 为什么手碰 LM324 的引脚 9 会使扬声器会发出“呜呜”声最大？

(9) 通电之后，集成电路 LM324 发烫是何原因？

(10) 集成电路 LM324 引脚静态对地电阻与通电后对地电压之间有何联系？

(11) LM324 插反了会出现什么现象？

(12) LM324 引脚 10 能否加一只 10μF 电容器下地？

(13) 电路布局中，右上角为什么要预留接线柱？

(14) 电位器 RP_4 两端电阻不是 272kΩ 时如何查错？

(15) 电位器 RP_4 两端电阻 272kΩ 不是慢慢上升时如何查错？

5.4.2 完成任务评价表

本次任务既要重视制作，又要注意理论联系实际。任务实施要求掌握电路制作技巧，完成电路功能，测量电路技术参数。任务评价表对作品的完成和理论知识的消化都有一定要求，见表 5-6。

表 5-6 任务评价表

任务名称					
学生姓名		所在班级		学生学号	
实验场所		实施日期		指导教师	

1. 将音调控制电路制作的相关评价内容填于下表。

评价内容	自我评价	教师评价
完成进度		
作品外观		
作品正面		
作品反面		
出现事故		
互相帮助		
公益活动		

2. 根据任务资讯，画出音调控制电路功能方框图。

续表

3. 通过本次任务的实施，归纳总结你感受最深的几点体会。

学生自评		教师评价		教师签名	

5.5　总结与提高

5.5.1　知识小结

通过本次任务实施，获取的知识点归纳于表 5-7。

表 5-7　本次任务知识点

序号	知　识　点
1	音调控制的含义是对音频信号的高频段和低频段进行控制
2	LM324 技术性能极佳，是电子产品中线性集成电路的突出代表
3	以 1/4 集成电路 LM324 为核心，构建低通滤波器和高通滤波器
4	电路测试分通电前和通电后两种；通电后还分静态测试和动态测试两种
5	实现音调控制的方法不是唯一的

5.5.2　知识拓展

1. 音调控制电路低频控制原理

在音调控制电路中（见图 5-1），电容器 $C_9=C_{10}=0.01\mu F$，远远大于 $C_{11}=470pF$。因此，在低频段，C_{11} 相当于开路。电位器 RP_3 向两臂滑动时，等效电路如图 5-11 所示。

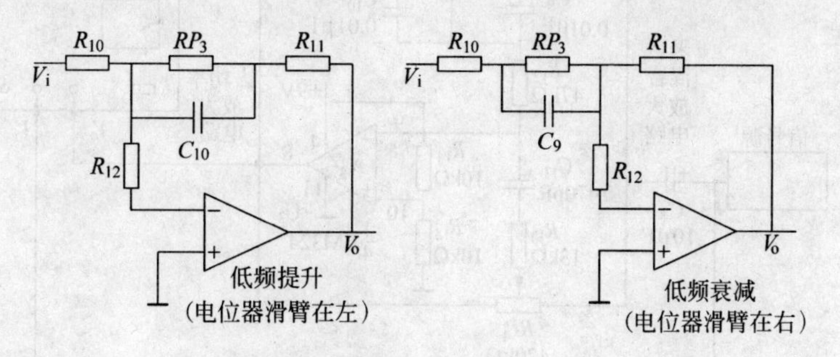

图 5-11　音调控制电路低频控制原理

2. 音调控制电路高频控制原理

在音调控制电路中（见图 5-1），电容器 $C_9=C_{10}=0.01\mu F$，远远大于 $C_{11}=470pF$。因

此，在高频段，C_9、C_{10}相当于短路，RP_3 不复存在。此时，由 R_{10}、R_{11}和 R_{12}组成的“Y”型电阻网络需要变换成“▽”型网络，结果如图 5-12 所示。

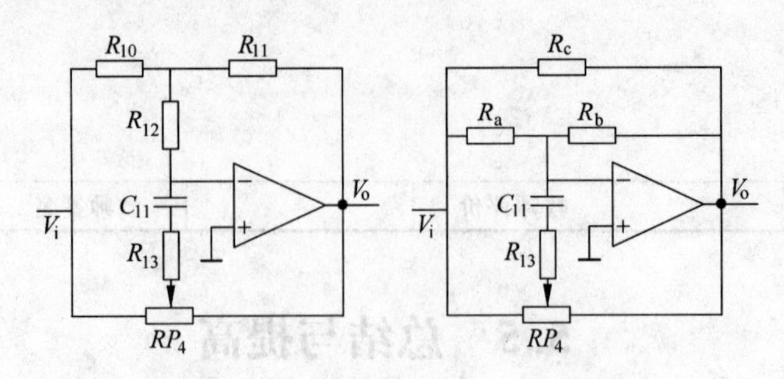

图 5-12 高频等效电路第一次变换

电位器 RP_4 向两臂滑动，即可实现对高端频率的控制，如图 5-13 所示。

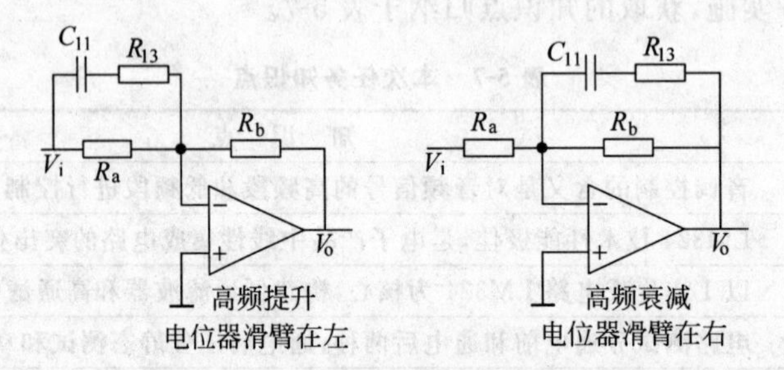

图 5-13 音调控制电路高频控制原理

3. 音调控制特性测试方法

按图 5-14 所示连接电路和仪表。

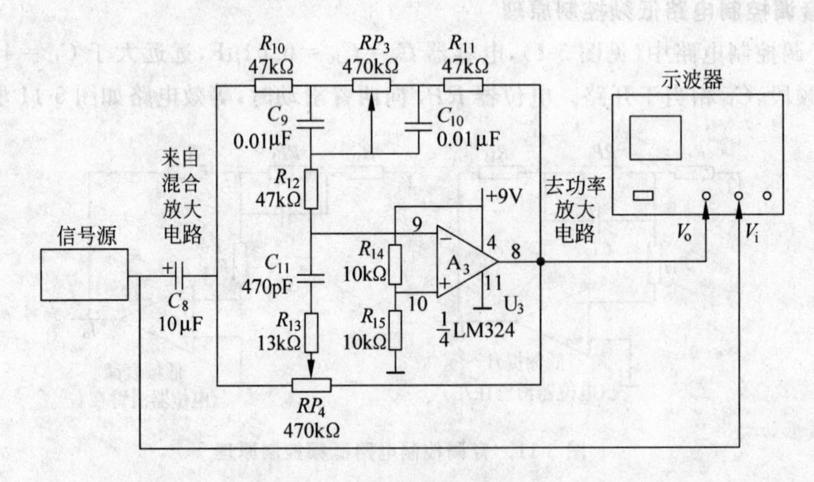

图 5-14 音调控制特性测试方法

将信号源产生的 100mV 信号输入至音调控制电路的输入端 C_8，用双踪示波器观测音调控制电路的输入波形 V_i 及输出波形 V_o。

先将 RP_3 滑至左端，RP_4 滑至右端，改变信号频率从 20Hz 到 50kHz，用双踪示波器观测入/输出波形，记下 V_o/V_i 值；再将 RP_3 滑至右端，RP_4 滑至左端，改变信号频率从 20Hz 到 50kHz，用双踪示波器观测入/输出波形，记下 V_o/V_i 值，填写表 5-8。

表 5-8　音调控制特性记录

测量频率点		$<f_{L1}$	f_{L1}	f_{Lx}	f_{L2}	f_0	f_{H1}	f_{Hx}	f_{H2}	$>f_{H2}$
$V_o=100\text{mV}$		20Hz				1kHz				50kHz
低音频衰减 高音频提升	V_o/V_i									
	A_V/dB									
低音频提升 高音频衰减	V_o/V_i									
	A_V/dB									

4. 实测音调控制曲线与理想音调控制曲线比较

参见图 5-2，理想音调控制曲线呈梯形，实测音调控制曲线呈马鞍状，是由于电路中电容器所致。理想与现实总会存在一定的差距，这是不可避免的，但是采用音调控制肯定比不采用效果好。

5.6　巩固与练习

1. 填空题

(1) 音调控制电路中的耦合电容 C_8 的电容量是(　　)。

(2) 音调控制电路中的核心器件是(　　)。

(3) 音调控制电路的静态工作电流为(　　)。

(4) 单独测量音调控制电路中的＋9V 对地电阻值为(　　)。

(5) 音调控制电路中，LM324 引脚 10 对地电阻为(　　)。

2. 判断题

(1) 音调控制电路中的每个元器件都不能省略。(　　)

(2) 音调控制电路中用到 2 个电位器。(　　)

(3) 音调控制电路中的信号耦合电容可用 47μF 代替。(　　)

(4) 集成电路 LM386 引脚 10 可通过 10μF 电容下地。(　　)

(5) 音调控制电路电压增益小于 1。(　　)

3. 简答题

(1) 简述音响放大器音调控制电路的总体功能。

(2) 简述音调控制电路中低通滤波器的特性。

(3) 简述音调控制电路中高通滤波器的特性。

(4) 简述音调控制电路中电源滤波的特性。

(5) 简述音调控制电路中核心器件 1/4LM324 的特性。

4．填图题

（1）根据表 5-8 所示音调控制特性记录，填画音调控制曲线图。图中虚线所示为理想音调控制曲线。

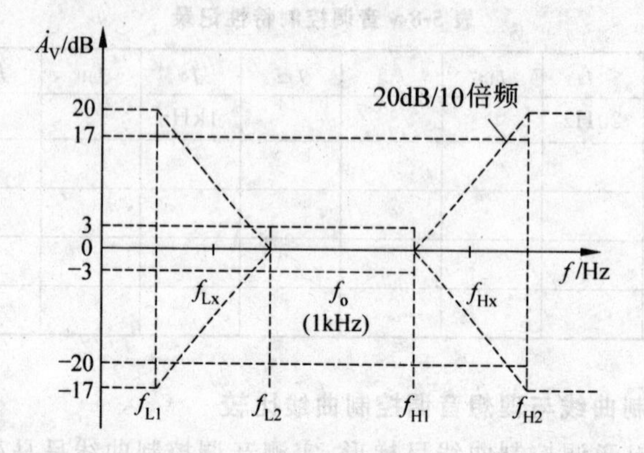

（2）以 μA741 为核心，绘制音调控制电路原理图。

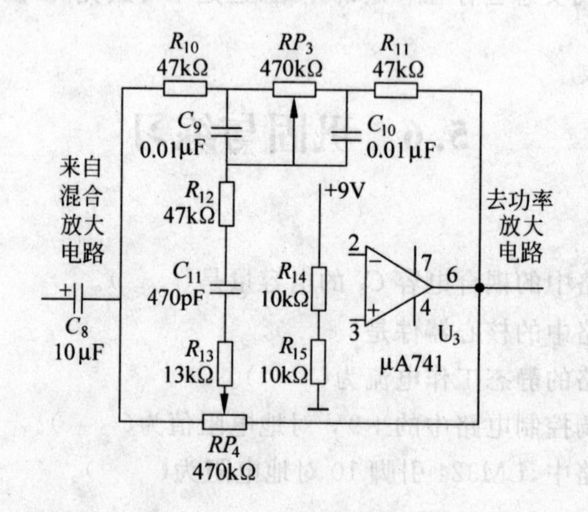

（3）根据上题原理图，画出布线图。

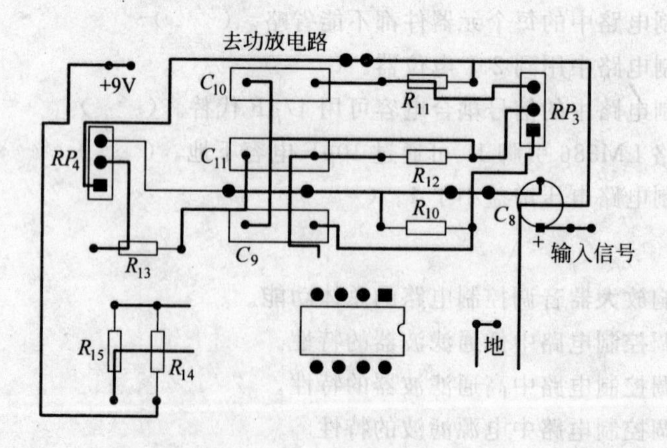

第六单元

混合放大电路的制作

6.1 任务情境

学习引导

任务情境首先为你提供混合放大电路的制作实物，介绍混合放大电路的功能及组成；然后引出原理图、装配图和布线图，找到完成任务的途径；最后为你制定了一个可完成的任务要求和目标。

任务名称	混合放大电路的制作
任务内容	

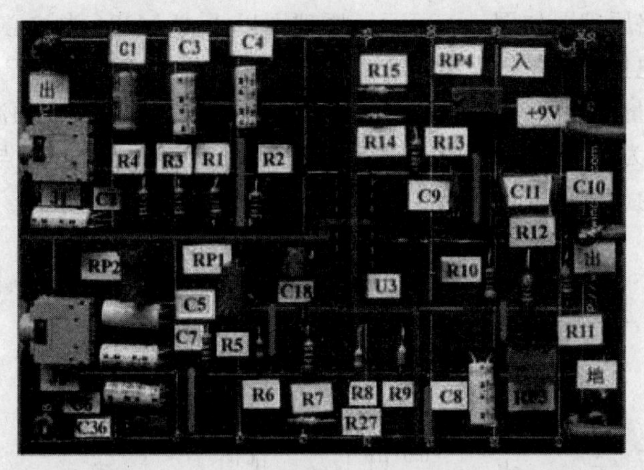

上图是一个音响放大器音频处理模块的制作实物，左上部分完成话音放大功能，左下部分完成混合放大功能，右侧部分完成音调控制功能。该电路采用直流电源（＋9V）供电，以集成电路 LM324 为核心。混合放大电路汇合直达话音、延时话音和 MP3 音，分别放大后送入音调控制电路。

从实物图上可以发现，混合放大电路正面有 2 条短连线，除 LM324 及插座 DIP14 之外，主材料用到 14 个元器件，右上角接线柱（入）启用。主、辅材料共 17 个。

混合放大电路是音响放大器的核心部分，消化理论知识难度不大，但混合放大电路制作是否顺利，直接影响到整个音响放大器制作的完成。因此，本次任务的制作内容布局仍然需要全盘照应，保证制作质量。任务实施过程中，除了需要把作品完成之外，也需要关注技术参数的测量。

任务实施从学习原理图开始，掌握核心器件 LM324 及辅助器件的技术性能，在装配图和布线图帮助下完成制作，并进行技术指标测试。

续表

任务要求

1. 学习和消化"任务资讯"提供的相关知识，用以指导实际训练。
2. 完成"任务实施"的各项步骤，制作混合放大电路。
3. 开展互动交流活动，并完成任务评价表。
4. 浏览"总结与提高"相关内容，总结并拓展在任务实施过程中学到的知识。
5. 课余时间继续完成"巩固与练习"中的相关习题，加深所学知识的印象。

任务目标

1. 知识目标：了解混合放大电路的作用，掌握实现混合放大的方法及简单测试方法。
2. 技能目标：能借助原理图分析问题和查找故障，能借助装配图和布线图制作混合放大电路。
3. 素质目标：继续培养读图、画图和区分各种图的习惯，开始接触运算放大器反相放大的概念。

6.2 任务资讯

学习引导

根据所给的任务，任务资讯首先为你提供了混合放大电路工作原理图，你必须掌握混合放大电路的主要功能，了解每个元器件的作用，后面的装配图和布线图是帮助你完成制作的。

6.2.1 混合放大电路的工作原理

混合放大电路原理图如图 6-1 所示。原理图以 1/4LM324 为核心，3 路输入信号分别来自话音放大电路、MP3 插座和话音延时电路。电位器 RP_1 和 RP_2 分别用以调节直达话音和 MP3 音量。电容器 C_5、C_6 和 C_7 为信号耦合电容，C_{35} 为高频滤波电容。电阻器 R_6、R_7 和 R_{27} 分别为话音信号、MP3 信号和话音延时信号的输入电阻，与电阻器 R_5 一起，决定了各路信号的放大倍数。电阻器 R_8、R_9 为运算放大器偏置元件。电容器 C_{18} 为电源滤波电容。

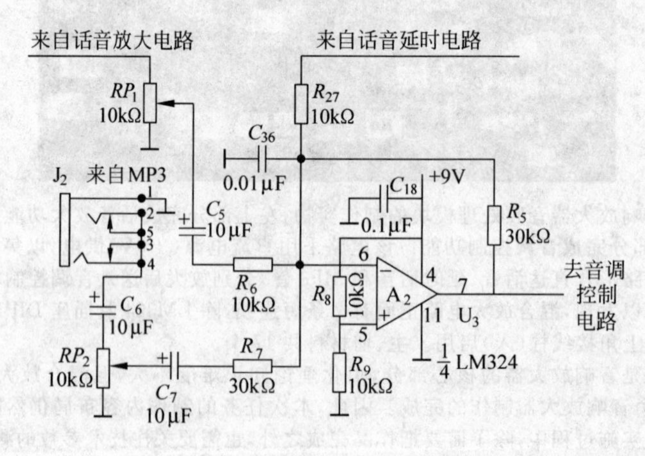

图 6-1 混合放大电路原理图

实现混合放大功能的方式不是唯一的，还可以采用其他方式。

6.2.2　LM324 反相加法器

运算放大器 LM324 的技术特色已在第五单元作过介绍。混合放大电路用到 LM324 的引脚 5、6 和 7，3 路信号从反向输入端加入 1/4LM324，工作方式为反相加法器，其简化原理图如图 6-2 所示。

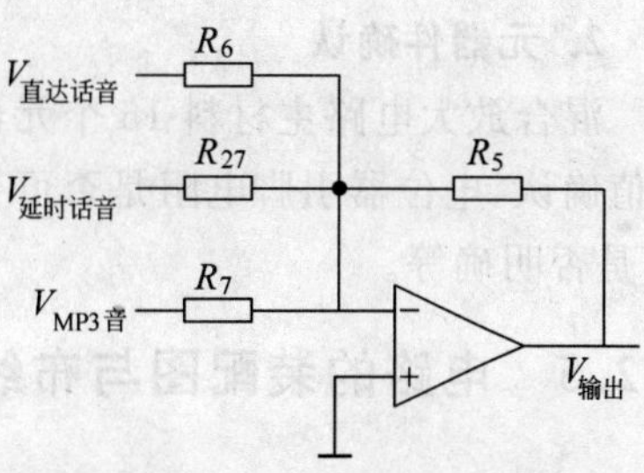

图 6-2　混合放大电路简化原理图

根据图 6-2，写出输出电压与输入电压的关系为

$$\begin{aligned} V_{输出} &= V_{直达话音输出} + V_{延时话音输出} + V_{MP3音输出} \\ &= -\left(\frac{R_5}{R_6}V_{直达话音输入} + \frac{R_5}{R_{27}}V_{延时话音输入} \right. \\ &\quad \left. + \frac{R_5}{R_7}V_{MP3音输入}\right) \\ &= -(3V_{直达话音输入} + 3V_{延时话音输入} \\ &\quad + V_{MP3音输入}) \end{aligned} \tag{6-1}$$

从式(6-1)可以看出，3 路信号的放大倍数分别为 3、3 和 1，公式中的“－”表示输出信号与输入信号是反相的。此反相信号在音调控制电路中再次反相，最终的输出与原始信号保持同相。

6.2.3　混合放大电路的其他元器件

1. 电阻器

混合放大电路一共使用 6 只电阻器(R_5～R_9，R_{27})，分别用作反馈、输入和偏置。阻值差别较大，不能焊错。

2. 电位器

2 只电位器均为 10kΩ，分别用于话音和 MP3 音的调节。第二单元曾说明过电位器的使用习惯问题，即顺时针调节时信号越来越大。布局时需要注意铜螺钉端的位置。

3. 电容器

3 只极性电容器用作信号耦合，容量相同，焊接时需要注意极性。无极性电容器 C_{18} 用作电源滤波，C_{36} 用作对有用信号的杂波滤除。

4. MP3 插座

对于第一单元介绍的双声道插座(见图 1-10)，市售的有两种规格。水平扁平式的引脚间距均匀，但插入插头后与电路板边缘有抵触，需要将电路板边缘开缺口；垂直扁平式不会出现插头插入时与电路板边缘抵触问题，但引脚间距不均匀。两种型号各有利弊。

5. 接线柱

1 只接线柱用来连接话音延时信号。

6.2.4 混合放大电路制作的准备工作

1. 电路板考虑

音频处理模块内容较多，选用万能板，最小几何尺寸为12mm×8mm。

2. 元器件确认

混合放大电路主材料15个元器件，确认方式与前面的任务类似。例如，色环电阻器阻值确认，电位器引脚电阻是否可变，极性电容器是否漏电，集成电路 U_3 引脚4、5、6、7、11是否明确等。

6.2.5 电路的装配图与布线图

1. 布局

制作混合放大电路是制作音频处理模块的第二步，是在音调控制电路的基础上完成的，下次任务还要在此基础上制作话音放大电路。因此，混合放大电路起着承前启后的作用，布局需要全盘兼顾。为保证连线最短，在万能板的正面人为采用了2条短连线。

2. 连线

与前面单元一样，采用90°转角方式，便于万能板布线。

图6-3、图6-4和图6-5分别列出了混合放大电路的装配图和布线图，插座 J_2 属垂直扁平式。

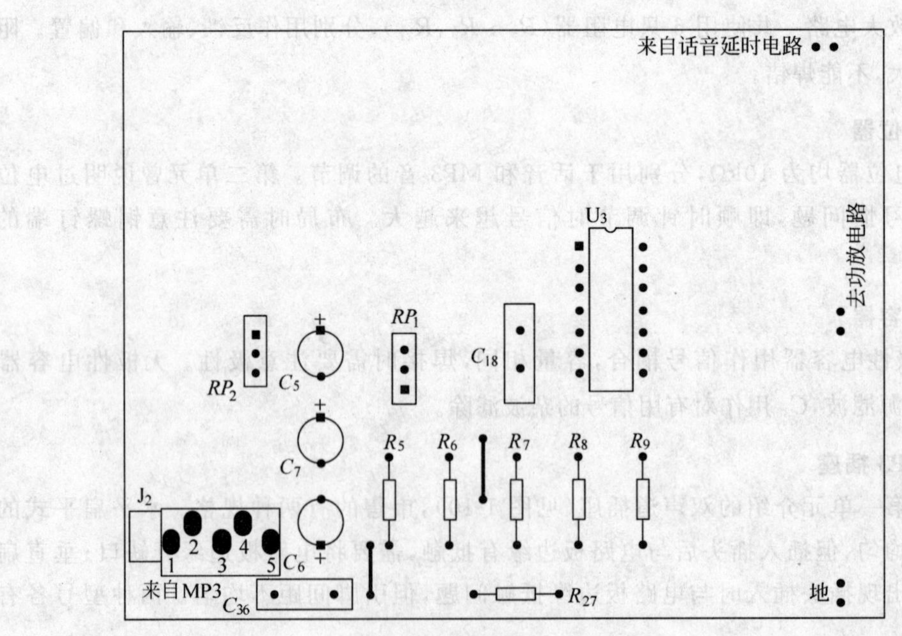

图6-3 混合放大电路装配图

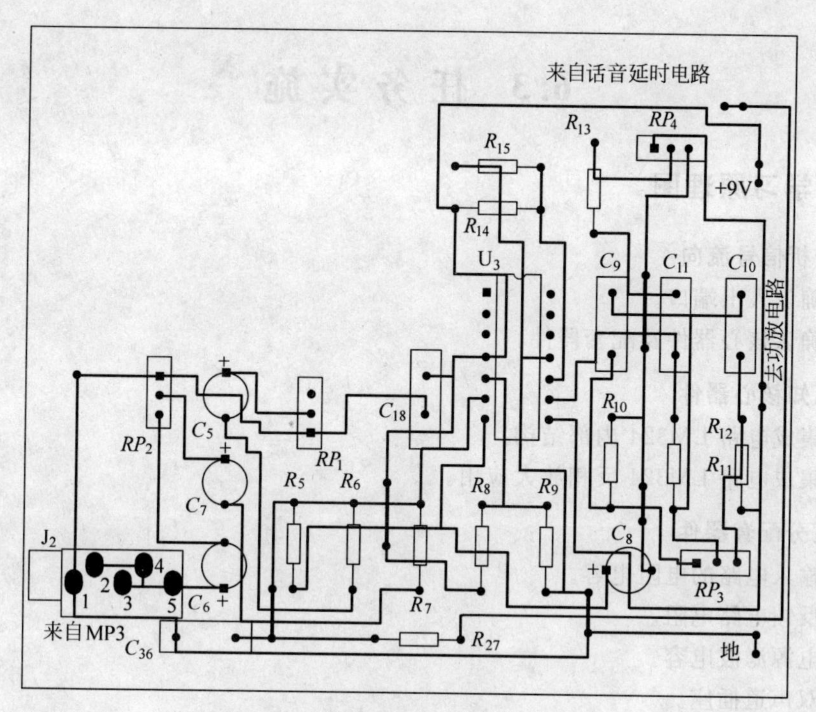

图 6-4　混合放大电路布线图(正面)

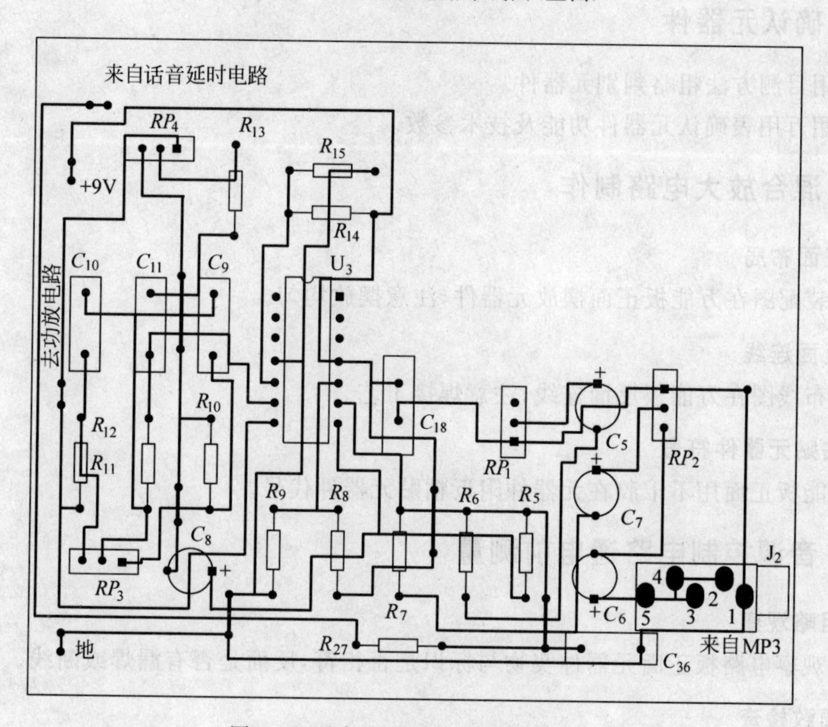

图 6-5　混合放大电路布线图(反面)

6.3 任务实施

6.3.1 学习原理图

1. 分析信号流向

(1) 确认入出端口。

(2) 确认核心器件及配套器件。

2. 认知核心器件

(1) 集成电路 LM324 内部结构。

(2) 集成电路 LM324 反相放大应用。

3. 区分配套器件

(1) 输入电路的电阻电容。

(2) 反馈电路电阻。

(3) 电源滤波电容。

(4) 双声道插座。

6.3.2 确认元器件

(1) 用目测方法粗略判别元器件。

(2) 用万用表确认元器件功能及技术参数。

6.3.3 混合放大电路制作

1. 正面布局

根据装配图在万能板正面摆放元器件,注意摆放均匀。

2. 反面连线

根据布线图在万能板反面连线,注意焊接工艺。

3. 粘贴元器件符号

在万能板正面用不干胶在元器件附近粘贴元器件代号。

6.3.4 音调控制电路通电前测量

1. 粗略观察

粗略观察电路板正面元器件实物与标识是否相符,反面是否有漏焊或断线。

2. 细致检查

细致检查电路板正面元器件的规格、引脚和极性等摆放是否正确。

3. 用万用表测量

用万用表蜂鸣挡测量元器件之间连线是否可靠,不该连接的是否存在短路。

4. 测量电阻

用万用表电阻挡测量各点电阻，将测量值填于表 6-1。

表 6-1　混合放大电路各点电阻值测量记录

测量内容	参考值	测量值	备注
+9V 对地	10kΩ		单板电路
324 的 5 脚对地	6kΩ		
324 的 6 脚对地	大于 200kΩ		
324 的 7 脚对地	大于 200kΩ		

6.3.5　混合放大电路通电后测量

1. 测量输入电流值

按照图 6-6 所示连接，测量混合放大电路输入电流值，将结果填于表 6-2。

表 6-2　混合放大电路输入电流测量记录

测量内容	参考值	测量值
+9V 输入音频模块电流	2mA	
+9V 输出总电流	4～4.5mA	

2. 测量 LM324 工作电压

按照图 6-7 所示连接，用万用表测量 LM324 各引脚电压，将测量值填于表 6-3。

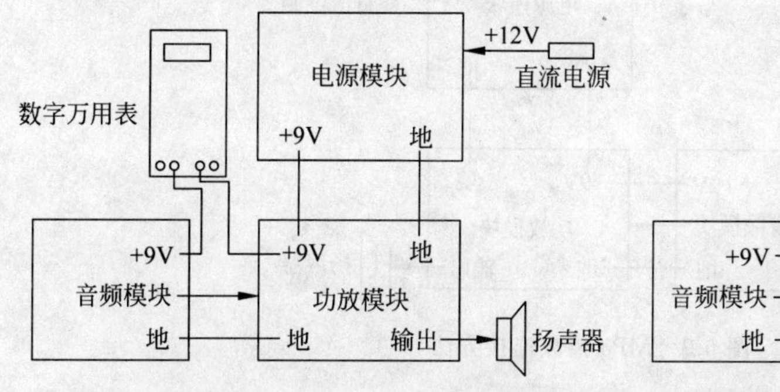

图 6-6　混合放大电路输入电流测量方法

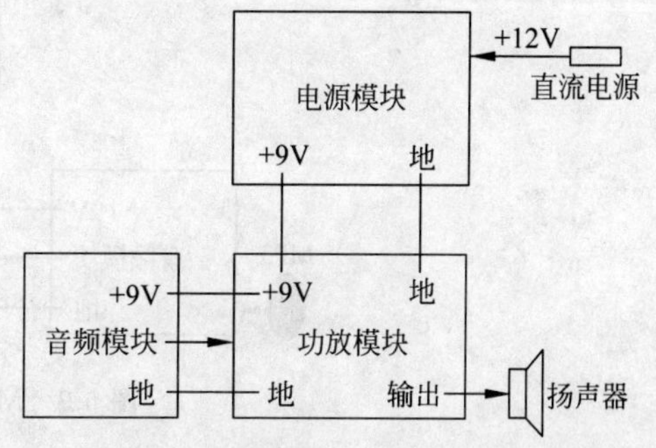

图 6-7　LM324 静态工作状态测量方法

表 6-3　LM324 静态工作状态测量记录

类别	引脚号				
	4	5	6	7	11
参考电压值/V	8.95	4.45	4.45	4.45	0.00
测量值/V					

3. 混合放大特性定性测量

按照图 6-8 所示连接，用金属镊子或手指触碰输入电容 C_7 或 LM324 引脚 5、6、7，扬声器能发出“呜呜”交流声。将上述效果填于表 6-4。

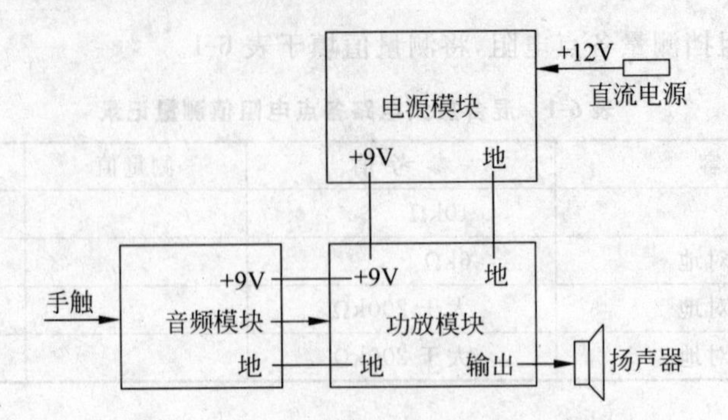

图 6-8 音频混合放大特性定性测量方法

表 6-4 音频混合放大特性定性测量记录

测 量 内 容	参考结果	测量结果
触碰电容 C_7，扬声器发“呜呜”声	发生	
触碰 LM324 引脚 5、6、7，效果同上	发生	
触碰 LM324 引脚 5，声音最大	符合	

按照图 6-9 所示连接，用 MP3 接入，扬声器能发出 MP3 音乐，调节电位器 RP_2 能改变播放音量。将上述效果填于表 6-5。

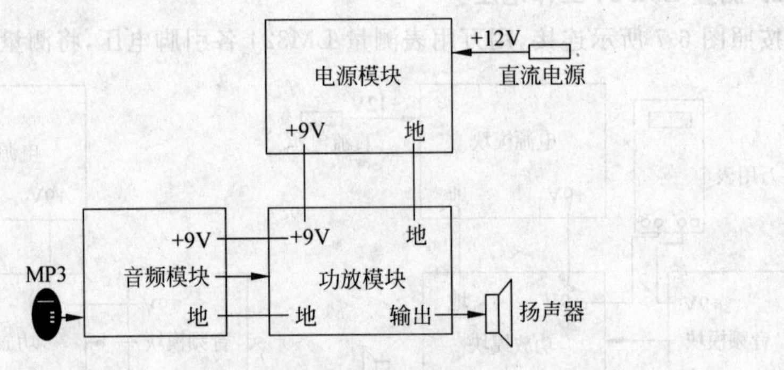

图 6-9 MP3 播放连接方法

表 6-5 MP3 播放效果记录

测 量 内 容	参考结果	测量结果
MP3 播放音乐，扬声器发声	发生	
顺时针调节 RP_2，音量加大	符合	
逆时针调节 RP_2，音量减小	符合	

6.3.6 混合放大电路故障查询

混合放大电路常见故障及查询方法如表 6-6 所示。

表 6-6 混合放大电路常见故障及查询方法

序号	常见故障	查询方法
1	＋9V 对地电阻不是 10kΩ	必须单板检查，查 R_8、R_9、R_{14}、R_{15}
2	LM324 引脚 5 电压不对	查 R_8、R_9
3	LM324 引脚 7 电压太低或太高	查引脚 5 是否偏离 4.45V
4	触碰 LM324 引脚 5 效果不明显	查 LM324 静态工作电压
5	触碰试音无效果	查各个电容器连接是否可靠
6	RP_2 调节 MP3 音量不是顺时针越来越大	RP_2 装反
7	LM324 发烫	查 LM324 是否插反
8	MP3 播放无效果	除上述检查外，再查插座 J_2

6.4 任务评价

6.4.1 互动交流

互动交流是任务实施过程中的一个重要环节，通过讨论，发现并提出问题，在理论指导下，最后把问题解决。互动交流方式可以是小组与小组之间，也可以是全班性的。互动交流可以促进本次任务的完成。

围绕本次任务实施，为互动交流提出了如下问题。

(1) 混合放大电路中的 LM324 用到什么引脚？

(2) 电容器 C_{18} 起什么作用？

(3) 直达话音放大包含哪些元器件？

(4) MP3 音放大包含哪些元器件？

(5) 延时话音放大包含哪些元器件？

(6) LM324 的引脚 5 为什么要加偏置电阻？

(7) LM324 的引脚 5 加偏置电阻后，对地电压与电源电压(＋9V)关系如何？

(8) 为什么手碰 LM324 的引脚 5 会使扬声器会发出“呜呜”声最大？

(9) 通电之后，集成电路 LM324 发烫是何原因？

(10) 集成电路 LM324 引脚的静态对地电阻与通电后对地电压之间有何联系？

(11) LM324 插反了会出现什么现象？

(12) LM324 引脚 5 能否加一只 10μF 电容器下地？

(13) C_5 和 R_6 能否互换位置？

(14) C_7 和 R_7 能否互换位置？

(15) 电路布局中右上角预留的接线柱此次用到没有？

6.4.2 完成任务评价表

本次任务既要重视制作，又要注意理论联系实际。任务实施要求掌握电路制作技巧，完成电路功能，测量电路技术参数。任务评价表对作品的完成和理论知识的消化都有一定要求，见表 6-7。

表 6-7 任务评价表

任务名称					
学生姓名		所在班级		学生学号	
实验场所		实施日期		指导教师	

1. 将混合放大电路制作的相关评价内容填于下表。

评价内容	自我评价	教师评价
完成进度		
作品外观		
作品正面		
作品反面		
出现事故		
互相帮助		
公益活动		

2. 根据任务资讯，画出混合放大电路方框图。

3. 通过本次任务的实施，归纳总结你感受最深的几点体会。

学生自评		教师评价		教师签名	

6.5 总结与提高

6.5.1 知识小结

通过本次任务实施，获取的知识点归纳于表 6-8。

表 6-8 本次任务知识点

序号	知 识 点
1	混合放大电路对直达话音、延时话音和 MP3 音的放大倍数各不相同
2	LM324 技术性能极佳，1/4LM324 是混合放大的核心器件

续表

序号	知　识　点
3	运算放大器 1/4LM324 属于反相加法工作方式
4	电路测试分通电前和通电后两种,通电后还分静态测试和动态测试两种
5	实现混合放大的方法不是唯一的

6.5.2　知识拓展

1. 反相放大器

本次任务中的混合放大电路是反相放大器,可以按照信号反相直流放大→信号反相相加→信号反相交流相加的思路,对混合放大电路加深了解。理论分析时,交、直流放大本质上是相同的。

(1) 反相直流放大

反相直流放大器的基本电路如图 6-10 所示。图中,$R_2=R_1//R_f$ 起到平衡补偿作用。输入信号通过 R_1 加到运算放大器的反相输入端,同相输入端通过 R_2 接地。电路引入了电压并联负反馈,运算放大器工作在线性区。

利用"虚短"特点,有 $V_o=-I_fR_f$,$V_i=I_iR_1$;利用"虚断"特点,有 $I_i=I_f$。

闭环电压增益为 $A_{Vf}=V_o/V_i=-R_f/R_1$,其物理意义为反相比例放大。公式中"－"表示反相。当 $R_1=R_f$ 时,$V_o=-V_i$,电路成为反相器。

根据理想运算放大器特点及反馈理论,由于反相输入端的"虚地"特性,且电路引入的是深度电压负反馈,得到闭环输入电阻为 $R_{if}=V_i/I_i\approx R_i$,闭环输出电阻为 $R_{of}\approx 0$。

(2) 反相直流加法器

三路输入信号反相相加,如图 6-11 所示,理论分析与前述类似。与图 6-1 相比较,只是信号耦合方式不同,图 6-1 所示为交流耦合,图 6-11 所示为直接耦合。

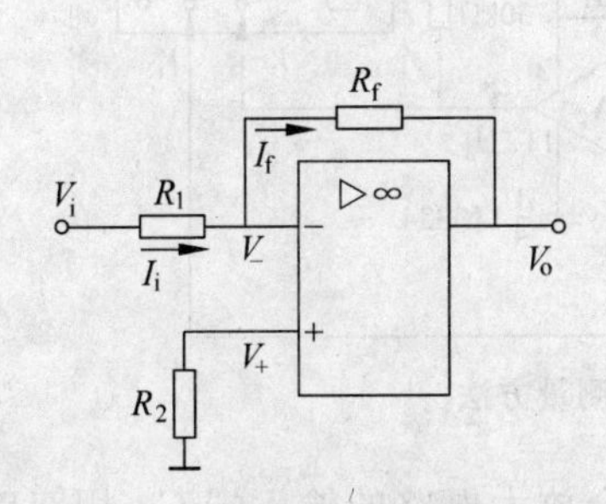

图 6-10　反相直流放大器的基本电路

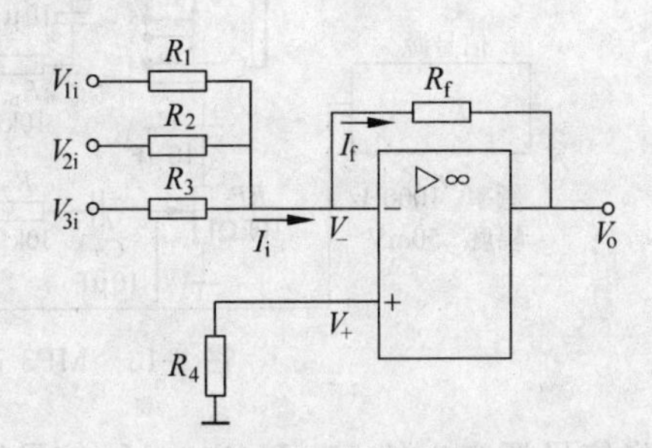

图 6-11　三路信号反相直流相加器

2. 混合放大电路性能测试

按图 6-12 所示连接,可测量直达话音放大倍数。

将信号源产生的 50mV/1000Hz 信号输入至混合放大电路的输入端 C_5,用双踪示波器观测混合放大电路的输入波形 V_i 及输出波形 V_o。计算 V_o/V_i,将测试结果填于表 6-9,验证话音电压放大倍数为 3。

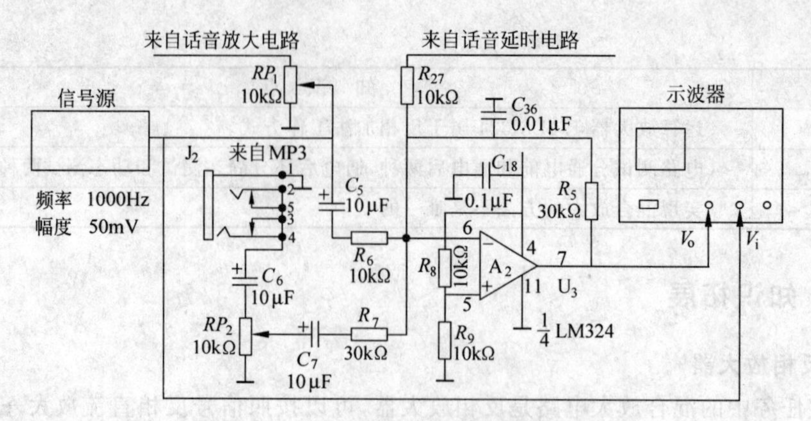

图 6-12　直达话音放大倍数测量方法

表 6-9　直达话音放大倍数测量记录

输入频率/Hz	500	800	1000	1200	1500
信号源输出有效值/mV	50	50	50	50	50
示波器读出有效值/mV					
实测电压增益/倍					
理论计算增益/倍	3	3	3	3	3

根据同样的原理及方法，信号源信号从 R_{27} 上端送入，可测量延时话音放大倍数。按图 6-13 所示连接，可测量 MP3 音放大倍数。

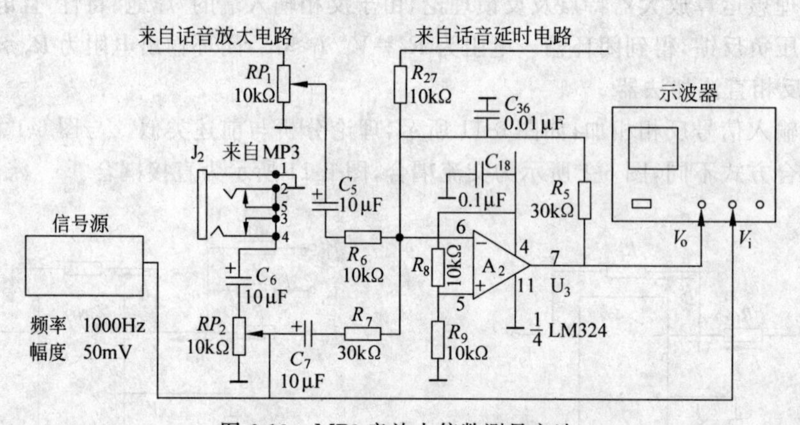

图 6-13　MP3 音放大倍数测量方法

将信号源产生的 50mV/1000Hz 信号输入至混合放大电路的输入端 C_7，用双踪示波器观测混合放大电路的输入波形 V_i 及输出波形 V_o。计算 V_o/V_i，将测试结果填于表 6-10，验证 MP3 音放大倍数为 1。

表 6-10　MP3 音放大倍数测量记录

输入频率/Hz	500	800	1000	1200	1500
信号源输出有效值/mV	50	50	50	50	50
示波器读出有效值/mV					

续表

实测电压增益/倍					
理论计算增益/倍	1	1	1	1	1

6.6　巩固与练习

1. 填空题

(1) 混合放大电路中的各个耦合电容的电容量是(　　)。

(2) 混合放大电路中的核心器件是(　　)。

(3) 混合放大电路的静态工作电流为(　　)。

(4) 连同音调控制电路一起，+9V 对地电阻值为(　　)。

(5) 混合放大电路中，LM324 引脚 5 对地电阻为(　　)。

2. 判断题

(1) 混合放大电路中的每个元器件都不能省略。(　　)

(2) 混合放大电路中用到 2 个电位器。(　　)

(3) 混合放大电路中的信号耦合电容可用 47μF 代替。(　　)

(4) 集成电路 LM386 引脚 5 可通过 10μF 电容下地。(　　)

(5) 混合放大电路的各路电压增益相同。(　　)

3. 简答题

(1) 简述音响放大器混合放大电路总体功能。

(2) 简述混合放大电路中直达话音放大的特性。

(3) 简述混合放大电路中延时话音放大的特性。

(4) 简述混合放大电路中 MP3 音放大的特性。

(5) 简述混合放大电路中核心器件 1/4LM386 反相加法的特性。

4. 填图题

(1) 根据 μA741 特性，设计混合放大原理图。

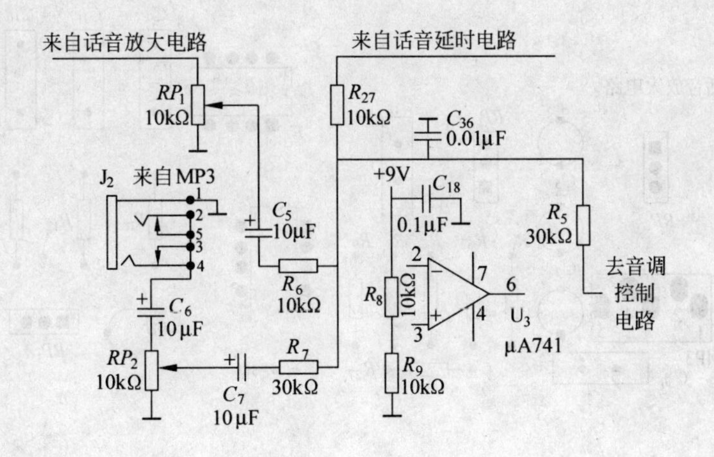

(2) 根据上题原理图,画出布线图。

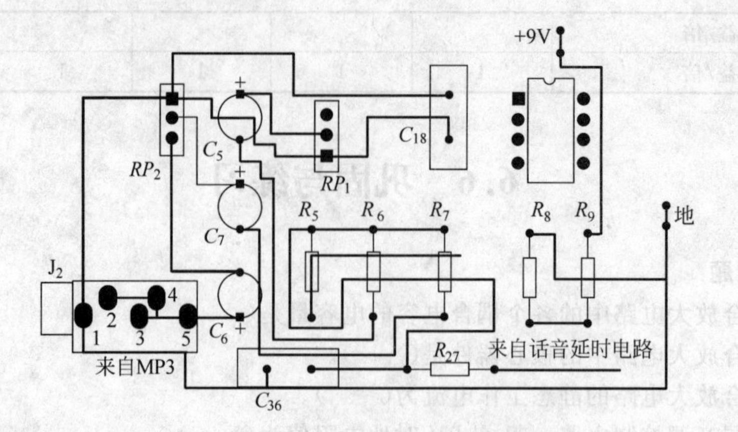

(3) 用两个集成电路 μA741 分别完成音调控制和混合放大,画出原理图。

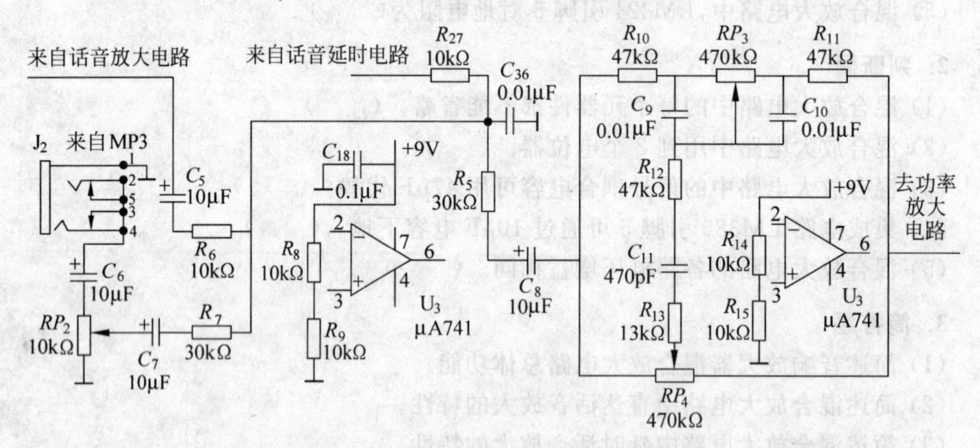

(4) 用两个集成电路 μA741 分别完成音调控制和混合放大,画出布线图。

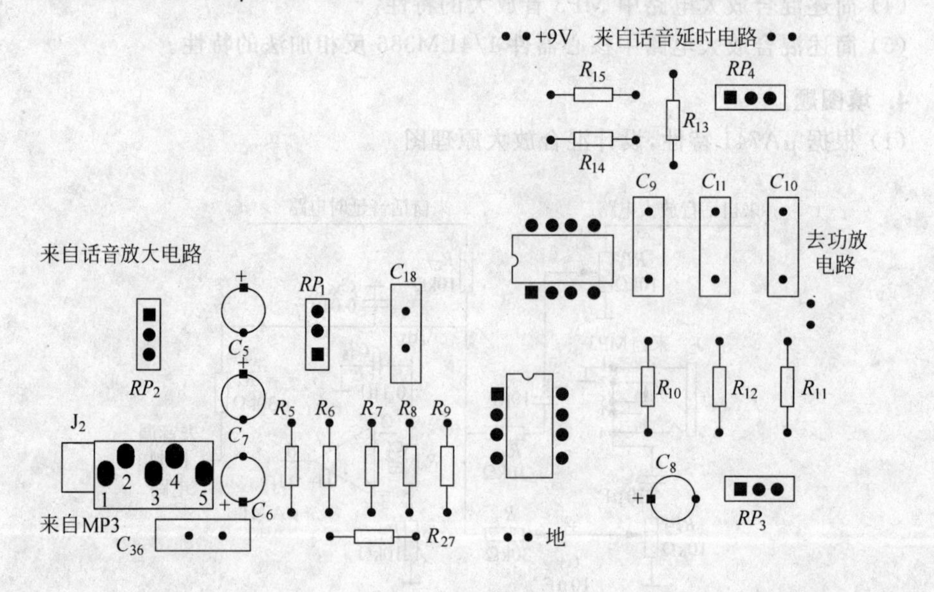

第七单元

话音放大电路的制作

7.1 任务情境

学习引导

任务情境首先为你提供话音放大电路的制作实物，介绍话音放大电路的功能及组成；然后引出原理图、装配图和布线图，找到完成任务的途径；最后为你制定了一个可完成的任务要求和目标。

任务名称	话音放大电路的制作
任务内容	

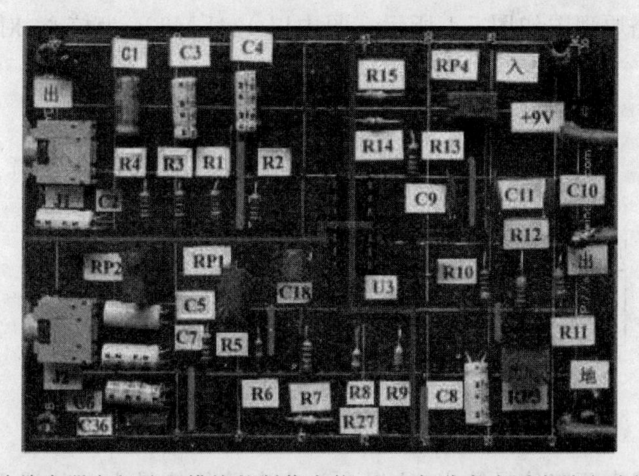

上图是一个音响放大器音频处理模块的制作实物，左上部分完成话音放大功能，左下部分完成混合放大功能，右侧部分完成音调控制功能。该电路采用直流电源(＋9V)供电，以集成电路 LM324 为核心。话音信号进入话音放大电路进行放大之后，分别送入混合放大电路和话音延时电路。

从实物图上可以发现，话音放大电路正面有 1 条短连线，除 LM324 和 DIP-14 之外，主材料元器件 9 个，1 个向外送出信号的接线柱。主、辅材料共 12 个。

话音放大电路是音响放大器的微弱信号接入处，放大量较大，布局已经考虑到远离强信号。理论学习难度不大，但制作如果不注意，将会引起整机自激啸叫。因此，本次任务仍然强调制作质量。任务实施过程中，除了需要把作品完成之外，也需要关注技术参数的测量。

任务实施从学习原理图开始，掌握核心器件 LM324 及辅助器件的技术性能，在装配图和布线图帮助下完成制作，并进行技术指标测试。

续表

任务要求

1. 学习和消化“任务资讯”提供的相关知识，用以指导实际训练。
2. 完成“任务实施”的各项步骤，制作话音放大电路。
3. 开展互动交流活动，并完成任务评价表。
4. 浏览“总结与提高”相关内容，总结并拓展在任务实施过程中学到的知识。
5. 课余时间继续完成“巩固与练习”中的相关习题，加深所学知识的印象。

任务目标

1. 知识目标：了解话音放大电路的作用，掌握实现话音放大的方法及简单测试方法。
2. 技能目标：能借助原理图分析问题和查找故障，能借助装配图和布线图制作话音放大电路。
3. 素质目标：继续培养读图、画图和区分各种图的习惯，开始接触运算放大器同相放大概念。

7.2 任务资讯

学习引导

根据所给的任务，任务资讯首先为你提供了话音放大电路工作原理图，你必须掌握话音放大电路的主要功能，了解每个元器件的作用。后面的装配图和布线图是帮助你完成制作的。

7.2.1 话音放大电路的工作原理

话音放大电路原理图如图 7-1 所示。图中以 1/4LM324 为核心，对来自话筒的信号进行放大。

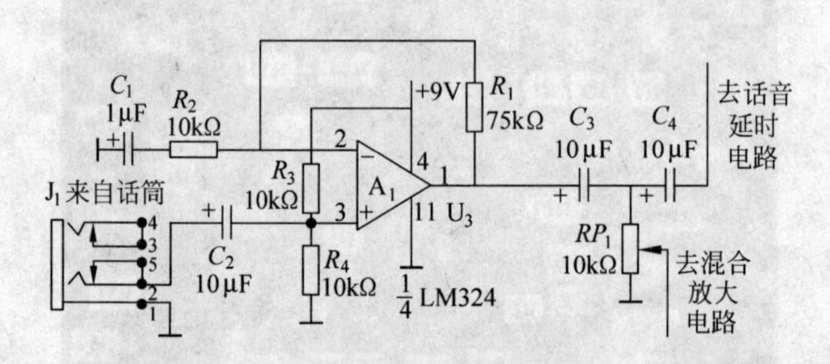

图 7-1 话音放大电路原理图

话音放大电路有两路信号输出，往混合放大电路的信号由电位器 RP_1 提供，往话音延时电路的信号由电容器 C_4 提供，其中，电位器 RP_1 已在混合放大电路中做了部分连线。

电位器 RP_1 用以调节进入混合放大电路的话音音量。电容器 C_1、C_2、C_3 和 C_4 为信号耦合电容。电阻器 R_2 为话音放大电路的输入电阻，与电阻器 R_1 一起，决定了话音信号的放大倍数。电阻器 R_3、R_4 为运算放大器偏置元件。

1/4LM324 的电源滤波已在混合放大电路中考虑(C_{18})。

实现话音放大功能的方式不是唯一的，还可以采用其他方式。

7.2.2　LM324 同相放大器

话筒的输出信号一般只有 5mV 左右，输出阻抗达到 20kΩ(也有低阻话筒，如 20Ω、200Ω 等)。为保证不失真地放大话音信号(最高频率达到 10kHz)，放大器的输入阻抗必须远远大于话筒的输出阻抗。

因为运算放大器的同相输入阻抗很高，所以话音放大电路采用同相输入放大方式。

话音放大电路用到 LM324 的引脚 1、2 和 3，话音信号从同相输入端加到 1/4LM324。电压放大倍数的表达式为

$$A_{V话音} = 1 + R_1/R_2 = 8.5(倍)$$

衡量放大器性能常用单位增益带宽积表示，每个放大器的单位增益带宽积是个固定数。运算放大器 LM324 的单位增益带宽积为 1MHz，8.5 倍放大量时，带宽可达 117.6kHz，保证对话音信号的不失真放大。

7.2.3　话音放大电路的其他元器件

1. 电阻器

话音放大电路一共使用 4 只电阻器($R_1 \sim R_4$)，在电路板上排成一排，分别用作反馈、输入和偏置。阻值差别较大，不能焊错。

2. 电位器

电位器 RP_1 用于对放大后的话音信号进行音量调节，前几次任务曾说明过电位器的使用习惯问题，即顺时针调节时信号越来越大。布局时需要注意铜螺钉端的位置。

3. 电容器

4 只极性电容器用作信号耦合，容量相同，焊接时需要注意极性。

4. 话筒插座

话音放大电路与混合放大电路的双声道插座型号相同。但是需要注意，常规话筒插头(单声道)口径较大，转换成 3.5mm 双声道插头需要通过转换器。转换器解决了几何尺寸问题，但会把右声道引脚 4 短路下地，只保留左声道。因此，布线时必须将引脚 3、4 悬空。单/双转换过程如图 7-2 所示。

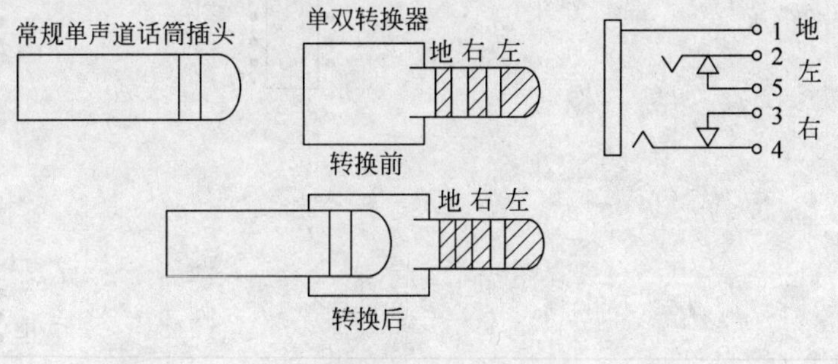

图 7-2　单/双转换过程

5. 接线柱

1只接线柱用于将话音信号送入延时电路。

7.2.4 话音放大电路制作的准备工作

1. 电路板考虑

音频处理模块内容较多，选用万能板，最小几何尺寸为12cm×8cm。

2. 元器件确认

话音放大电路主材料用到10个元器件，确认方式与前面的任务类似。例如，色环电阻器阻值确认，电位器引脚电阻是否可变，极性电容器是否漏电，集成电路 U_3 引脚1、2、3、4、11是否明确等。

7.2.5 电路的装配图与布线图

1. 布局

制作话音放大电路是制作音频处理模块的第三步，是在音调控制电路和混合放大电路的基础上完成的。只要混合放大电路可靠，制作话音放大电路不会太难。为保证连线最短，在万能板的正面人为采用了1条短连线。

3. 连线

与前面单元一样，采用90°转角方式，便于万能板布线。

图7-3、图7-4和图7-5分别列出了话音放大电路的装配图和布线图。插座 J_1 的连接方式与前次任务不同，引脚3与4悬空。

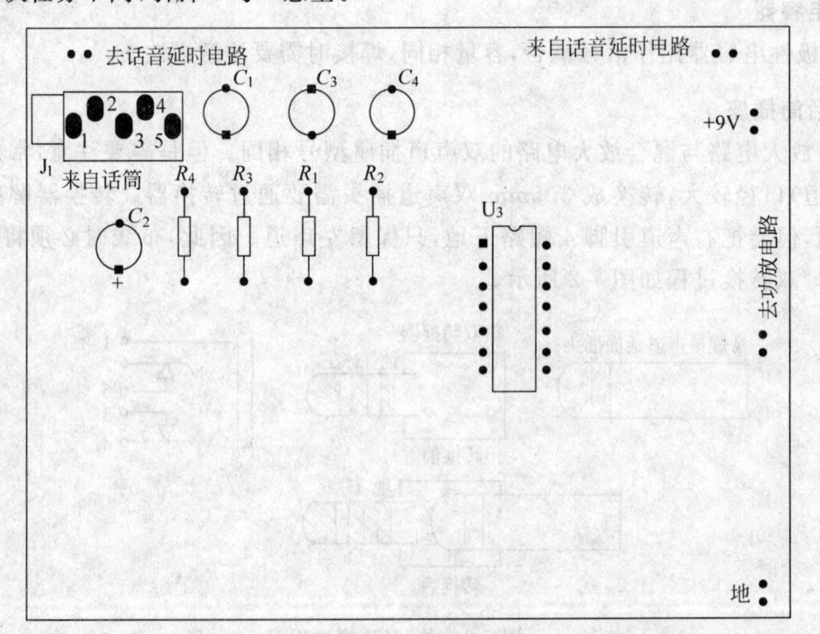

图7-3 话音放大电路装配图

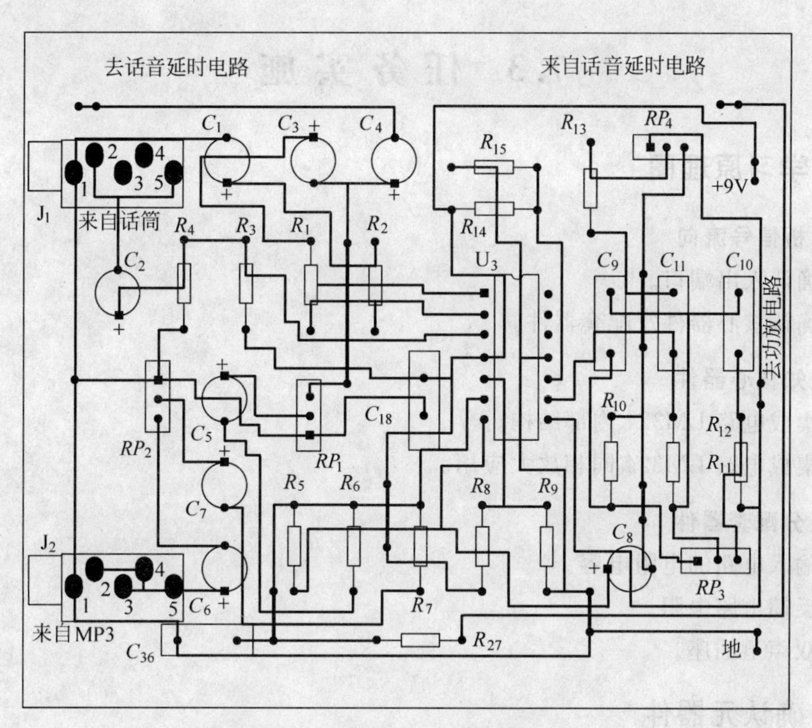

图 7-4　话音放大电路布线图(正面)

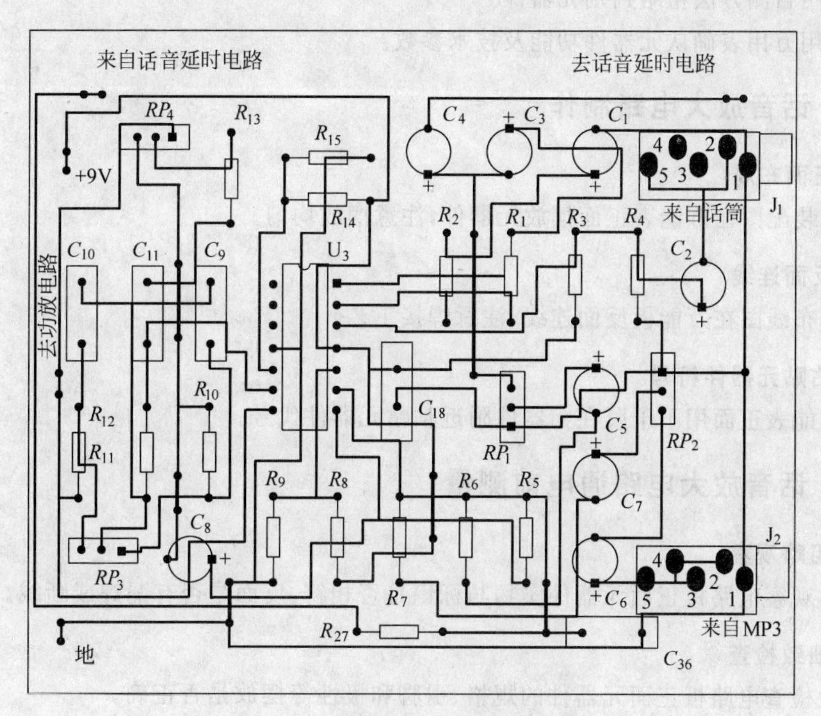

图 7-5　话音放大电路布线图(反面)

7.3 任务实施

7.3.1 学习原理图

1. 分析信号流向

(1) 确认入出端口。

(2) 确认核心器件及配套器件。

2. 认知核心器件

(1) 集成电路 LM324 内部结构。

(2) 集成电路 LM324 同相放大应用。

3. 区分配套器件

(1) 输入电路的电阻电容。

(2) 反馈电路电阻。

(3) 双声道插座。

7.3.2 确认元器件

(1) 用目测方法粗略判别元器件。

(2) 用万用表确认元器件功能及技术参数。

7.3.3 话音放大电路制作

1. 正面布局

根据装配图在万能表正面摆放元器件,注意摆放均匀。

2. 反面连线

根据布线图在万能板反面连线,注意焊接工艺。

3. 粘贴元器件符号

在万能表正面用不干胶在元器件附近粘贴元器件代号。

7.3.4 话音放大电路通电前测量

1. 粗略观察

粗略观察电路板正面元器件实物与标识是否相符,反面是否有漏焊或断线。

2. 细致检查

细致检查电路板正面元器件的规格、引脚和极性等摆放是否正确。

3. 用万用表测量

用万用表蜂鸣挡测量元器件之间连线是否可靠,不该连接的是否存在短路。

4. 测量电阻

用万用表电阻挡测量各点电阻，将测量值填于表 7-1。

表 7-1　话音放大电路各点电阻值测量记录

测 量 内 容	参 考 值	测量值	备　注
＋9V 对地	6.8kΩ		单板电路
324 的 3 脚对地	6kΩ		
324 的 2 脚对地	大于 200kΩ		
324 的 1 脚对地	大于 200kΩ		

7.3.5　话音放大电路通电后测量

1. 测量输入电流值

按照图 7-6 所示连接，测量话音放大电路输入电流值，将结果填于表 7-2。

表 7-2　话音放大电路输入电流测量记录

测 量 内 容	参 考 值	测量值
＋9V 输入音频模块电流	2mA	
＋9V 输出总电流	4～4.5mA	

2. 测量 LM324 工作电压

按照图 7-7 所示连接，用万用表测量 LM324 各引脚电压，将测量值填于表 7-3。

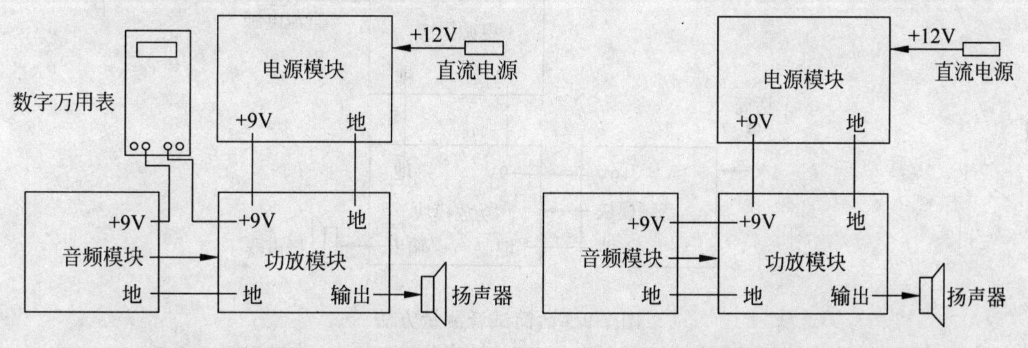

图 7-6　话音放大电路输入电流测量方法　　图 7-7　LM324 静态工作状态测量方法

表 7-3　LM324 静态工作状态测量记录

类　别	引 脚 号				
	1	2	3	4	11
参考电压值/V	4.45	4.45	4.45	8.95	0.00
测量值/V					

3. 话音放大特性定性测量

按照图 7-8 所示连接，用金属镊子或手指触碰输入电容 C_2 或 LM324 引脚 1、2、3，扬声器能发出“呜呜”交流声。将上述效果填于表 7-4。

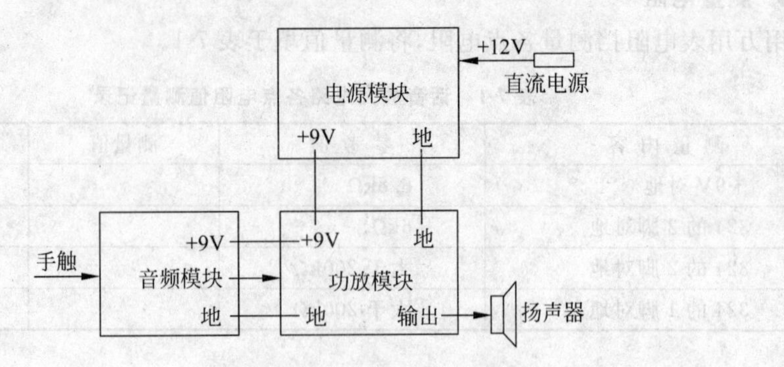

图 7-8 话音放大特性定性测量方法

表 7-4 话音放大特性定性测量记录

测量内容	参考结果	测量结果
触碰电容 C_2，扬声器发“呜呜”声	发生	
触碰 LM324 引脚 1、2、3，效果同上	发生	
触碰 LM324 引脚 2，声音最大	符合	

按照图 7-9 所示连接，将话筒接入插座 J_1，用嘴发声而不是拍打话筒，扬声器传出话音。调节电位器 RP_1 能改变播放音量。将上述效果填于表 7-5。

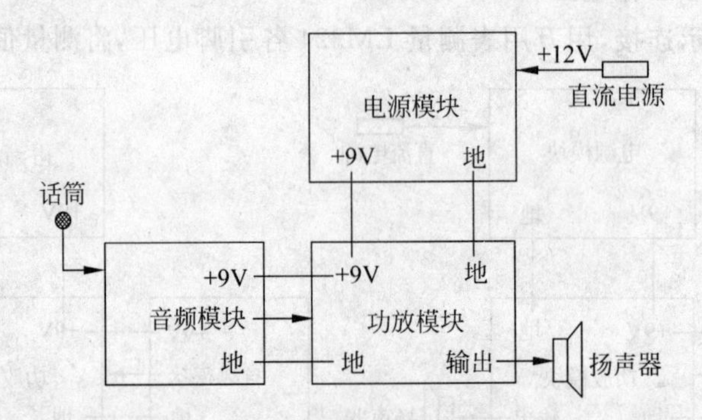

图 7-9 话筒试音测量方法

表 7-5 话筒试音测量记录

测量内容	参考结果	测量结果
话筒试音，扬声器发声	符合	
顺时针调节 RP_1，音量加大	符合	
逆时针调节 RP_1，音量减小	符合	

按照图 7-10 所示连接，用 MP3 接入插座 J_1。与插入插座 J_2 相比，播放音乐时，扬声器传出音量特别大。将上述效果填于表 7-6。

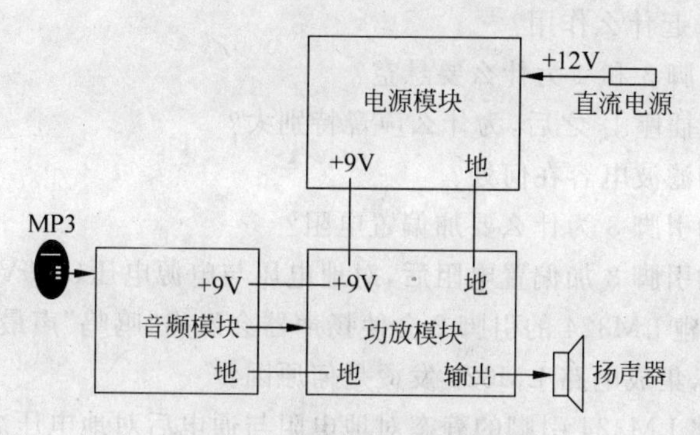

图 7-10　MP3 试音测量方法

表 7-6　MP3 试音测量记录

测量内容	参考结果	测量结果
MP3 接入 J_1 插座，扬声器发声特大	符合	
MP3 接入 J_2 插座，扬声器发声正常	符合	

7.3.6　话音放大电路故障查询

话音放大电路常见故障及查询方法如表 7-7 所示。

表 7-7　话音放大电路常见故障及查询方法

序号	常见故障	查询方法
1	+9V 对地电阻不是 6.8kΩ	必须单板检查，查 R_3、R_4、R_8、R_9、R_{14}、R_{15}
2	LM324 引脚 3 电压不对	查 R_3、R_4
3	LM324 引脚 1 电压太低或太高	查引脚 3 是否偏离 4.45V
4	触碰试音无效果	查各个电容器连接是否可靠
5	触碰 LM324 引脚 2 效果不明显	查 LM324 静态工作电压
6	RP_1 调节音量不是顺时针越来越大	RP_1 装反
7	LM324 发烫	查 LM324 是否插反
8	话筒音播放无效果	除上述检查外，再查 J_1 插座

7.4　任务评价

7.4.1　互动交流

互动交流是任务实施过程中的一个重要环节，通过讨论，发现并提出问题，在理论指导下，最后把问题解决。互动交流方式可以是小组与小组之间，也可以是全班性的。互动交流可以促进本次任务的完成。

围绕本次任务实施，为互动交流提出了如下问题。

(1) 话音放大电路中 LM324 用到什么引脚？

(2) 电容器 C_1 起什么作用?

(3) 插座 J_1 引脚 3 和 4 为什么要悬空?

(4) MP3 插入插座 J_1 之后,为什么声音特别大?

(5) LM324 的滤波电容在何处?

(6) LM324 的引脚 3 为什么要加偏置电阻?

(7) LM324 的引脚 3 加偏置电阻后,对地电压与电源电压(+9V)关系如何?

(8) 为什么手碰 LM324 的引脚 2 会使扬声器会发出“呜呜”声最大?

(9) 通电之后,集成电路 LM324 发烫是何原因?

(10) 集成电路 LM324 引脚的静态对地电阻与通电后对地电压之间有何联系?

(11) LM324 插反了会出现什么现象?

(12) LM324 引脚 3 能否加一只 10μF 电容器下地?

(13) 为什么 4 只电容器都是 10μF?

(14) C_1 和 R_2 能否互换位置?

(15) 电阻器 R_1 取值为 10kΩ 行不行?

7.4.2 完成任务评价表

本次任务既要重视制作,又要注意理论联系实际。任务实施要求掌握电路制作技巧,完成电路功能,测量电路技术参数。任务评价表对作品的完成和理论知识的消化都有一定要求,见表 7-8。

表 7-8 任务评价表

任务名称					
学生姓名		所在班级		学生学号	
实验场所		实施日期		指导教师	

1. 将混合放大电路制作的相关评价内容填于下表。

评价内容	自我评价	教师评价
完成进度		
作品外观		
作品正面		
作品反面		
出现事故		
互相帮助		
公益活动		

2. 根据任务资讯,画出话音放大电路功能方框图。

续表

3. 通过本次任务的实施，归纳总结你感受最深的几点体会。					
学生自评		教师评价		教师签名	

7.5　总结与提高

7.5.1　知识小结

通过本次任务实施，获取的知识点归纳于表 7-9。

表 7-9　本次任务知识点

序号	知　识　点
1	话筒信号很微弱，只有几毫伏，而输出阻抗很高
2	话音放大电路需要很高的输入阻抗，运算放大器同相放大可满足
3	LM324 单位增益带宽积能同时保证 8.5 倍放大量和 10kHz 以上带宽
4	单/双声道转换器解决了几何尺寸问题，但右声道引脚被短路下地了
5	实现混合放大的方法不是唯一的

7.5.2　知识拓展

1. 同相放大器

同相直流放大器的基本电路如图 7-11 所示。

同相放大器可以得到较高的输入阻抗，以适应话筒的高阻特性。图 7-11 所示为直接耦合方式。图中，$R_2=R_1//R_f$，起到平衡补偿作用。输入信号通过 R_2 加到运算放大器的同相输入端，反相输入端没有加输入信号。电路引入了电压串联负反馈，运算放大器工作在线性区。

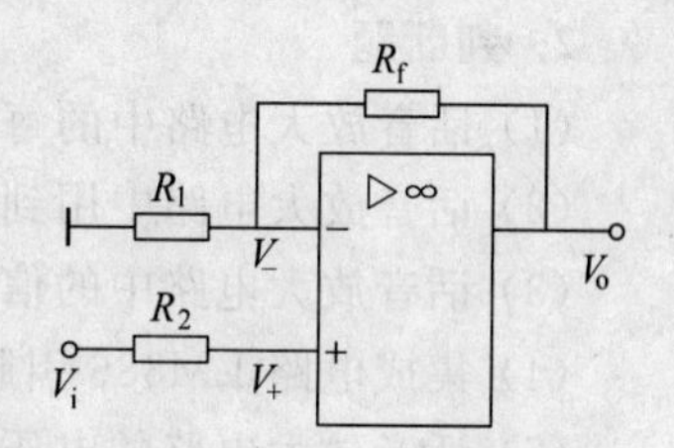

图 7-11　同相直流放大器的基本电路

反相输入端电压 $V_-=V_oR_1/(R_1+R_f)$，输入端电压 $V_-=V_+$，同相输入端电压 $V_+=V_i$，闭环电压增益 $A_{Vf}=V_o/V_i=1+R_f/R_1$，闭环输入电阻 $R_{if}=V_i/I_i\approx\infty$，闭环输出电阻 $R_{of}\approx0$。

2. 话音放大电路性能测试

按图 7-12 所示连接，可测量前置话音放大倍数。

除输入信号电压取值 5mV 之外，测量方法与第六单元类似。将测试结果填于表 7-10。

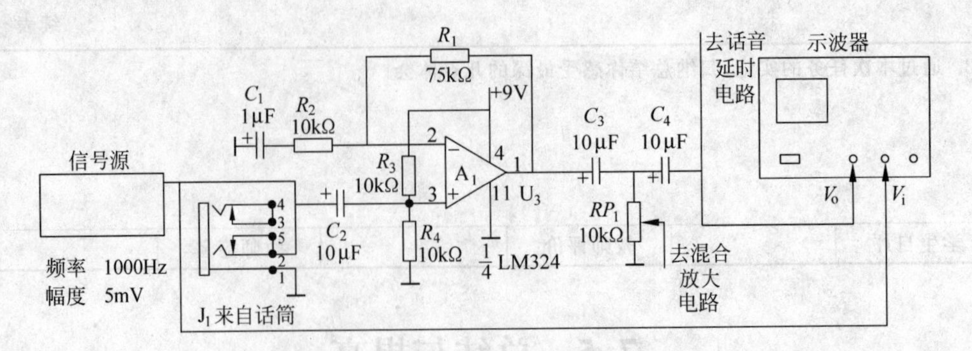

图 7-12 前置话音放大倍数测量方法

表 7-10 前置话音放大倍数测量记录

输入频率/Hz	500	800	1000	1200	1500
信号源输出有效值/mV	5	5	5	5	5
示波器读出有效值/mV					
实测电压增益/倍					
理论计算增益/倍	8.5	8.5	8.5	8.5	8.5

7.6 巩固与练习

1. 填空题

(1) 话音放大电路中的 4 个耦合电容的电容量都是(　　)。

(2) 话音放大电路中的核心器件是(　　)。

(3) 话音放大电路的静态工作电流为(　　)。

(4) 音频处理模块的+9V 对地电阻值为(　　)。

(5) 话音放大电路中,LM324 引脚 3 对地电阻为(　　)。

2. 判断题

(1) 话音放大电路中的每个元器件都不能省略。(　　)

(2) 话音放大电路中用到的音量调节电位器为 10kΩ。(　　)

(3) 话音放大电路中的信号耦合电容可用 47μF 代替。(　　)

(4) 集成电路 LM386 引脚 3 可通过 10μF 电容下地。(　　)

(5) 话音放大电路的电压增益为 8.5 倍。(　　)

3. 简答题

(1) 简述音响放大器话音放大电路总体功能。

(2) 简述话音放大电路中耦合电容的特性。

(3) 简述单双转换器的特性。

(4) 简述传统麦克风的特性。

(5) 简述话音放大电路中核心器件 1/4LM386 同相放大的特性。

4. 填图题

(1) 根据 μA741 特性，设计话音放大原理图。

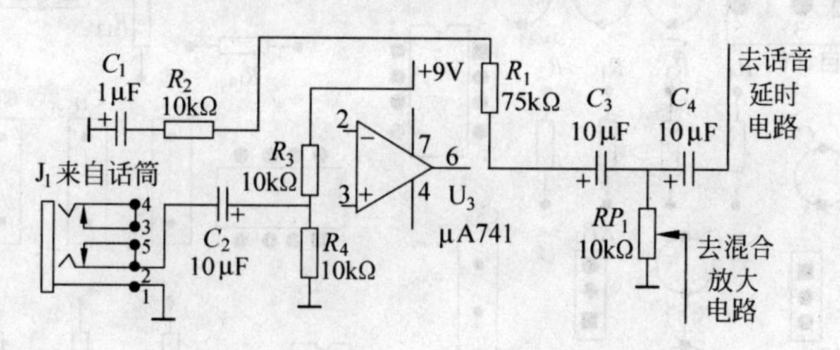

(2) 根据上题原理图，画出布线图。

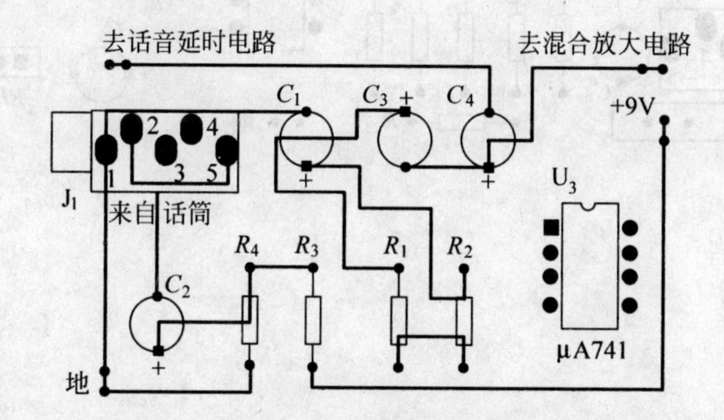

(3) 用三个集成电路 μA741 分别完成音调控制、混合放大和话音放大，画出原理图。

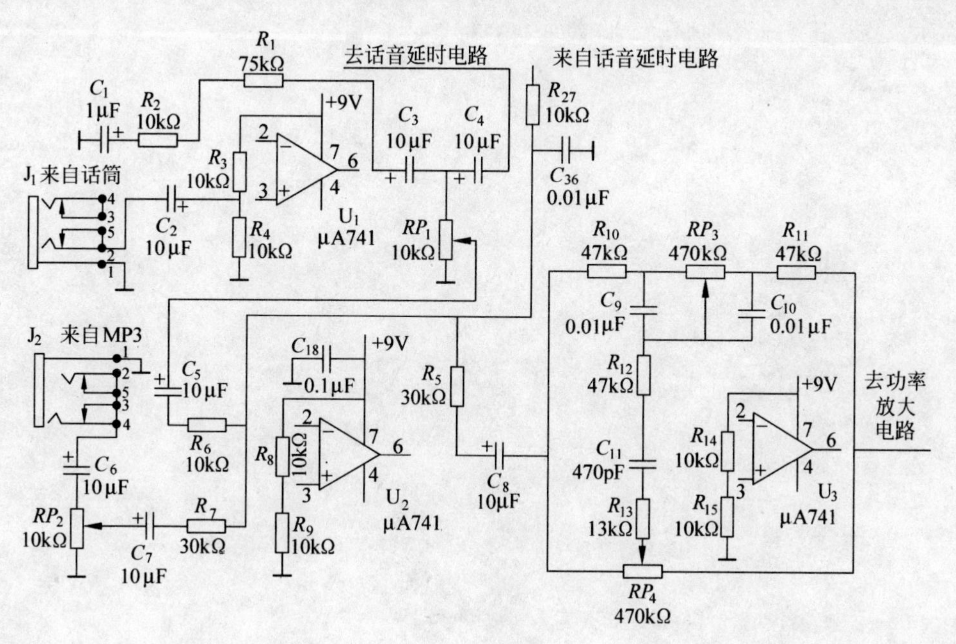

(4) 用三个集成电路 μA741 分别完成音调控制、混合放大和话音放大，画出布线图。

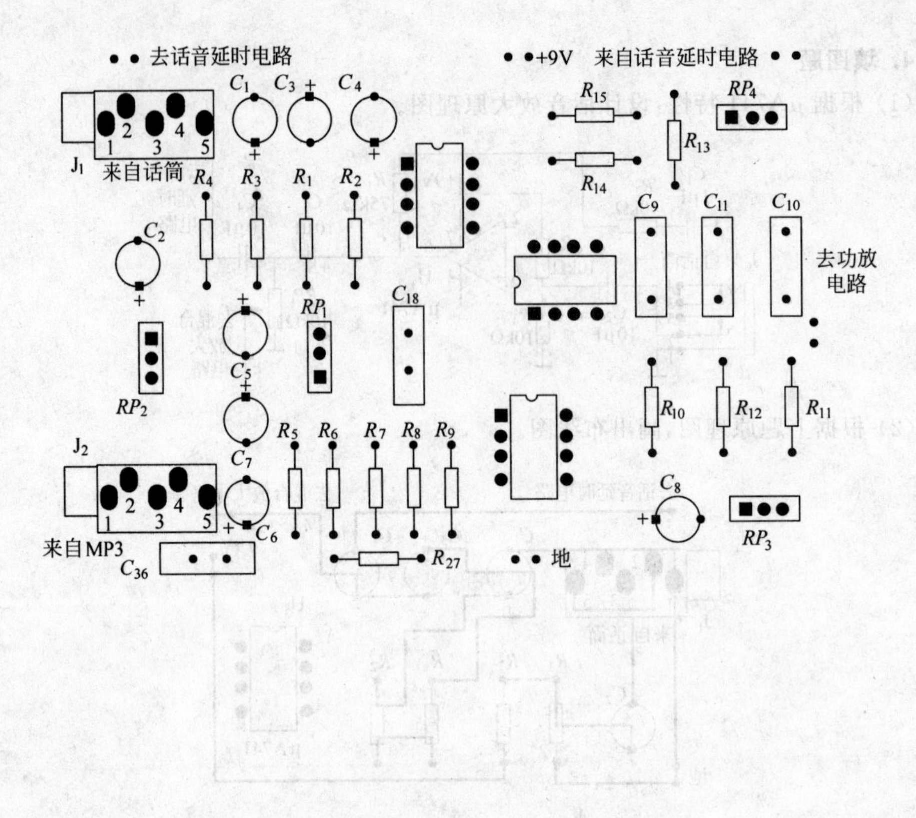
去话音延时电路
+9V 来自话音延时电路
C1 C3 C4
J1
1 2 3 4 5
来自话筒
R4 R3 R1 R2
C2
RP1
C5
C18
RP2
C7
R5 R6 R7 R8 R9
J2
1 2 3 4 5
来自MP3
C6
C36
R27
地
R15 R14 R13
RP4
C9 C11 C10
去功放电路
R10 R12 R11
C8
RP3

第八单元

话音延时控制电路的制作

8.1 任务情境

学习引导

任务情境首先为你提供话音延时控制电路的制作实物，介绍话音延时控制电路的功能及组成；然后引出原理图、装配图和布线图，找到完成任务的途径；最后为你制定了一个可完成的任务要求和目标。

任务名称	话音延时控制电路的制作
任务内容	

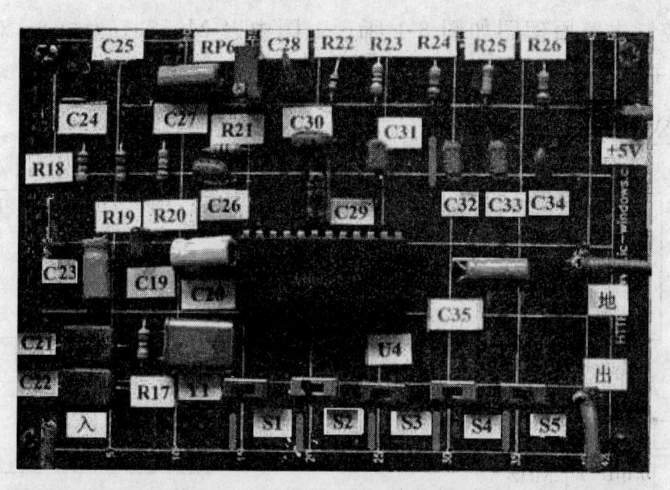

上图是音响放大器话音延时电路模块的制作实物。该电路采用直流电源(＋5V)供电，以集成电路 M65831 为核心，从话音放大电路获取信号，经过延时处理，形成混响效果，再送入混合放大及后续电路。实物图上部分为话音延时执行电路，下部分为话音延时控制电路。主、辅材料共计 40 个。

话音延时控制电路是采用人工方式进行控制的。从实物图中可以看到，电路板正面有 5 条连线，有 5 个单刀双掷开关，S_1～S_4 用于控制延时量，能获得 16(2^4)种不同的延时时间；开关 S_5 用于决定是否进行延时控制。这些功能采用高、低电平(1 或 0)控制。左下角元器件完成谐振功能，配合集成电路 M65831 产生工作频率。在 M65831 外围，主材料元器件 11 个，电源与地线接线柱 2 个。

任务实施从学习原理图开始，掌握核心器件 M65831 及辅助器件的技术性能，在装配图和布线图帮助下完成制作，并进行技术指标测试。

续表

任务要求
1. 学习和消化“任务资讯”提供的相关知识，用以指导实际训练。 2. 完成“任务实施”的各项步骤，制作话音延时控制电路。 3. 开展互动交流活动，并完成任务评价表。 4. 浏览“总结与提高”相关内容，总结并拓展在任务实施过程中学到的知识。 5. 课余时间继续完成“巩固与练习”中的相关习题，加深所学知识的印象。
任务目标
1. 知识目标：了解话音延时控制电路的作用，掌握实现话音延时控制的方法及简单测试方法。 2. 技能目标：能借助原理图分析问题和查找故障，借助装配图和布线图制作话音延时控制电路。 3. 素质目标：继续培养读图、画图和区分各种图的习惯，开始接触数字电路概念。

8.2 任务资讯

学习引导

根据所给的任务，任务资讯首先为你提供了话音延时控制电路工作原理图。你必须掌握话音延时控制电路的主要功能，了解每个元器件的作用。后面的装配图和布线图是帮助你完成制作的。

8.2.1 延时控制电路的工作原理

话音延时控制电路原理图如图 8-1 所示。图中以 M65831 为核心，对话音信号进行延时控制，外围主材料元器件 11 个。

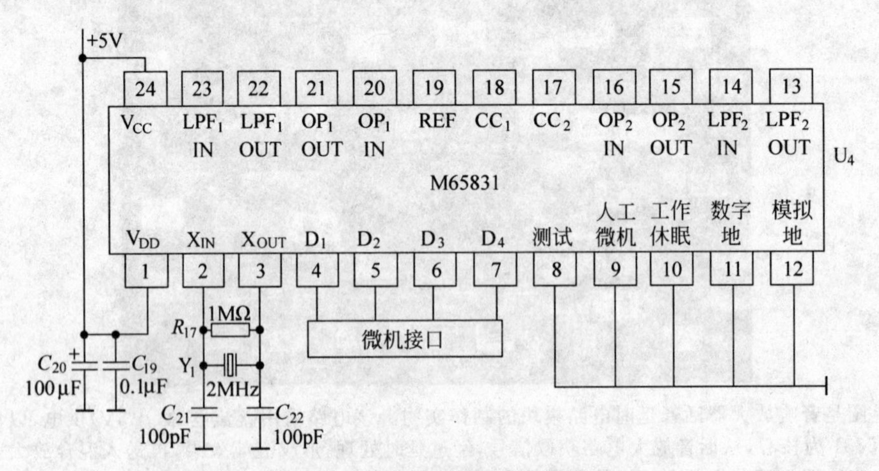

图 8-1　话音延时控制电路原理图

引脚 13～23 连接与延时执行功能有关的元器件，将在下一单元介绍。引脚 2～10 连接与延时控制有关的元器件，是本次任务需要关注的。其中，引脚 4～7 分别与单刀双掷开关的动点连接，可接+5V(H)或地(L)。引脚 8 工作时接地。引脚 9 采用人工控制时接+5V。引脚 10 接单刀双掷开关的动点，可接+5V(休眠)或地(工作)。引脚 1 和 24 接

＋5V 电源，电容器 C_{19} 和 C_{20} 为电源滤波电容。引脚 11 和 12 分别是数字地和模拟地，布线时需要连在一起。

电阻器 R_{17}、石英晶体 Y_1、电容器 C_{21} 和 C_{22} 与 M65831 配合，产生 2MHz 频率供 M65831 内部电路使用。S_5 用作选择是否进行延时控制。

拨动单刀双掷开关 S_1～S_4，可获得 16 种状态对应的延时量，如表 8-1 所示。

表 8-1　话音延时量设置

D_4	D_3	D_2	D_1	采样频率/kHz	延时时间/ms
L	L	L	L	500	12.3
			H		24.6
		H	L		36.9
			H		49.2
	H	L	L		61.4
			H		73.7
		H	L		86.0
			H		98.3
L	L	L	L	250	110.6
			H		122.9
		H	L		135.2
			H		147.5
	H	L	L		159.7
			H		172.0
		H	L		184.3
			H		196.6

实现话音延时控制功能的方式不是唯一的，还可以采用其他方式。

8.2.2　集成电路 M65831 控制特性

集成电路 M65831 是一个由＋5V 电源供电，封装为 24 只引脚的数字混响延时电路，其内部结构如图 8-2 所示。

从内部电路结构图可以看到，M65831 的主控制器(MAIN CONTROL)属于数字逻辑电路，是产生延时的核心部分。它将比较器(COMP)输出的信号存储到 48KB 的存储器(SRAM)中，再经过模/数转换、数/模转换、延时、低通滤波后输出。此外，M65831 有自动复位功能。

本次任务主要关注图 8-2 的下部分内容。M65831 控制功能引脚注解如表 8-2 所示。

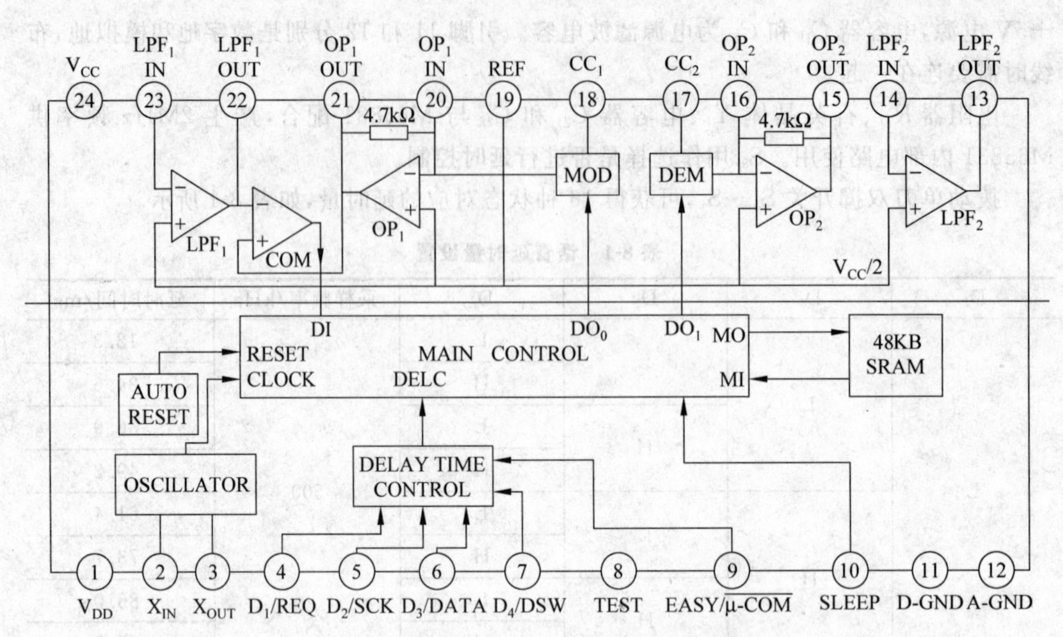

图 8-2　集成电路 M65831 内部电路结构图

表 8-2　M65831 控制功能引脚注解

引脚	符　号	名　称	入/出	功　能
1	V_{DD}	Digital V_{CC}	—	数字电源电压＋5V
2	X_{IN}	Oscillator Input	入	时钟振荡器输入
3	X_{OUT}	Oscillator Output	出	时钟振荡器输出(2MHz)
4	D_1/REQ	Delay 1/Request	入	延时输入数据 D_1
5	D_2/SCK	Delay 2/Shift Clock	入	延时输入数据 D_2
6	D_3/DATA	Delay 3/Serial Data	入	延时输入数据 D_3
7	D_4/DSW	Delay 4/ID Switch	入	延时输入数据 D_4
8	TEST	TEST	入	测试端：常规工作模式低电平
9	EASY/$\overline{\mu\text{-COM}}$	EASY/μ-COM	入	高电平：人工/低电平：微机
10	SLEEP	SLEEP	入	低电平：工作/高电平：休眠
11	D-GND	Digital GND	—	数字地：在某点与模拟地相连
12	A-GND	Analog GND	—	模拟地
24	V_{CC}	Analog V_{CC}	—	模拟电源电压

8.2.3 延时控制电路的其他元器件

1. 电阻器

延时控制电路只使用 1 只电阻器(R_{17})，阻值为 1MΩ，是协助产生 2MHz 频率的。

2. 电容器

2只电源滤波电容(C_{19}、C_{20})，电解电容器C_{20}的极性不能接反；2只谐振电容(C_{21}、C_{22})，容量很小，只有100pF。也是协助产生2MHz频率的，容量用错时，不能产生谐振。

3. 石英晶体

石英晶体Y_1标称频率为2MHz，没有极性要求，外形也无特殊要求。但石英晶体不宜重摔，否则内部电极容易脱落，使之失效。

4. 单刀双掷开关

单刀双掷开关已在第一单元做过介绍(如图1-9所示)，本次任务采用滑动式单刀双掷开关。使用时，关键要抓住动点(中间)，然后关注滑动后动点的状态，是高电平或低电平。

单刀双掷开关也可以用插针和针帽代替，如图8-3所示，使用时不如单刀双掷开关方便。

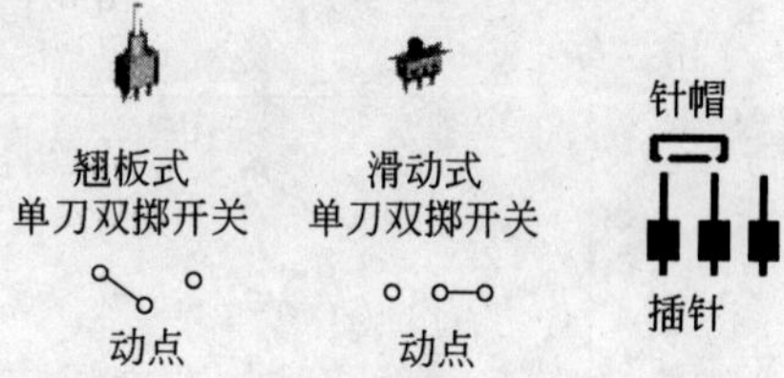

图8-3　单刀双掷开关及代用方法

5. 接线柱与插座

2个接线柱分别连接+5V和地，插座DIP24用于支撑集成电路M65831。

8.2.4　延时控制电路制作的准备工作

1. 电路板考虑

话音延时模块内容较多，选用万能板，最小几何尺寸为12cm×8cm。

2. 元器件确认

连同M65831一起，延时控制电路主材料用到12个元器件，确认方式与前面任务类似。需要对这些元器件逐个确认，通过目测和借助万用表测量，确认其功能及技术参数。例如，色环电阻器阻值确认，极性电容器是否漏电，石英晶体是否有效，开关是否合格，集成电路U_4引脚1～12和24是否明确等。

8.2.5　电路的装配图与布线图

1. 布局

制作延时控制电路需要通盘考虑，为后续延时执行电路留有足够的空间。布局中，考虑了电容器C_{23}和C_{35}的位置，但在下次任务中连接。由于5个单刀双掷开关都要选择+5V电源和地，为保证连线最短，在万能板的正面人为安排了5条短连线。

2. 连线

与前面单元一样，采用90°转角方式，便于万能板布线。

图8-4、图8-5和图8-6分别列出了延时控制电路的装配图和布线图。

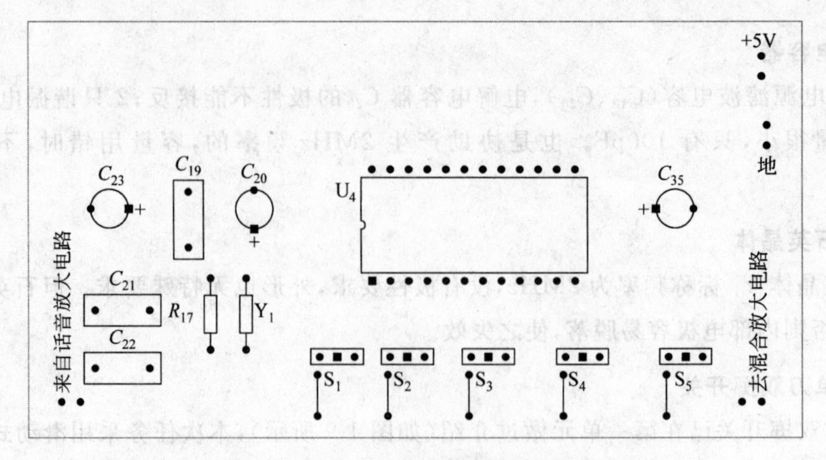

图 8-4 延时控制电路装配图

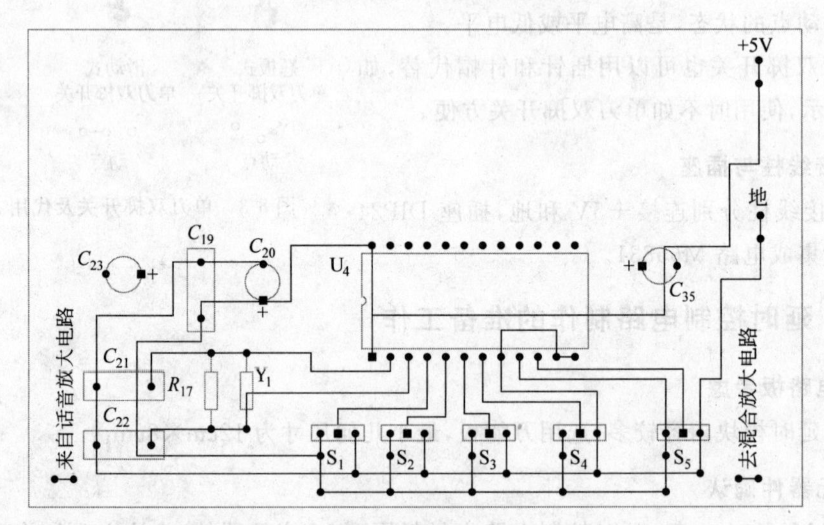

图 8-5 延时控制电路布线图(正面)

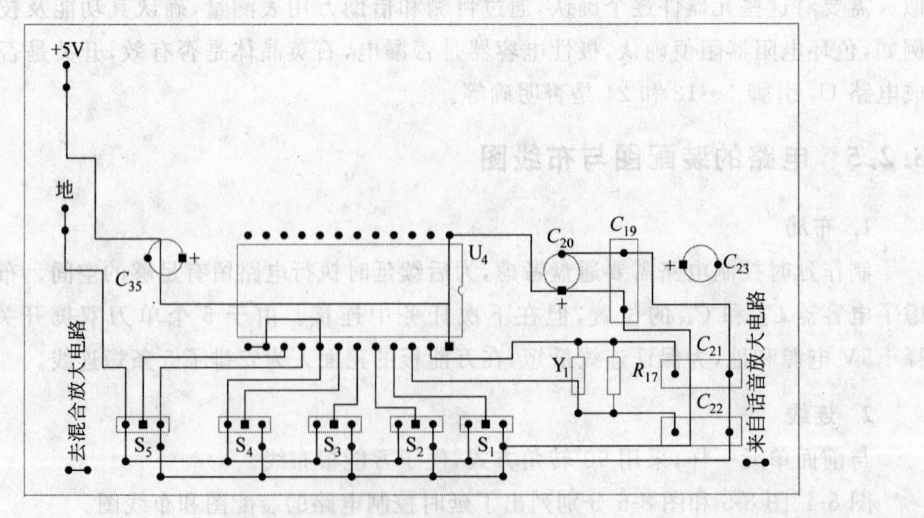

图 8-6 延时控制电路布线图(反面)

8.3 任务实施

8.3.1 学习原理图

1. 延时控制电路工作条件及内容

(1) 工作电源及滤波。

(2) 谐振电路及谐振频率。

(3) 控制内容及方法。

2. 认知核心器件

(1) M65831 内部控制电路结构。

(2) M65831 延时控制引脚入出属性及状态。

3. 区分配套器件

(1) 电源电路的滤波电容。

(2) 谐振电路的元器件。

(3) 控制电路的元器件。

8.3.2 确认元器件

(1) 用目测方法粗略判别元器件。

(2) 用万用表确认元器件功能及技术参数。

8.3.3 延时控制电路制作

1. 正面布局

根据装配图在万能板正面摆放元器件,注意摆放均匀。

2. 反面连线

根据布线图在万能板反面连线,注意焊接工艺。

3. 粘贴元器件符号

在万能板正面用不干胶在元器件附近粘贴元器件代号。

8.3.4 延时控制电路通电前测量

1. 粗略观察

粗略观察电路板正面元器件实物与标识是否相符,反面是否有漏焊或断线。

2. 细致检查

细致检查电路板正面元器件的规格、引脚和极性等摆放是否正确。

3. 用万用表测量

用万用表蜂鸣挡测量元器件之间连线是否可靠,不该连接的是否存在短路。

4. 测量对地电阻

将5只单刀双掷开关拨向低电位，用万用表电阻挡测量M65831各引脚对地电阻，将测量值填于表8-3。

表8-3 M65831引脚对地电阻值测量记录(1)

类别	引脚序号												
	1	2	3	4	5	6	7	8	9	10	11	12	24
参考值/kΩ	6.5	>200	>200	0.0	0.0	0.0	0.0	0.0	6.5	0.0	0.0	0.0	6.5
测量值/kΩ													

将5只单刀双掷开关拨向高电位，再测M65831各引脚对地电阻，将测量值填于表8-4。

表8-4 M65831引脚对地电阻值测量记录(2)

类别	引脚序号												
	1	2	3	4	5	6	7	8	9	10	11	12	24
参考值/kΩ	4.0	>200	>200	4.0	4.0	4.0	4.0	0.0	4.0	4.0	0.0	0.0	4.0
测量值/kΩ													

8.3.5 延时控制电路通电后测量

1. 测量输入电流值

按照图8-7所示连接，测量延时控制电路输入电流值，将结果填于表8-5。

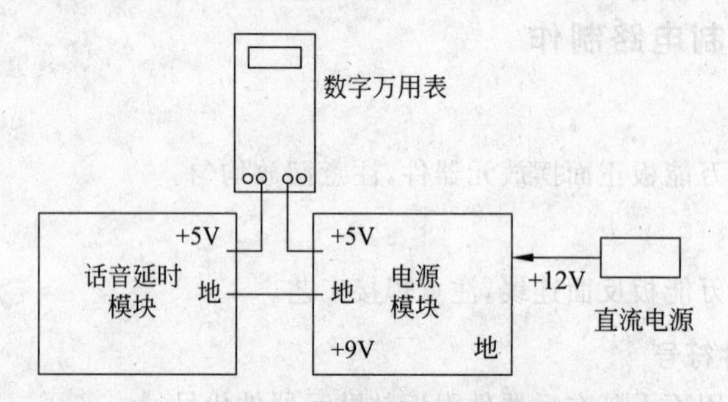

图8-7 延时控制电路输入电流测量方法

表8-5 延时控制电路输入电流测量记录

测量内容	参考值	测量值
话音延时模块输入电流	15mA	

2. 测量M65831工作电压

按照图8-8所示连接，将5只单刀双掷开关拨向低电位，用万用表测量M65831各引脚电压，将测量值填于表8-6。

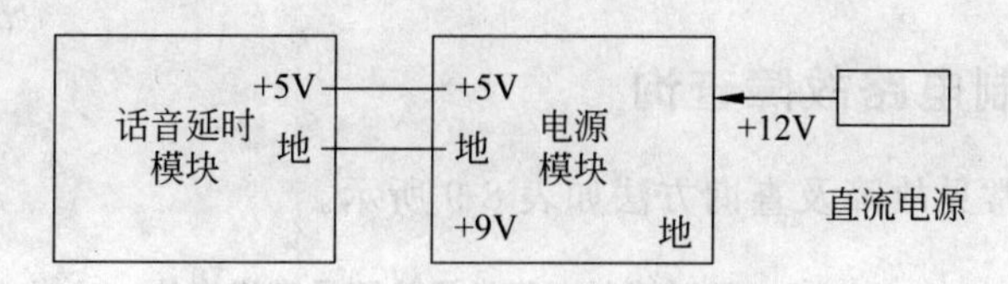

图 8-8　M65831 静态工作电压测量方法

表 8-6　M65831 静态工作电压测量记录(1)

类　别	引脚序号												
	1	2	3	4	5	6	7	8	9	10	11	12	24
参考值/V	5.0	2.2	2.3	0.0	0.0	0.0	0.0	0.0	5.0	0.0	0.0	0.0	5.0
测量值/V													

按照图 8-8 所示连接，将 5 只单刀双掷开关拨向高电位，用万用表测量 M65831 各引脚电压，将测量值填于表 8-7。

表 8-7　M65831 静态工作电压测量记录(2)

类　别	引脚序号												
	1	2	3	4	5	6	7	8	9	10	11	12	24
参考值/V	5.0	4.6	5.0	5.0	5.0	5.0	5.0	0.0	5.0	5.0	0.0	0.0	5.0
测量值/V													

从表 8-6 和表 8-7 中的数据可以验证，引脚 10 决定了 M65831 是否工作。引脚 10 为低电平时，引脚 2 和 3 的电压为谐振正常状态；引脚 10 为高电平时，引脚 2 和 3 的电压为谐振停止状态。

3. 谐振频率特性测量

按照图 8-9 所示连接，测量谐振频率特性，将测量结果填于表 8-8。

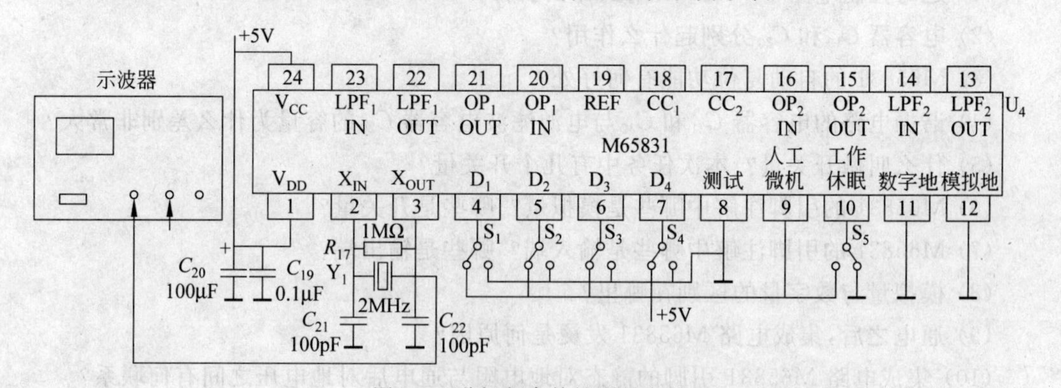

图 8-9　谐振频率特性测量方法

表 8-8　谐振频率特性测量记录

测量条件	测量内容	参考结果	测量结果
S_5 置低电平	谐振信号频率 2MHz	发生	
S_5 置高电平	谐振信号频率 2MHz	不发生	

8.3.6 延时控制电路故障查询

延时控制电路常见故障及查询方法如表 8-9 所示。

表 8-9 延时控制电路常见故障及查询方法

序号	常见故障	查询方法
1	开机爆电容	电解电容器 C_{20} 极性接反
2	开机后+5V 电源不能进入	查延时控制电路+5V 对地电阻
3	+5V 对地电阻没有规律	检查 S_1～S_5 状态设置是否符合要求
4	M65831 引脚 1 和 24 电压不对	查+5V 电源是否到达该引脚
5	M65831 引脚 4～7 电压没有规律	查 S_1～S_4 是否可靠连接
6	M65831 发烫	查 M65831 是否插反
7	无静态工作电流	查+5V 电源是否到位，万用表是否用对
8	不产生 2MHz 频率	先查元器件，再查引脚 2、3 的静态电压

8.4 任务评价

8.4.1 互动交流

互动交流是任务实施过程中的一个重要环节，通过讨论，发现并提出问题，在理论指导下，最后把问题解决。互动交流方式可以是小组与小组之间，也可以是全班性的。互动交流可以促进本次任务的完成。

围绕本次任务实施，为互动交流提出了如下问题。

(1) 延时控制电路中 M65831 用到什么引脚？

(2) 电容器 C_{19} 和 C_{20} 分别起什么作用？

(3) M65831 的自动复位功能有何好处？

(4) 谐振电路的电容器 C_{21} 和 C_{22} 与电源滤波电容器 C_{20} 的容量为什么差别非常大？

(5) 什么叫做开关量？本次任务中有几个开关量？

(6) M65831 的引脚注解中哪些是模拟量？哪些是开关量？

(7) M65831 的引脚注解中哪些是输入端？哪些是输出端？

(8) 模拟量与数字量的区别在哪里？

(9) 通电之后，集成电路 M65831 发烫是何原因？

(10) 集成电路 M65831 引脚的静态对地电阻与通电后对地电压之间有何联系？

(11) M65831 插反了会出现什么现象？

(12) 单刀双掷开关安装时有没有顺、反问题？

(13) 石英晶体安装时有没有极性问题？

(14) 单刀双掷开关坏了一只，如何代用？

(15) 石英晶体振荡电路的核心器件是什么？

8.4.2 完成任务评价表

本次任务既要重视制作，又要注意理论联系实际。任务实施要求掌握电路制作技巧，完成电路功能，测量电路技术参数。任务评价表对作品的完成和理论知识的消化都有一定要求，见表8-10。

表8-10　任务评价表

任务名称					
学生姓名		所在班级		学生学号	
实验场所		实施日期		指导教师	

1. 将延时控制电路制作的相关评价内容填于下表。

评价内容	自我评价	教师评价
完成进度		
作品外观		
作品正面		
作品反面		
出现事故		
互相帮助		
公益活动		

2. 根据M65831引脚注解，选择答案后填写下表。

引脚序号	1	2	3	4	5	6	7	8	9	10	11	12	24
模拟量													
数字量													
输入端													
输出端													

3. 根据M65831话音延时量设置表，将单刀双掷开关的16种状态对应的延时时间填写于下表。

D_4	D_3	D_2	D_1	延时量	D_4	D_3	D_2	D_1	延时量
0	0	0	0		1	0	0	0	
0	0	0	1		1	0	0	1	
0	0	1	0		1	0	1	0	
0	0	1	1		1	0	1	1	
0	1	0	0		1	1	0	0	
0	1	0	1		1	1	0	1	
0	1	1	0		1	1	1	0	
0	1	1	1		1	1	1	1	

学生自评		教师评价		教师签名	

8.5 总结与提高

8.5.1 知识小结

通过本次任务实施，获取的知识点归纳于表 8-11。

表 8-11 本次任务知识点

序号	知 识 点
1	话音延时控制电路的核心器件是集成电路 M65831
2	M65831 的核心电路是主控制器，还有 48KB 存储器，能自动复位
3	M65831 有微机和人工两种控制方式，还可设置休眠状态
4	人工控制时，4 个开关信号决定了 16 种不同的延时量
5	电子电路数字化后，功能迅速扩大，模拟电路很难做到

8.5.2 知识拓展

1. 石英晶体振荡器

石英晶体的阻抗频率特性如图 8-10 所示。

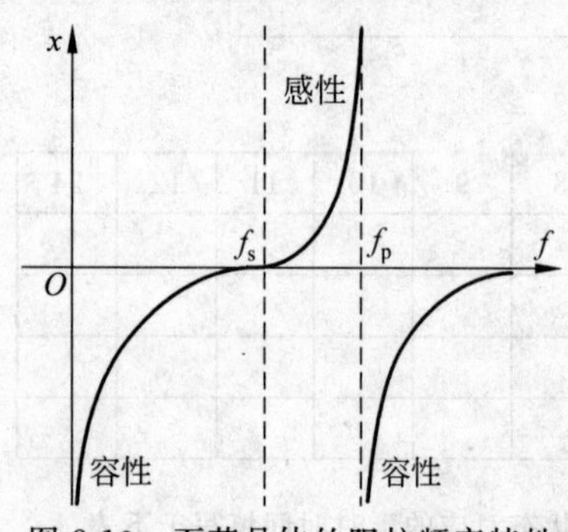

图 8-10 石英晶体的阻抗频率特性

从图中可以看到，石英晶体有一个串联谐振频率 f_s 和一个并联谐振频率 f_p。获得这两个频率取决于石英晶体的几何尺寸，与加工工序有关。

从使用角度看，在 f_s 处，石英晶体电抗为 0，一旦偏离，电抗急剧加大。在串联谐振电路中，只有频率为 f_s 的信号最容易通过，其他频率的信号被晶体衰减掉。在 f_p 处，石英晶体的电抗为无穷大，一旦偏离，电抗急剧减小。在并联谐振电路中，f_p 以外的信号最容易被石英晶体旁路，从而输出频率为 f_p 的信号。

石英晶体的两种工作方式如图 8-11 所示。在串联型应用中，电阻器 R_1 和 R_2 使反相器工作在线性放大区，电容器 C_1 用于两个反相器之间的耦合；C_2 的作用是抑制高次谐波，保证输出波形的稳定。在并联型应用中，电容器 C_1 和 C_2 谐振于并联谐振频率 f_p 附近，且石英晶体呈感性，改变 C_1、C_2 可微调振荡频率。

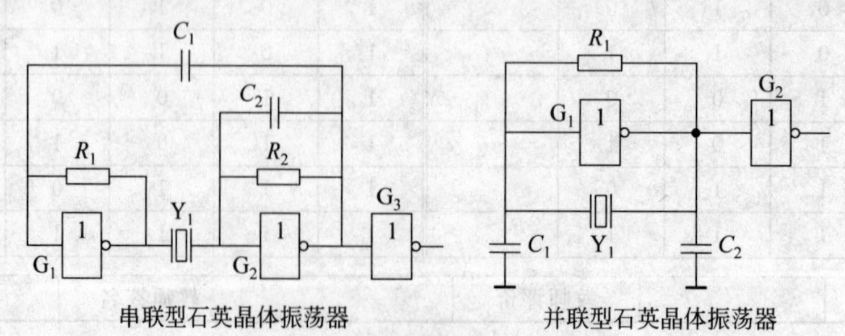

图 8-11 石英晶体振荡器典型应用

电阻器 R_1 使反相器工作在线性放大区，以增强电路的灵敏度和稳定性。两种应用有一个共性，振荡信号都经过一级反相器整形后再输出。

查看音响放大器延时控制电路的石英晶体振荡器，它属于并联型工作方式。

2. 回声处理集成电路

PT2399 是一种典型的卡拉 OK 回声处理集成电路，在 CD、VCD、DVD、电视音响和卡拉 OK 机上应用相当广泛。该芯片外形为双列直插(DIP)16 脚封装，内部采用 CMOS 工艺，具备数/模、模/数转换功能和很高的取样频率，同时内置了一个 44KB 的存储器。其数字处理部分产生延迟时间，系统时钟由内置压控振荡器产生，是数字处理电路的一大特点，它使得频率很容易调整。集成电路 CD2399 与 PT2399 兼容，其优势在于它具有很低的失真系数(THD＜0.5%)和噪声(NO＜－90dBV)，因此能够输出高品质的音频信号。为了追求更简单的 PCB 板图布局和更低的成本，CD2399 的引脚排列和应用电路都进行了优化。

PT2399 内部结构如图 8-12 所示。

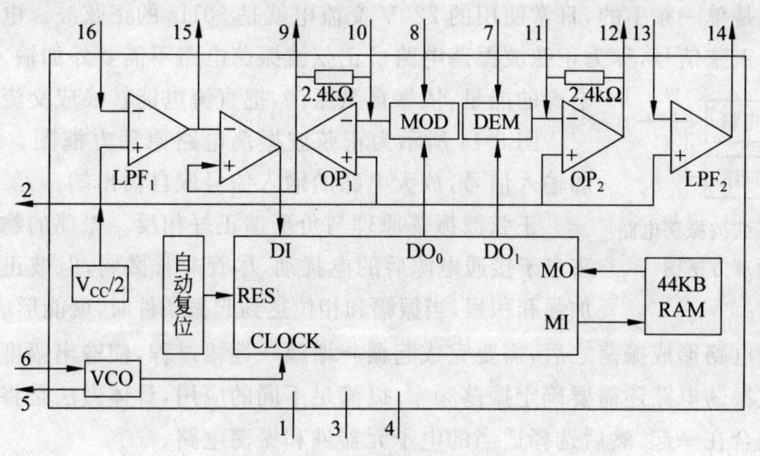

图 8-12　PT2399 内部结构

PT2399 不同的应用对应不同的引脚注解，图 8-13 和表 8-12 所示为其中一种。

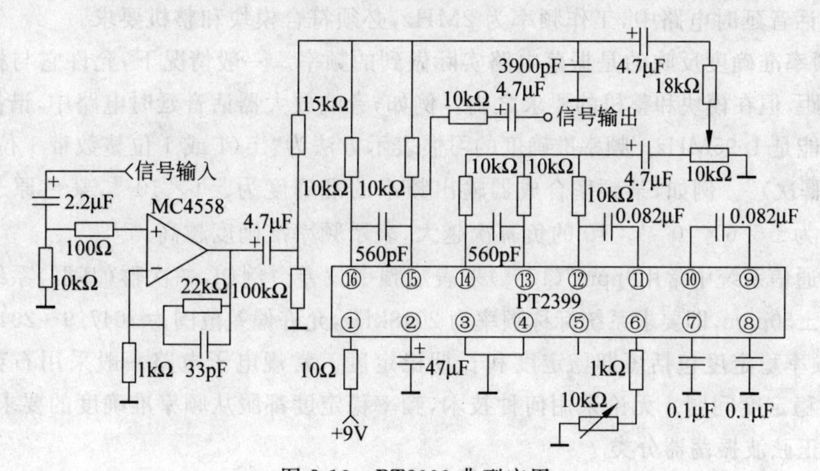

图 8-13　PT2399 典型应用

表 8-12　PT2399 引脚注解

引脚序号	符　号	入/出	功　能	引脚序号	符　号	入/出	功　能
1	V_{CC+}	—	电源	9	OP_1 OUT	出	通道 1 输出
2	REF	出	基准参考电压	10	OP_1 IN	入	通道 1 输入
3	A-GND	—	模拟地	11	OP_2 IN	入	通道 2 输入
4	D-GND	—	数字地	12	OP_2 OUT	出	通道 2 输出
5	CLK	出	系统时钟	13	OPF_2 IN	入	取样信号输入
6	VCO	入	延时调节	14	OPF_2 OUT	出	混响对比输出
7	CL_1	入	A/D 通道滤波	15	LPF_1 IN	入	混响处理输入
8	CL_0	入	D/A 通道滤波	16	CPF_1 IN	入	话筒信号输入

3. 正弦信号产生器

(1) 基本概念

正弦波是单一频率的,日常使用的 220V 交流电就是 50Hz 的正弦波。电路通过振荡方式而产生正弦信号,称为正弦波振荡电路。正弦波振荡电路不需要外加输入信号,利用电源的能量,依靠自激振荡,把直流电能转换成交流电能。

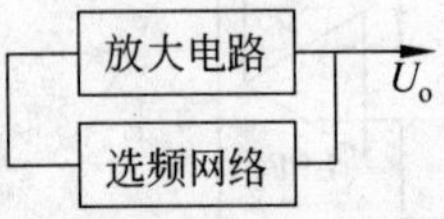

图 8-14 正弦波振荡电路原理方框图

图 8-14 所示为正弦波振荡电路原理方框图。图中没有外加输入信号,放大电路的输入信号取自输出端。

正弦波振荡原理与负反馈正好相反。振荡的物理过程首先来自于接通电源后的电扰动,尽管非常微弱,但被正反馈不断地加强和积累,当振幅和相位达到起振条件时,就能形成振荡。

正反馈电路形成振荡之后,需要完成起振→增幅→等幅过程,使输出幅度恒定。

正弦波振荡电路还需要确定振荡频率,以满足不同的应用,具体做法是将选频网络和反馈网络结合在一起,然后选择适当的电子元器件和振荡电路。

正弦波振荡电路的主要技术参数包括振荡频率、频率准确度、频率稳定度等。

① 振荡频率也称工作频率或标称频率,是系统要求振荡电路必须产生的频率,如音响放大器话音延时电路中,工作频率为 2MHz,必须符合模块和整机要求。

② 频率准确度反映的是振荡电路实际做到的频率。一般情况下,允许它与标称值有一点的差距,但在模块和整机的要求之内。例如,音响放大器话音延时电路中,谐振电路频率实际可能是 1.95MHz。频率准确度的习惯表示方法为"±(1 或 1 位整数带 1 位小数)×(10 的负幂次)"。例如,某频率合成器输出频率的准确度为 $\pm1\times10^{-7}$,某色原子钟的频率准确度为 $\pm5.6\times10^{-13}$。10 的负幂次越大,表示频率准确度越高。

数字通信系统中常用"ppm"(10^{-6})来表示频率偏差。例如,一次群(基群)系统要求频率偏差为±50ppm,即要求系统标称频率为 2048kHz,允许偏差范围为 2047.9～2048.1kHz。

③ 频率稳定度包括短期稳定度和长期稳定度。常规电子电路一般采用石英晶体来解决长期稳定度问题。无论采用何种技术,频率稳定度都服从频率准确度的要求。

(2) 正弦波振荡器分类

各种正弦波振荡电路的组成及性能特点如表 8-13 所示。

表 8-13　各种正弦波振荡电路的组成及性能特点

电路组成	工作原理与性能
二极管稳幅RC桥式振荡	二极管用来自动稳定幅度和改善输出波形。 起振时，由于 U_o 很小，二极管接近开路，R_f 与二极管并联的等效电阻近似为 R_f。 满足 $1+(R_2+R_f)/R_1>3$，电路开始振荡。 振荡过程中，两种二极管轮流导通和截止，总有一只导通且与 R_f 并联。利用二极管正向导通电阻 r_D 的变化，改变负反馈强弱，达到稳幅目的。电位器 RP 用来调节振荡电压幅度和减小失真。振荡频率为 $f_o=\frac{1}{2\pi RC}$
LC并联谐振电路 $Q=\frac{1}{r}\sqrt{\frac{L}{C}}$	LC 并联谐振电路的主要参数是品质因数 Q。 Q 值与 LC 回路本身存在的等效损耗电阻 r 有关。 Q 值越高，回路的损耗越小，电路对频率的选择越好，但外因造成的频率变化导致振荡频率稳定度下降。谐振频率为 $f_o=\frac{1}{2\pi\sqrt{LC}}$
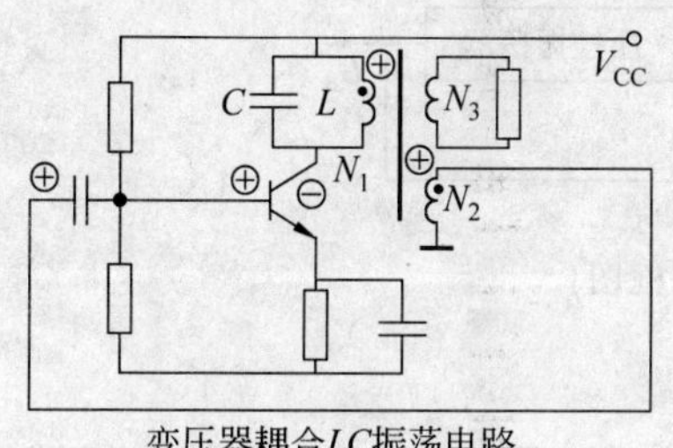 变压器耦合LC振荡电路	基本部分为分压偏置的共发射极电路。 负载电阻为 LC 并联谐振回路。 变压器通过绕组 N_2 将信号反馈到输入端。 根据变压器同名端属性判断，电路为正反馈。 输出信号通过绕组 N_3 获得。 在 $f=f_o$ 时，c 极与 b 极相位相差 180°。 谐振频率为 $f_o\approx\frac{1}{2\pi\sqrt{LC}}$
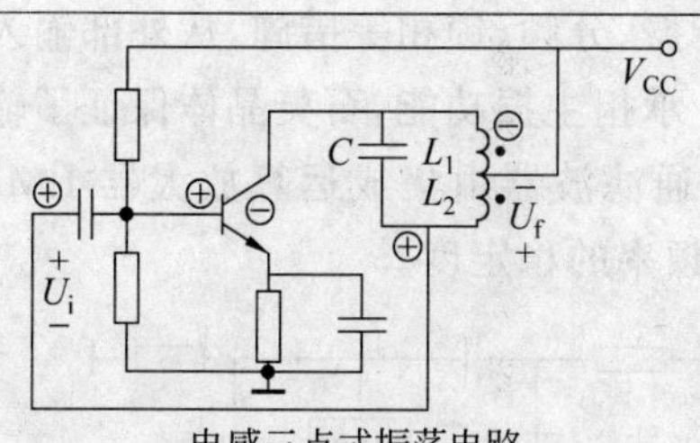 电感三点式振荡电路	负载电阻为 LC 并联谐振回路。 线圈 L 中间抽头，反馈电压取自 L_2。 线圈的三个点分别与三极管电极连接。 反馈信号取自 L_2，正反馈产生正弦波。 谐振频率为 $f_o\approx\frac{1}{2\pi\sqrt{LC}}=\frac{1}{2\pi\sqrt{(L_1+L_2+2M)C}}$
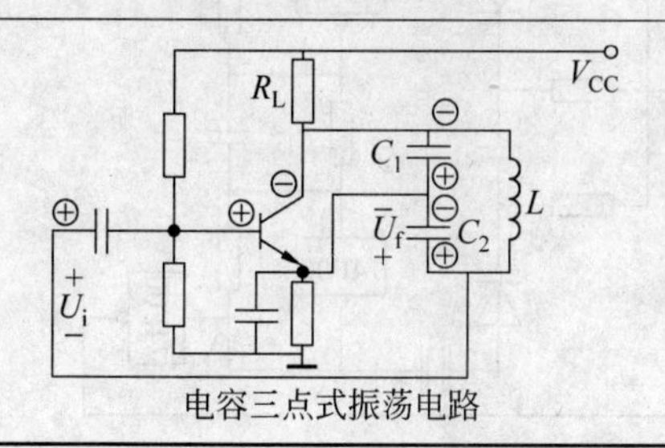 电容三点式振荡电路	对比电感三点式，C 与 L 对调位置。 增加 R_L，提供直流供电通路，避免高频信号短路。三极管的三个电极与电容连接。 反馈信号取自 C_2，正反馈产生正弦波。 谐振频率为 $f_o=\frac{1}{2\pi\sqrt{LC}}=\frac{1}{2\pi\sqrt{LC_1C_2(C_1+C_2)}}$

续表

电路组成	工作原理与性能
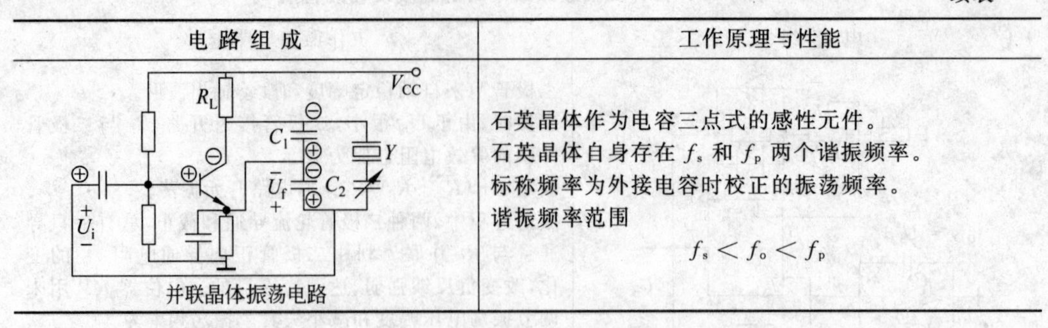	石英晶体作为电容三点式的感性元件。 石英晶体自身存在 f_s 和 f_p 两个谐振频率。 标称频率为外接电容时校正的振荡频率。 谐振频率范围 $f_s < f_o < f_p$

对于上述正弦波振荡器，一旦电路组成之后，振荡频率不能改变。有些应用场合需要振荡频率受控，随着控制信号改变振荡频率。从振荡频率的公式可以看出，改变 R、L、C 或 M 等都可改变频率，具体应用以采用变容二极管改变电容 C 的压控振荡器多见。变容二极管反向偏压越高，电容量越小。

将压控振荡器置于一个闭环系统中，采用锁相环技术，就能改变输出频率。

图 8-15 所示为锁相环原理方框图，其工作原理是：压控振荡器产生的信号经过分频之后，与外部输入的参考信号在比相器中进行比相，产生脉动的准直流电压；经低通滤波器平滑之后，以电压控制的方式改变振荡器输出频率。

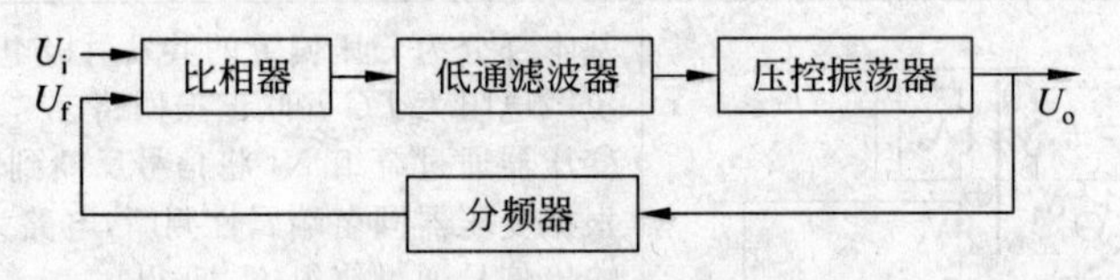

图 8-15　锁相环原理方框图

(3) 应用实例

图 8-16 所示为某通信设备解码模块时钟提取电路。图中，压控振荡器处于锁相环中，利用二极管变容特性改变谐振频率。电路通过谐振、分频、锁相等措施，从外部输入信号中提取时钟，频率为 42.96MHz。集成电路 74F00 承担主振功能，石英晶体保证了输出频率的精度。比相器由集成电路 MC4044 完成。低通滤波器由集成运算放大器 LM324 及外围元件共同完成。锁相环帮助电路提高了输出频率的稳定度。

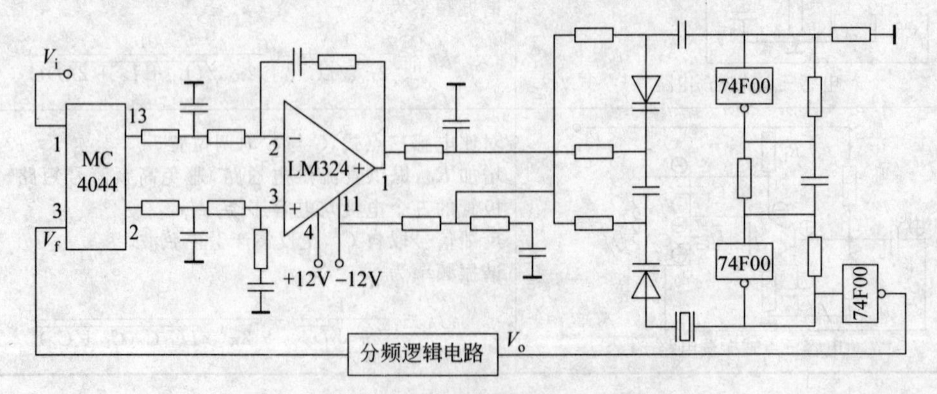

图 8-16　某通信设备解码模块时钟提取电路

与之对应的编码模块时钟提取电路如图 8-17 所示。

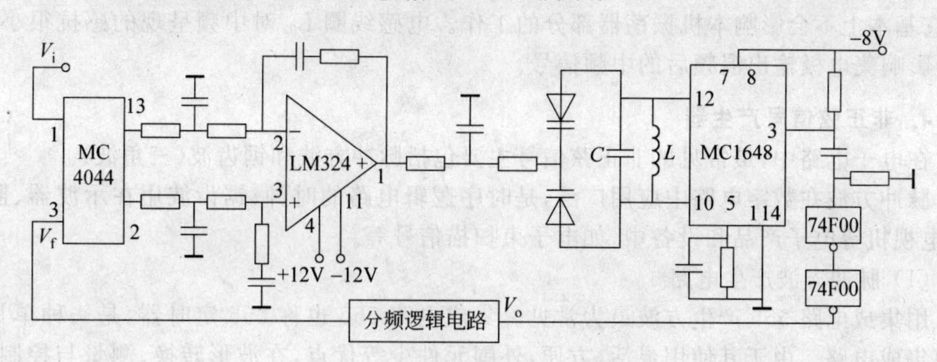

图 8-17　压控振荡器编码电路实例

两种压控振荡器的相同之处较多，唯一区别在于振荡电路。编码电路的主振元件是 L 和 C，Q 值不如石英晶体的高。这种做法是系统的要求，编码电路需要容忍前端输入信号 V_i 频率变化的范围大，解码电路需要输出信号 V_o 频率变化对后端的危害小。

以上两例都是采用无源器件（L、C）与集成电路配合，共同完成正弦波振荡功能。

图 8-18 所示为民用收音机前端混频电路，采用变压器耦合 LC 正弦波振荡方式，由单只晶体管完成。图中，PNP 型三极管工作在共基极放大方式。

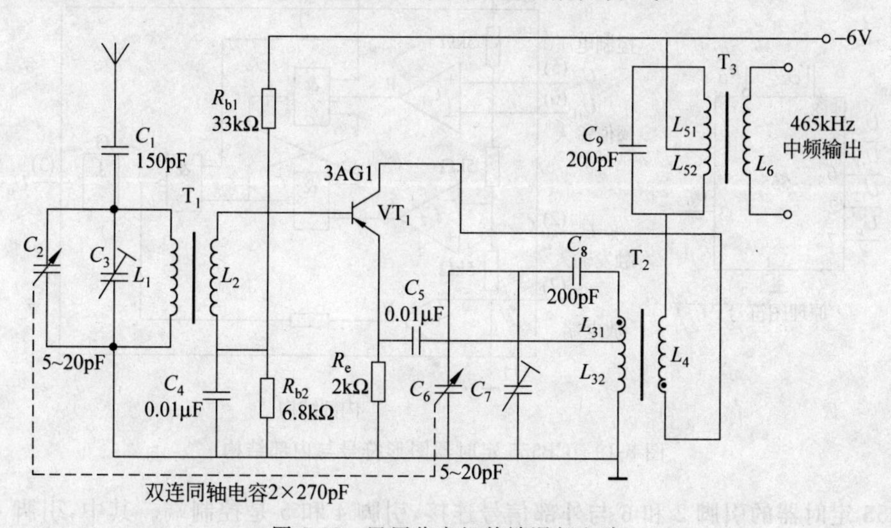

图 8-18　民用收音机前端混频电路

电路中有三个选频网络：天线回路由 L_1、C_2 和 C_3 组成，负责选台，即对外来信号频率 f_s 谐振；振荡电路的选频网络由 C_6～C_8 和 L_3 组成，产生本地振荡频率 f_o，放大电路除完成本地振荡之外，还完成差拍功能（f_o-f_s），输出中频信号（465kHz）；中频选频网络由 C_9 和 L_5 组成。

由于电容器 C_4 和 C_5 对高频相当于短路，根据所标同名端属性，集电极输出在电感线圈 L_{32} 上产生的电压信号回送到发射极，满足正反馈条件。

本振信号与外来信号在电路中是串联关系（基极—外来信号—地—本振信号—发射极）。三极管工作时呈现变跨导，两个信号电压相乘，取差频，便可获得中频电流分量。

三极管的静态工作点由 R_{b1}、R_{b2} 和 R_e 决定。中频回路对本振频率严重失谐，近似短路，它基本上不会影响本机振荡器部分的工作。电感线圈 L_{32} 对中频呈现的感抗很小，也不会影响集电极输出混频后的中频信号。

4. 非正弦信号产生器

在电子电路中，最常见的非正弦信号主要包括脉冲方波和锯齿波(三角波)。

脉冲方波在数字电路中应用广泛，是时序逻辑电路的时钟；锯齿波用在示波器、监视器、电视机等电子产品和设备中，如电子束扫描信号等。

(1) 脉冲方波产生电路

用集成电路 555 产生方波最为常见。集成电路 555 也称 555 定时器，是一种单片中规模集成电路。由于其使用灵活、方便，外围元件少等优点，在波形转换、测量与控制、家电与儿童玩具等许多领域得到广泛应用。

555 定时器有双极型和 CMOS 两种型号，前者的最后 3 位数码都是 555，后者 4 位数码是 7555。常见型号有 NE555、5G555 和 C755 等。

555 定时器外形为 8 引脚双列直插式(DIP8)。CB555 内部结构如图 8-19 所示，它包括由三个 5kΩ 电阻组成的分压器、两个比较器、一个基本 RS 触发器、一个放电三极管和一个缓冲器。

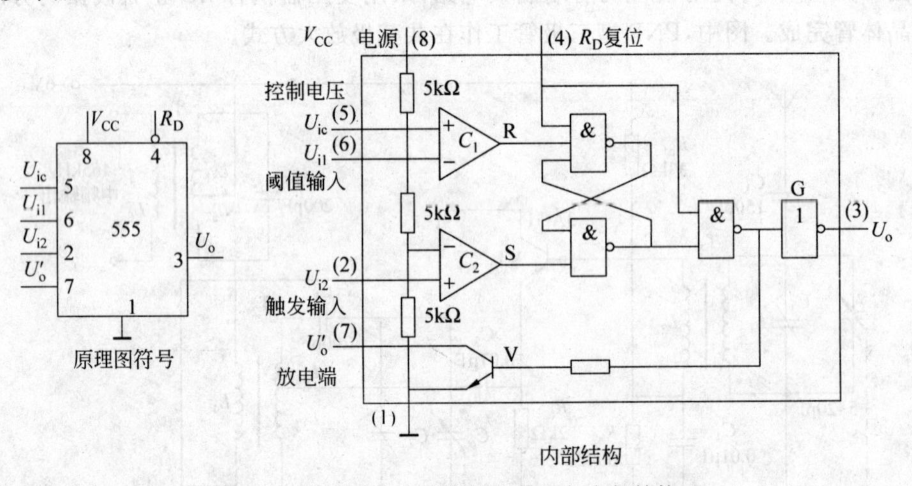

图 8-19　CB555 定时器图形符号与内部结构

555 定时器的引脚 2 和 6 与外部信号连接，引脚 4 和 5 是控制端。其中，引脚 4 级别最高，正常使用时接高电平。

外部输入信号可以接成各种方式，从而获得各种波形输出。555 定时器的功能列于表 8-14。

表 8-14　555 定时器功能表

阈值输入 u_{i1}	触发输入 u_{i2}	复位 R_D	输出 u_o	放电管 V
×	×	0	0	导通
小于(2/3)V_{CC}	小于(1/3)V_{CC}	1	1	截止
大于(2/3)V_{CC}	大于(1/3)V_{CC}	1	0	导通
小于(2/3)V_{CC}	大于(1/3)V_{CC}	1	不变	不变

用 555 定时器产生固定占空比的脉冲方波电路及布线图如图 8-20 所示。

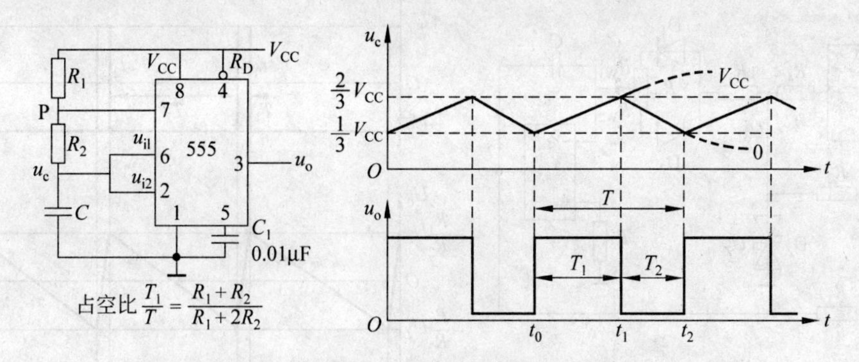

图 8-20　555 定时器固定占空比的脉冲方波电路及布线图

图中，器件的两个信号输入引脚 2 和 6 接在一起，充电回路为 $V_{CC}\to R_1\to R_2\to C\to$地，充电时常数为$(R_1+R_2)C$，$u_c$ 波形服从指数规律；放电回路为 $u_c\to R_2\to$V→地。通过电容器的充放电过程，得到图中 u_c 的波形。

u_c 波形在器件内经过比较器后，变成高、低两种电平，再由 RS 触发器动作及整形后输出。

电路中的充、放电是常数，是不相等的，造成了输出脉冲方波占空比不是 1/2。

如果要获得对称的脉冲方波，需要将上述电路改变。利用半导体二极管的单向导电性能，把充、放电回路隔开，再加一个可以改变电阻值的电位器，电路及波形图如图 8-21 所示。充电回路为 $V_{CC}\to R_1\to VD_1\to C\to$地，忽略二极管正向电阻，时常数为 R_1C。放电回路为 $u_c\to R_2\to$V→地，时常数为 R_2C。改变电位器，使 $R_1=R_2$，得到占空比为 1/2 的结果。

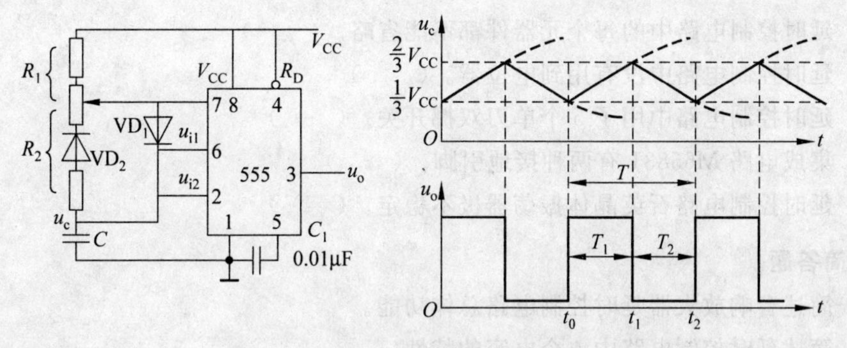

图 8-21　555 定时器可调占空比电路及方波

(2) 锯齿波产生电路

采用运算放大器的锯齿波产生电路及主要波形如图 8-22 所示。

图中电路包括迟滞比较器和积分器两部分。正向积分时，二极管 D_2 导通，u_o 上升，积分时常数为$(R_3+R_{W2})C$；反向积分时，二极管 D_1 导通，u_o 下降，积分时常数为$(R_3+R_{W1})C$。调节电位器 R_W，使 R_{W2} 远远大于 R_{W1}，利用两个时常数相差悬殊的特点，可使输出信号 u_o 下降迅速，上升缓慢，从而得到锯齿波波形。

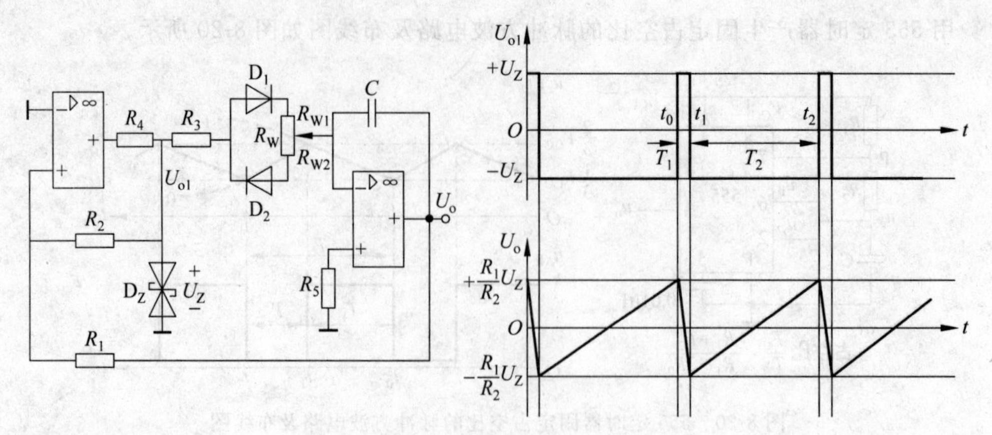

图 8-22　锯齿波产生电路及主要波形

8.6　巩固与练习

1．填空题

(1) 延时控制电路中的两个谐振电容的电容量都是(　　)。

(2) 延时控制电路中的核心器件是(　　)。

(3) 延时控制电路的静态工作电流为(　　)。

(4) 单独测量延时控制电路休眠时的+5V 对地电阻值为(　　)。

(5) 延时控制电路中，M65831 引脚 2 或 3 对地电阻为(　　)。

2．判断题

(1) 延时控制电路中的每个元器件都不能省略。(　　)

(2) 延时控制电路中没有用到电位器。(　　)

(3) 延时控制电路中用了 5 个单刀双掷开关。(　　)

(4) 集成电路 M65831 有两种接地引脚。(　　)

(5) 延时控制电路石英晶体振荡器极不稳定。(　　)

3．简答题

(1) 简述音响放大器延时控制电路总体功能。

(2) 简述延时控制电路中 4 个电容的特性。

(3) 简述单刀双掷开关的作用。

(4) 简述石英晶体振荡器的特性。

(5) 简述延时控制电路的电源和接地特性。

4．填图题

(1) 如果 M65831 改用微机控制延时量，填画如下原理图。

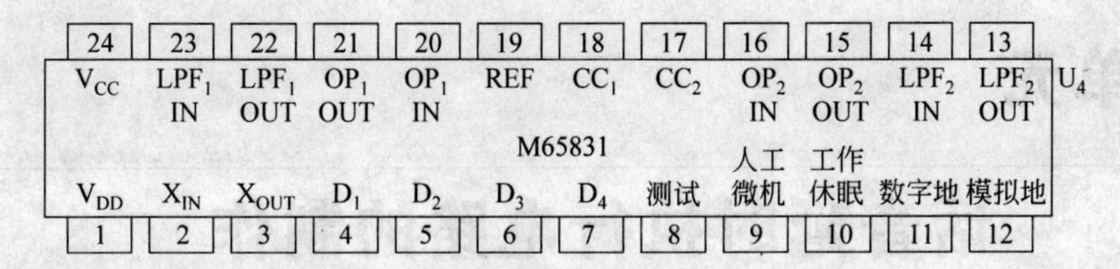

（2）画出延时量为 12.3ms 的延时控制原理图。

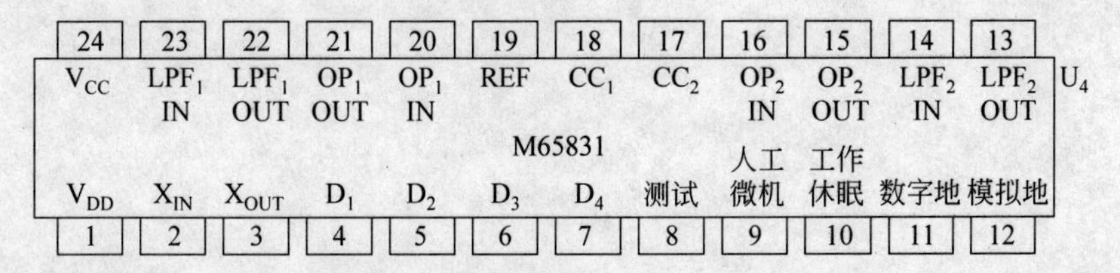

（3）根据 PT2399 应用电路，填写其引脚注解。

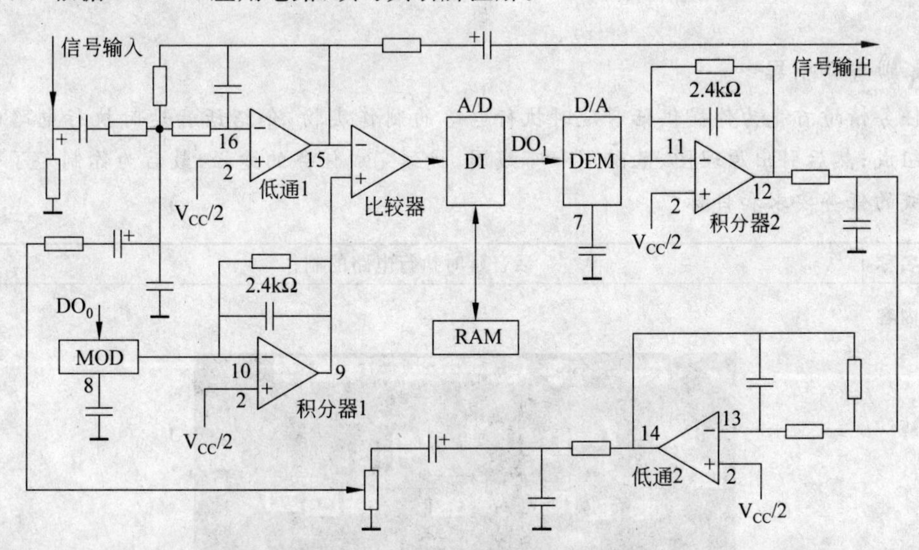

引脚	符　号	入/出	功能	引脚	符　号	入/出	功能
1	V_{CC}			9	OP_1 OUT		
2	V_{ref}			10	OP_1 IN		
3	A-GND			11	OP_2 IN		
4	D-GND			12	OP_2 OUT		
5	CLK-O			13	LPF_2 IN		
6	V_{CO}			14	LPF_2 OUT		
7	CC_1			15	LPF_1 OUT		
8	CC_0			16	LPF_1 IN		

第九单元

话音延时执行电路的制作

9.1 任务情境

学习引导

任务情境首先为你提供话音延时执行电路的制作实物，介绍话音延时执行电路的功能及组成；然后引出原理图、装配图和布线图，找到完成任务的途径；最后为你制定了一个可完成的任务要求和目标。

任务名称	话音延时执行电路的制作

任务内容

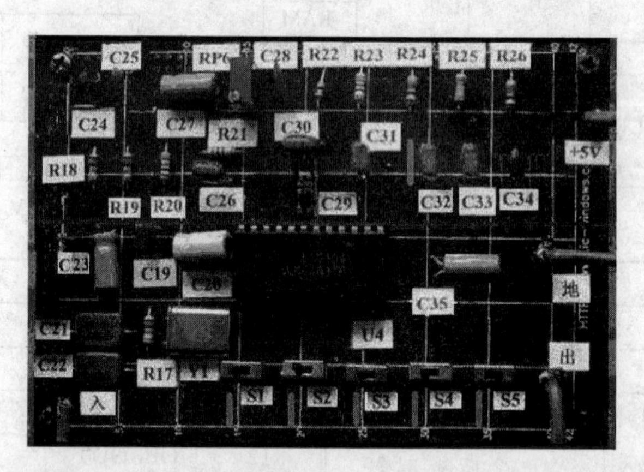

上图是音响放大器话音延时电路模块的制作实物。该电路采用直流电源(＋5V)供电，以集成电路M65831为核心，从话音放大电路获取信号，经过延时处理，形成混响效果，再送入混合放大及后续电路。实物图上部分为话音延时执行电路，下部分为话音延时控制电路。主、辅材料共计40个。

话音延时执行电路在M65831外围共有主材料元器件23个，信号入、出接线柱2个。与第八单元的内容反差很大，该电路全部是模拟电路。本次任务实施有一定难度，可先从M65831的输入电路和输出电路入手，迅速将上述元器件分成两类；再区分各自的低通滤波器和积分器，把范围缩小；最后，把连接输出和输入的反馈通路认识清楚。

任务实施从学习原理图开始，掌握核心器件M65831及辅助器件的技术性能，在装配图和布线图帮助下完成制作，并进行技术指标测试。

续表

任务要求

1. 学习和消化“任务资讯”提供的相关知识，用以指导实际训练。
2. 完成“任务实施”的各项步骤，制作延时执行电路。
3. 开展互动交流活动，并完成任务评价表。
4. 浏览“总结与提高”相关内容，总结并拓展在任务实施过程中学到的知识。
5. 课余时间继续完成“巩固与练习”中的相关习题，加深所学知识的印象。

任务目标

1. 知识目标：了解话音延时执行电路的作用，掌握实现话音延时的方法及简单测试方法。
2. 技能目标：能借助原理图分析问题和查找故障，借助装配图和布线图制作话音延时执行电路。
3. 素质目标：继续培养读图、画图和区分各种图的习惯，开始融合模拟电路与数字电路的概念。

9.2 任务资讯

学习引导

根据所给的任务，任务资讯首先为你提供了话音延时执行电路工作原理图。你必须掌握话音延时执行电路的主要功能，了解每个元器件的作用；后面的装配图和布线图是帮助你完成制作的。

9.2.1 延时执行电路的工作原理

话音延时执行电路原理图如图 9-1 所示。图中以 M65831 为核心，对来自话音放大电路的信号进行延时。其中，引脚 1～12 和 24 已在第八单元学习过，主要完成延时控制功能；引脚 23～13 连接与延时执行有关的元器件。延时执行电路在 M65831 外围包含 13 个电容器、9 个电阻器和 1 个电位器。

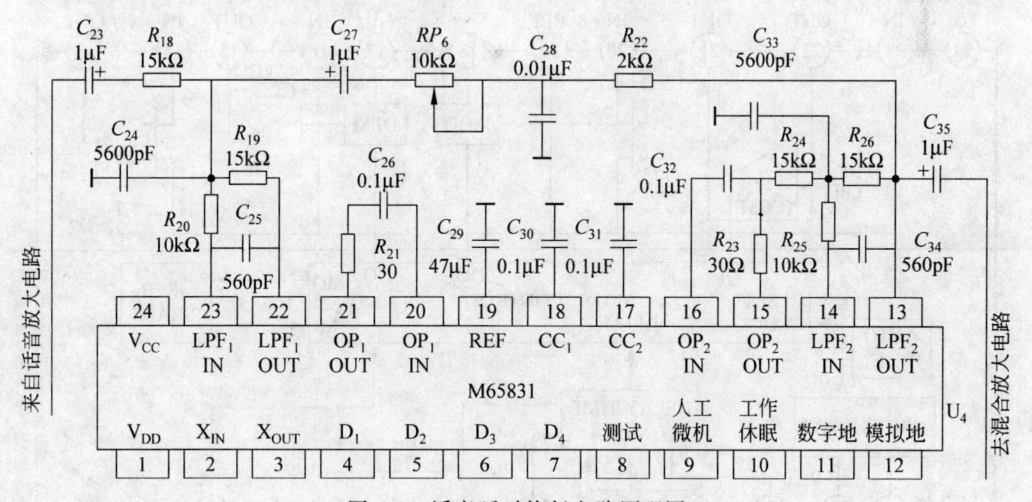

图 9-1 话音延时执行电路原理图

从图 9-1 可以看出如下规律。

(1) M65831 引脚标记有“1”和“2”之分，与“1”有关的元器件属于输入电路部分，与

“2”有关的元器件属于输出电路部分。左、右元器件有对称关系，对称中心是引脚 19。

（2）M65831 引脚标记还有“OP”（积分器）和“LPF”（低通滤波器）之分，各自的元器件可以迅速确定。左、右元器件也有对称关系。

（3）引脚 18 滤波电容器 C_{30} 和引脚 17 滤波电容器 C_{31} 是对称的。

（4）输入电路耦合电容器 C_{23} 和输出电路耦合电容器 C_{35} 是对称的。

（5）没有对称性的元器件是反馈通路包含的 4 个元器件。

根据上述分析，将 23 个元器件归类如表 9-1 所示，加粗表示具有对称性。

表 9-1　延时执行电路元器件归类

元器件	输　入		基准	输　出		反　馈			
低通滤波器	$\boldsymbol{R_{18}}$	$\boldsymbol{C_{24}}$		$\boldsymbol{R_{26}}$	$\boldsymbol{C_{33}}$				
	$\boldsymbol{R_{19}}$	$\boldsymbol{R_{20}}$		$\boldsymbol{R_{24}}$	$\boldsymbol{R_{25}}$				
	$\boldsymbol{C_{25}}$			$\boldsymbol{C_{34}}$					
积分器	$\boldsymbol{R_{21}}$	$\boldsymbol{C_{26}}$		$\boldsymbol{R_{23}}$	$\boldsymbol{C_{32}}$				
滤波电容	$\boldsymbol{C_{30}}$		C_{29}	$\boldsymbol{C_{31}}$					
耦合电容	$\boldsymbol{C_{23}}$			$\boldsymbol{C_{35}}$					
						C_{27}	RP_6	C_{28}	R_{22}

实现话音延时控制功能的方式不是唯一的，还可以采用其他方式。

9.2.2　集成电路 M65831 延时特性

集成电路 M65831 是一个由+5V 电源供电，封装为 24 只引脚的数字混响延时电路，其内部结构如图 9-2 所示。

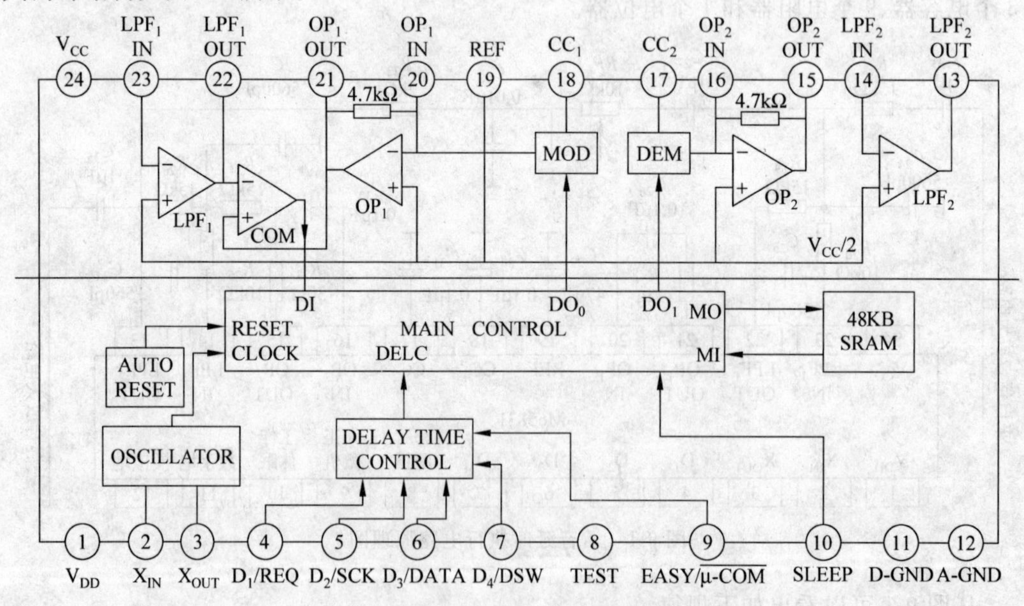

图 9-2　集成电路 M65831 内部电路结构图

从图中可以看到，M65831的输入电路包括低通滤波器、比较器和积分器(引脚23～20)，完成模/数转换功能；输出电路包括积分器和低通滤波器(引脚16～13)，完成数/模转换功能。此外，还有电流控制电路(MOD和DEM)。上述内部结构的电路加上外围23个元器件共同完成话音延时执行功能，受控于主控制器。

本次任务主要关注图9-2的上部分内容。M65831执行功能引脚注解如表9-2所示。

表9-2 M65831执行功能引脚注解

引脚	符　号	名　称	入/出	功　能
13	LPF_2 OUT	Low pass filter 2 output	出	借助外围电容电阻构成低通滤波器
14	LPF_2 IN	Low pass filter 2 input	入	
15	OP_2 OUT	OP-AMP 2 output	出	借助外围电容电阻构成积分器
16	OP_2 IN	OP-AMP 2 input	入	
17	CC_2	Current control 2	—	外接滤波电容
18	CC_1	Current control 1	—	外接滤波电容
19	REF	Reference	—	基准电压外接滤波电容
20	OP_1 IN	OP-AMP 1 input	入	借助外围电容电阻构成积分器
21	OP_1 OUT	OP-AMP 1 output	出	
22	LPF_1 OUT	Low pass filter 1 output	出	借助外围电容电阻构成低通滤波器
23	LPF_1 IN	Low pass filter 1 input	入	

归纳上述内容，画出延时执行电路方框图如图9-3所示。

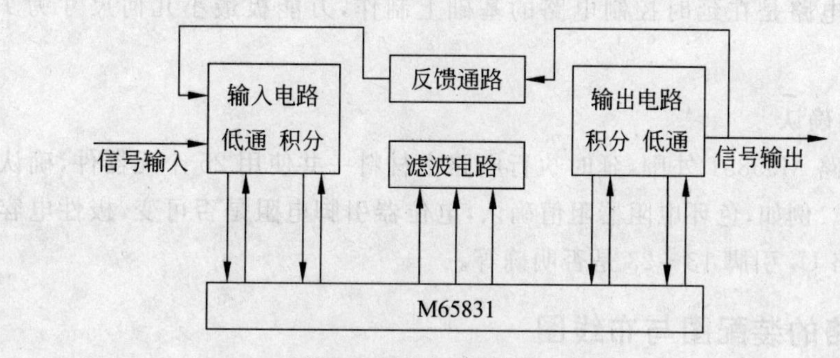

图9-3 延时执行电路方框图

9.2.3 延时执行电路的其他元器件

1. 输入信号耦合

由 C_{23} 完成。

2. 输入低通滤波器

由 R_{18}、R_{19}、R_{20}、C_{24} 和 C_{25} 完成。

3. 输入积分器

由 R_{21} 和 C_{26} 完成。

4. 输出积分器

由 R_{23} 和 C_{32} 完成。

5. 输出低通滤波器

由 R_{24}、R_{25}、R_{26}、C_{33} 和 C_{34} 完成。

6. 反馈通路

由 C_{27}、C_{28}（滤除高频杂波）、R_{22} 和 RP_6 完成。

7. 电源滤波电容

由 C_{29}、C_{30} 和 C_{31} 完成。

8. 输出信号耦合

由 C_{35} 完成。

9. 接线柱

2 个接线柱连接输入信号和输出信号，电源和地线接线柱与延时控制电路共用。

9.2.4 延时执行电路制作的准备工作

1. 电路板考虑

延时执行电路是在延时控制电路的基础上制作，万能板最小几何尺寸为 12mm×9mm。

2. 元器件确认

在集成电路 M65831 外围，延时执行电路主材料一共使用 25 个元器件，确认方式与前面任务类似。例如，色环电阻器阻值确认，电位器引脚电阻是否可变，极性电容器是否漏电，集成电路 U_4 引脚 13～23 是否明确等。

9.2.5 电路的装配图与布线图

1. 布局

制作延时执行电路已经用到电容器 C_{23} 和 C_{35}。为保证连线最短，在万能板的正面人为安排了一条短连线。

2. 连线

与前面单元一样，采用 90°转角方式，便于万能板布线。

图 9-4、图 9-5 和图 9-6 分别列出了延时执行电路的装配图和布线图。

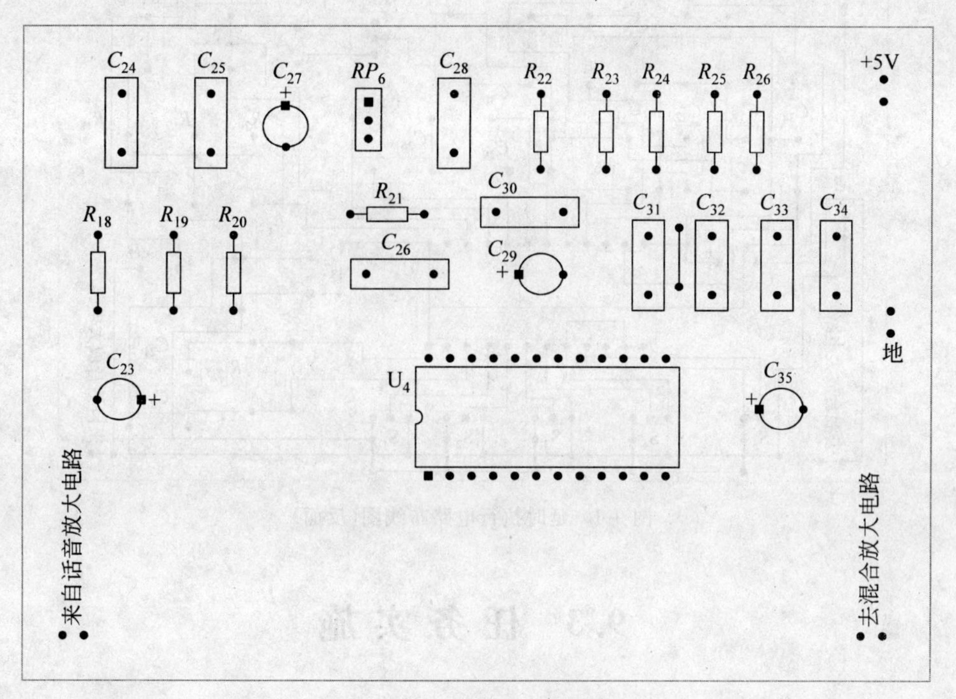

图 9-4　延时执行电路装配图

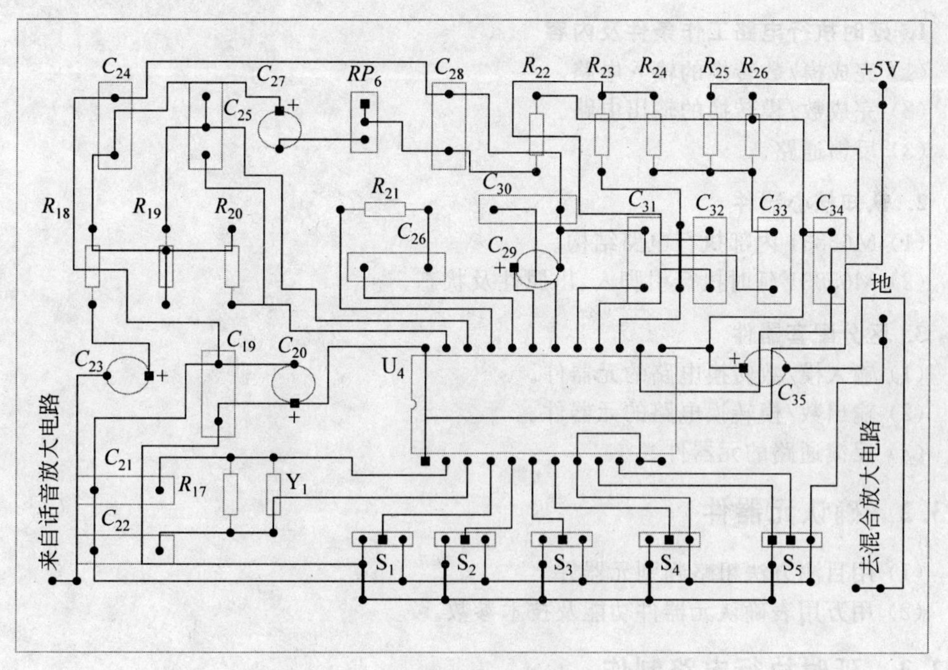

图 9-5　延时执行电路布线图(正面)

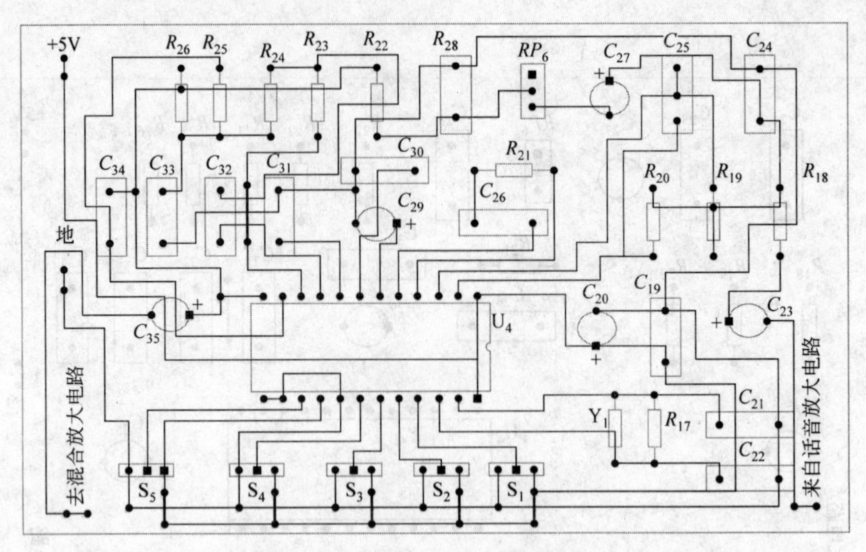

图 9-6 延时执行电路布线图(反面)

9.3 任务实施

9.3.1 学习原理图

1. 延时执行电路工作条件及内容

(1) 完成模/数转换的输入电路。

(2) 完成数/模转换的输出电路。

(3) 反馈通路。

2. 认知核心器件

(1) M65831 内部执行电路结构。

(2) M65831 延时执行引脚入、出属性及状态。

3. 区分配套器件

(1) 输入模/数转换电路的元器件。

(2) 输出数/模转换电路的元器件。

(3) 反馈通路的元器件。

9.3.2 确认元器件

(1) 用目测方法粗略判别元器件。

(2) 用万用表确认元器件功能及技术参数。

9.3.3 延时执行电路制作

1. 正面布局

根据装配图在万能表正面摆放元器件,注意摆放均匀。

2. 反面连线

根据布线图在万能板反面连线，注意焊接工艺。

3. 粘贴元器件符号

在万能表正面用不干胶在元器件附近粘贴元器件代号。

9.3.4　延时执行电路通电前测量

1. 粗略观察

粗略观察电路板正面元器件实物与标识是否相符，反面是否有漏焊或断线。

2. 细致检查

细致检查电路板正面元器件的规格、引脚和极性等摆放是否正确。

3. 用万用表测量

用万用表蜂鸣挡测量元器件之间连线是否可靠，不该连接的是否存在短路。

4. 调节反馈通路电阻值

调节电位器 RP_6，使 RP_6 与电阻器 R_{22} 串联在一起的总电阻值为 22kΩ 左右。

5. 测量对地电阻

用万用表电阻挡测量 M65831 各引脚对地电阻，将测量值填于表 9-3。

表 9-3　M65831 引脚对地电阻值测量记录

类　别	引脚序号										
	23	22	21	20	19	18	17	16	15	14	13
参考值/kΩ	>200	>200	>200	>200	3.3	>200	>200	>200	>200	>200	>200
测量值/kΩ											

9.3.5　延时执行电路通电后测量

1. 测量输入电流值

按照图 9-7 所示连接，测量延时控制电路输入电流值，将结果填于表 9-4。

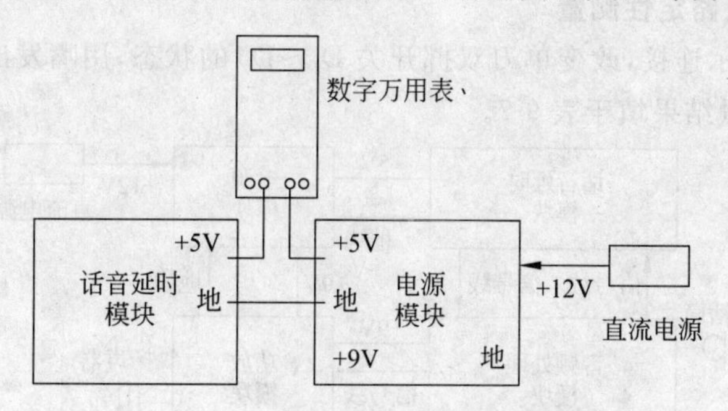

图 9-7　延时执行电路输入电流测量方法

表 9-4 延时执行电路输入电流测量记录

测量内容	参考值	测量值
话音延时模块输入电流	15mA	

2. 测量 M65831 工作电压

按照图 9-8 所示连接，将单刀双掷开关 S_5 拨向低电位(工作)，用万用表测量 M65831 各引脚电压，将测量值填于表 9-5。

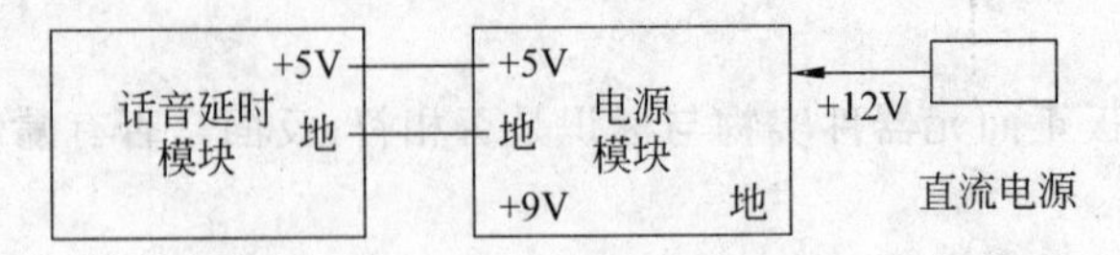

图 9-8 M65831 静态工作电压测量方法

表 9-5 M65831 静态工作电压测量记录(1)

类别	引脚序号										
	23	22	21	20	19	18	17	16	15	14	13
参考值/V	2.5	2.5	2.5	2.5	2.5	0.8	0.8	2.5	2.5	2.5	2.5
测量值/V											

按照图 9-8 所示连接，将单刀双掷开关 S_5 拨向高电位(休眠)，用万用表测量 M65831 各引脚电压，将测量值填于表 9-6。

表 9-6 M65831 静态工作电压测量记录(2)

类别	引脚序号										
	23	22	21	20	19	18	17	16	15	14	13
参考值/V	2.5	2.5	2.5	2.5	2.5	0.1	0.1	2.5	2.5	2.5	2.5
测量值/V											

从表 9-5 和表 9-6 所示数据可以验证，引脚 10 决定了 M65831 是否工作。引脚 10 为低电平时，引脚 18 和 17 的电压为正常工作状态；引脚 10 为高电平时，引脚 18 和 17 的电压为器件休眠状态。

3. 话音延时电路定性测量

按照图 9-9 所示连接，改变单刀双掷开关 $D_1 \sim D_5$ 的状态，用嘴发出声音，扬声器会产生混响效果，将测量结果填于表 9-7。

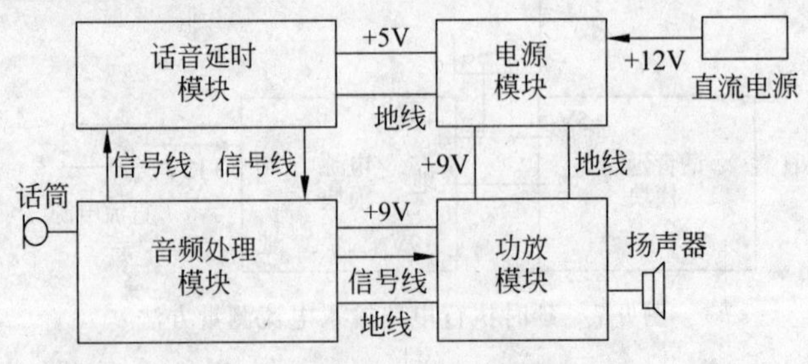

图 9-9 话音延时电路定性测量方法

表 9-7　话音延时电路定性测量记录

测量条件	$S_5=1$	$S_5=S_4=S_3=S_2=S_1=0$	$S_5=0, S_4=S_3=S_2=S_1=1$
参考结果	无混响	延时量很小	延时量很大
测量结果			

9.3.6　延时执行电路故障查询

延时执行电路常见故障及查询方法如表 9-8 所示。

表 9-8　延时执行电路常见故障及查询方法

序号	常见故障	查询方法
1	M65831 引脚 19 对地电阻不对	查 M65831 引脚 11 和 12 是否接地
2	M65831 引脚 18 和 17 电压不对	查 S_5 状态及输入、输出元器件
3	混响试音出现啸叫	查 RP_6 及 R_{22} 总电阻是否在 22kΩ 左右
4	混响试音出现啸叫	查话音放大电路放大量是否太大
5	无混响效果	查 M65831 引脚对地电阻
6	无混响效果	查 M65831 引脚静态工作电压
7	无混响效果	查 S_5 状态及输入、输出元器件
8	M65831 发烫	查 M65831 引脚对地电阻

9.4　任务评价

9.4.1　互动交流

互动交流是任务实施过程中的一个重要环节，通过讨论，发现并提出问题，在理论指导下，最后把问题解决。互动交流方式可以是小组与小组之间，也可以是全班性的。互动交流可以促进本次任务的完成。

围绕本次任务实施，为互动交流提出了如下问题。

(1) 延时执行电路中的 M65831 用到哪些引脚？

(2) 电容器 C_{23} 和 C_{35} 分别起什么作用？

(3) 低通滤波器的 2 只电容器的容量分别是多少？

(4) 积分器的电容器容量是多少？

(5) 本次任务使用的电容器有几种容量？

(6) 电容器 C_{28} 和 C_{36} 有何特色？

(7) 低通滤波器的 3 只电阻器的阻值分别是多少？

(8) 积分器的电阻器阻值是多少？

(9) 本次任务使用的电阻器有几种阻值？

(10) 电位器 RP_6 和电阻器 R_{22} 有何特色？

(11) M65831 基准电压引脚 19 有何特色？

(12) M65831 内部输入电路为什么有比较器？

(13) M65831内部输出电路为什么没有比较器?

(14) M65831内部电流控制电路有何作用?

(15) 为什么要把输出信号反馈到输入端?

9.4.2 完成任务评价表

本次任务既要重视制作,又要注意理论联系实际。任务实施要求掌握电路制作技巧,完成电路功能,测量电路技术参数。任务评价表对作品的完成和理论知识的消化都有一定要求,见表9-9。

表9-9 任务评价表

任务名称					
学生姓名		所在班级		学生学号	
实验场所		实施日期		指导教师	

1. 将延时控制电路制作的相关评价内容填于下表。

评价内容	自我评价	教师评价
完成进度		
作品外观		
作品正面		
作品反面		
出现事故		
互相帮助		
公益活动		

2. 根据M65831引脚注解,选择答案后填写下表。

类 别	引脚序号										
	23	22	21	20	19	18	17	16	15	14	13
低通滤波器入											
低通滤波器出											
积分器入											
积分器出											
基准电压滤波											
电流控制滤波											

3. 根据M65831话音延时量设置表,将单刀双掷开关设置后对应的延时时间填写于下表。

D_4	D_3	D_2	D_1	S_5	延时量
0	0	0	0	1	
1	1	1	1	1	
0	0	0	0	0	
1	1	1	1	0	

学生自评		教师评价		教师签名	

9.5　总结与提高

9.5.1　知识小结

通过本次任务实施，获取的知识点归纳于表 9-10。

表 9-10　本次任务知识点

序号	知识点
1	话音延时执行电路的核心器件是 M65831
2	M65831 的输入电路和输出电路分别解决模/数转换和数/模转换问题
3	M65831 内含低通滤波器和积分器，入、出电路对称性很强
4	M65831 还需要外接阻容器件才能完成上述功能
5	真正的混响效果通过调节反馈通路参数得以实现

9.5.2　知识拓展

1. 话音延时电路性能测试

按图 9-10 所示连接，对话音延时量进行定量测量。

信号源送出 50mV/1000Hz 信号至 C_{23}，从 C_{35} 取出信号。

将 S_1～S_4 接地或接电源，获得 16 种状态，观察示波器上两路信号的延时情况，结果应符合表 8-1 的要求。

2. 有源低通滤波器

低通滤波器是一种只允许低频信号通过，使高频信号受到较大幅度衰减的电路，是模/数转换的开始环节。电路可用无源器件（电阻、电容或电感）构成，也可以将无源器件接到集成运放（有源器件）的输入端，组成有源低通滤波器，如图 9-11 所示。

理想低通滤波器的幅频特性曲线为矩形，实际情况是：如果增加滤波器的阶数，可接近矩形。

无源低通滤波器的传输系数低（最大值为 1），带负载能力差，负载的变化会影响幅频特性中的截止频率和传输系数。

在有源低通滤波器中，集成运放起到隔离和放大的作用，提高了电路增益。集成运放输入电阻很高，对 RC 网络影响很小；但其输出电阻很低，带负载能力很强。

正因为有源低通滤波器的技术特色，使其在模拟电子电路中应用广泛。

话音延时电路中的有源低通滤波器在集成运放 M65831 内部，阻容器件在其外围，为低频信号提高传输路径，阻碍高频信号通过。

3. 积分器

积分器的输出电压正比于输入电压对时间的积分，是模/数转换的中间环节。积分运算的精度越高，模/数转换越准确。运算精度取决于电路的复杂程度，具体电路如图 9-12 所示。

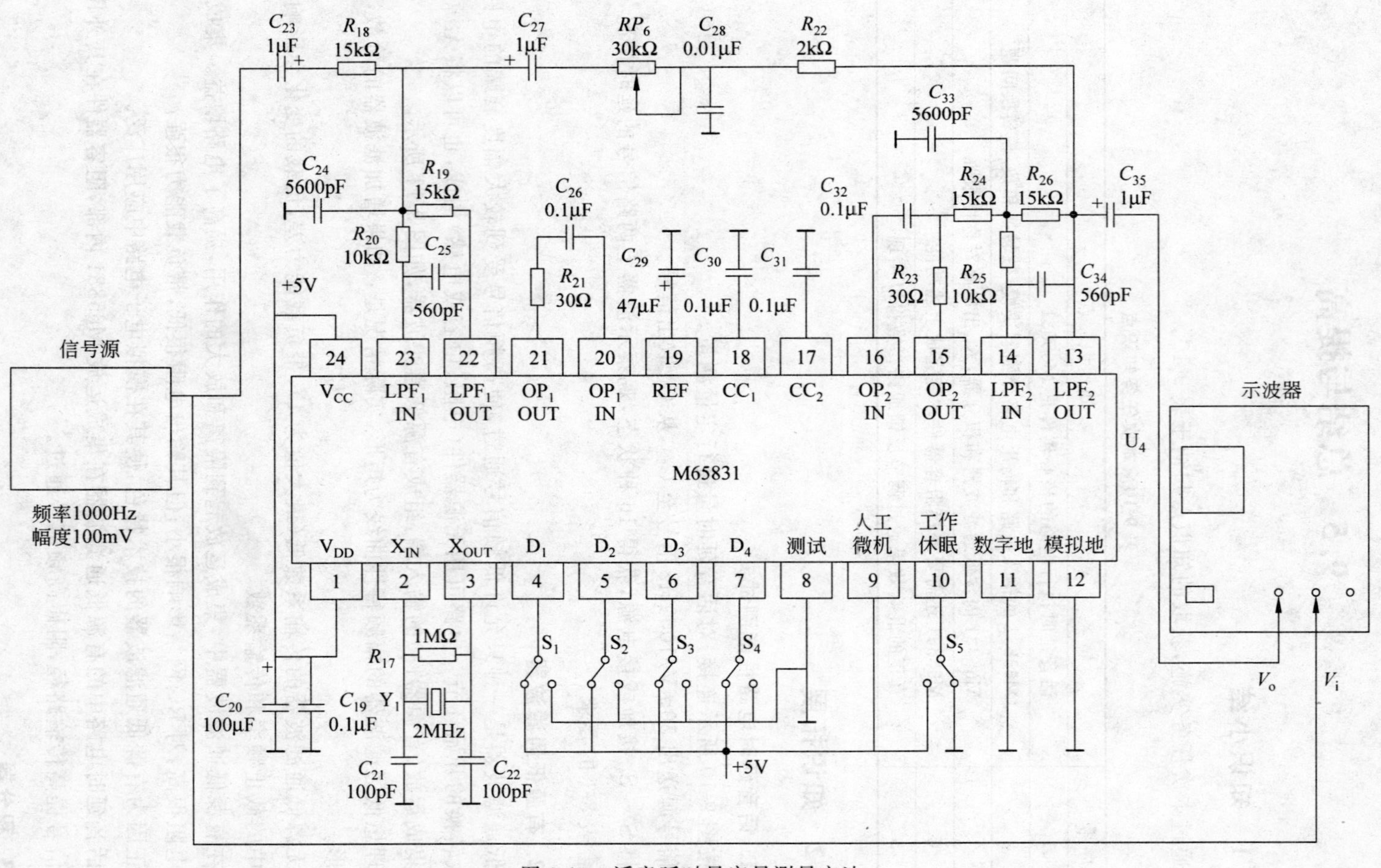

图 9-10 话音延时量定量测量方法

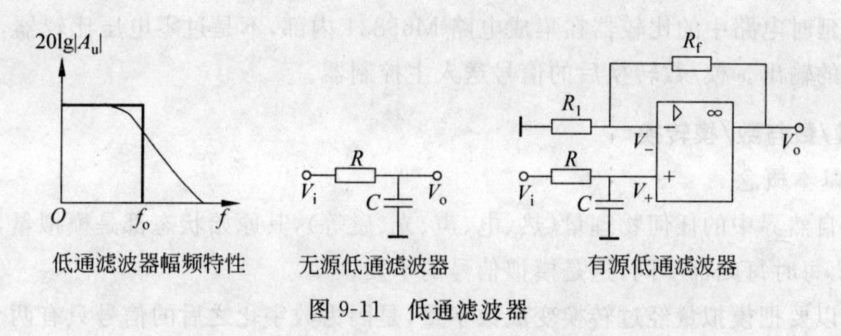

图 9-11　低通滤波器

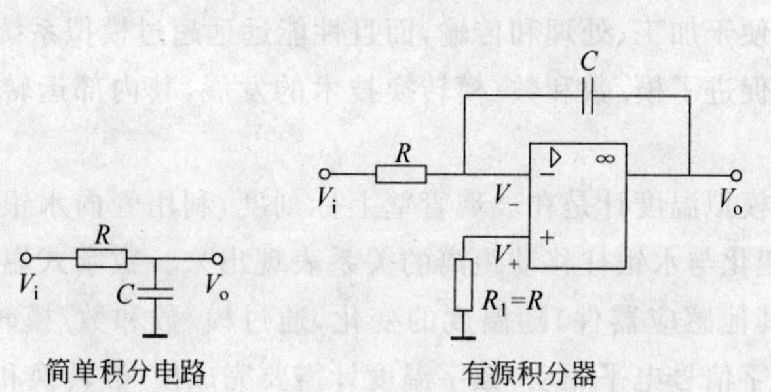

图 9-12　积分器

对于简单积分电路，只有当 V_i 远大于 V_o 时，$V_R \approx V_i$，V_o 才与 V_i 近似成积分关系。要提高运算精度，从输入/输出关系看，必须 V_i 远大于 V_o；从积分时间常数看，R 和 C 越大，V_o 越小。

对于有源积分器，同相输入端通过 R_1 接地，反相输入端相当于虚地，$i_c = i_R$，V_o 等于 V_i 的积分。在运算关系中，时间常数 RC 只是一个比例系数。输出信号 V_o 与输入信号 V_i 的大小无关，与简单积分电路相比，运算精度得到极大的提高。当 V_i 为常数时，V_o 与 V_i 呈线性关系。

话音延时电路中的积分器在集成运放 M65831 内部，阻容器件在其外围，将模拟量向数字量过渡。

4. 比较器

电压比较器是对输入信号进行鉴别与比较的电路，是模/数转换电路的最后环节。将模拟电压信号与一个参考电压比较，输出只有两种电位。当参考电压为零时，就是过零电压比较器，如图 9-13 所示。

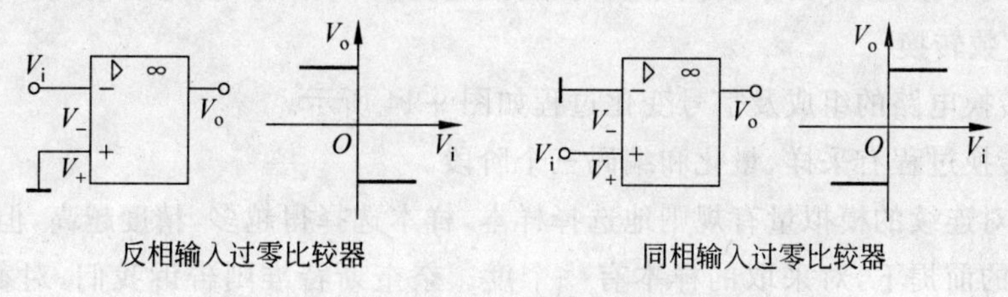

图 9-13　过零电压比较器

话音延时电路中的比较器在集成电路 M65831 内部，不是过零电压比较器，参考电压是积分器的输出。模/数转换后的信号送入主控制器。

5. 模/数与数/模转换

(1) 基本概念

对于自然界中的任何物理量(热、电、声、光、磁等)，其原始状态都是模拟量，在时间上连续变化，每时每刻都不同，这是模拟信号的本质。

之所以要把模拟量经过转换变成数字量，是因为数字化之后的信号只有两个状态(二进制)，这样的信号便于加工、处理和传输，而且性能远远超过模拟系统的方式。

计算机的诞生促进了模/数和数/模转换技术的发展，其内部运转和对外接口全部是数字方式。

数字化之前的模拟温度计是在玻璃管壁上标刻度，利用管内水银柱随温度上升而上升，直接把温度的变化与水银柱移动距离的关系表现出来。数字式温度计是利用热敏电阻阻值(也可以是其他感应器件)随温度的变化，通过模/数和数/模转换功能来实现的。由于显示屏依靠数字信号电平驱动，数字温度计需要完成模/数转换和数/模转换的过程。这是电子系统中模/数和数/模转换的一个简单例子。

从数字类仪表、家电到数字式自动控制设备、数字通信系统设备等，模/数与数/模转换都是其中的重要技术。

音响放大器中的话音延时功能就是先把模拟信号转变成数字信号，在主控制器的统一协调之下，送入存储器缓存，然后接受人工命令或微机命令，把数字信号转换为模拟信号，从而完成话音信号的延时功能。可以设想，没有这种模/数与数/模的转换技术，纯粹用模拟电路构成，体积会很大，效果会很差。

采用模/数和数/模转换技术带来的好处不用怀疑，但需要付出代价。

模拟信号数字化之后，基带信号的带宽增加很多。以普通话音为例，模拟话音带宽不到 4kHz，而数字话音为 64Kbps。虽然可以采用各种方式进行压缩，但还是受到失真度的制约，否则信号还原之后与原来的模拟信号相比差别太大。模/数和数/模转换增加了系统的复杂性，除技术难度之外，还要考虑经济成本。这样就能解释，直到今天还有一些电子终端产品(如电视机)不能完全做到数字式。

尽管模/数转换(ADC)和数/模转换(DAC)的技术方法不同，但有很多共性，表现在两者的目标是一致的，都要求转换精度高、转换速度快、工作稳定、电能消耗少。

(2) 模/数转换

模/数转换电路的组成及信号变化过程如图 9-14 所示。

模/数转换过程有采样、量化和编码三个阶段。

采样是对连续的模拟量有规则地选择样本，样本选择得越多，精度越高，但成本也高；在保证实用的前提下，对采取的样本有一个度。奈奎斯特准则告诉我们，对截止频率为 f_M 的基带信号，用 $2f_M$ 频率采样以后，信号可以不失真地被还原。采样之后，模拟量从连续形式变成断续形式。图 9-14 所示输入信号共采了 13 个样本。

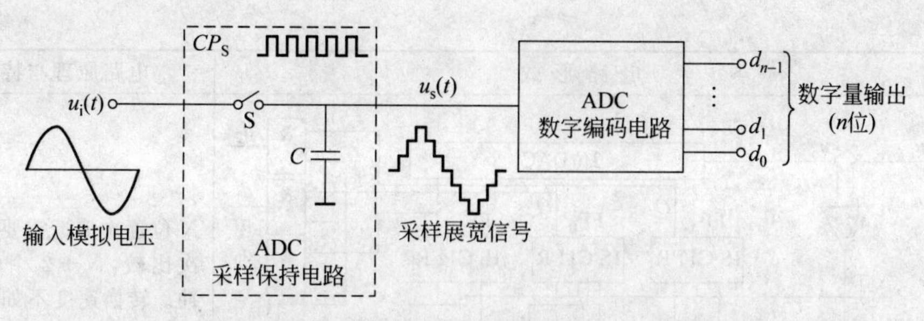

图 9-14　模/数转换电路的组成及信号变化过程

量化是将模拟量断续之后的电平按照一定的规则重新赋值，使在赋值上、下的电平“四舍五入地”归入赋值电平。图 9-14 所示输入信号经量化之后，赋值电平共有 7 种。经过采样和量化过程，模拟量发生了一些变化，从原来连续的任意的值变成了断续的少数几个值。量化过程中的四舍五入会造成量化失真。在保证实用的前提下，允许一定的量化失真，这是今天数字技术得以发展的基础。

量化过程只是把模拟量离散化，赋值电平本质上还是模拟量。将赋值电平编码之后，才真正使模拟信号数字化，模拟量变成了数字量。模/数转换过程中有很多种编码规则和方法，目的只有一个，就是可操作性强，电路成本低。例如，话音信号采用 8000Hz 采样，量化电平 256 种，用 8 位二进制数编码。

常见模/数转换的电路形式包括并联比较型、逐次逼近型和双积分型等，如表 9-11 所示。

表 9-11　常见模/数转换电路形式

类型	电路形式	电路原理与特点
并联比较型	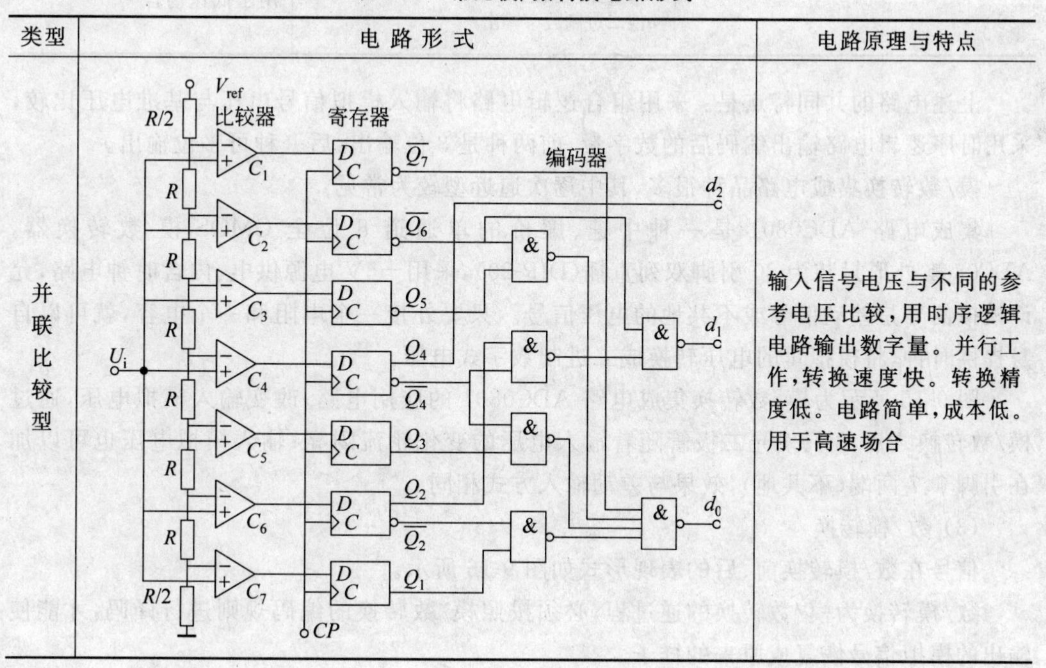	输入信号电压与不同的参考电压比较，用时序逻辑电路输出数字量。并行工作，转换速度快。转换精度低。电路简单，成本低。用于高速场合

续表

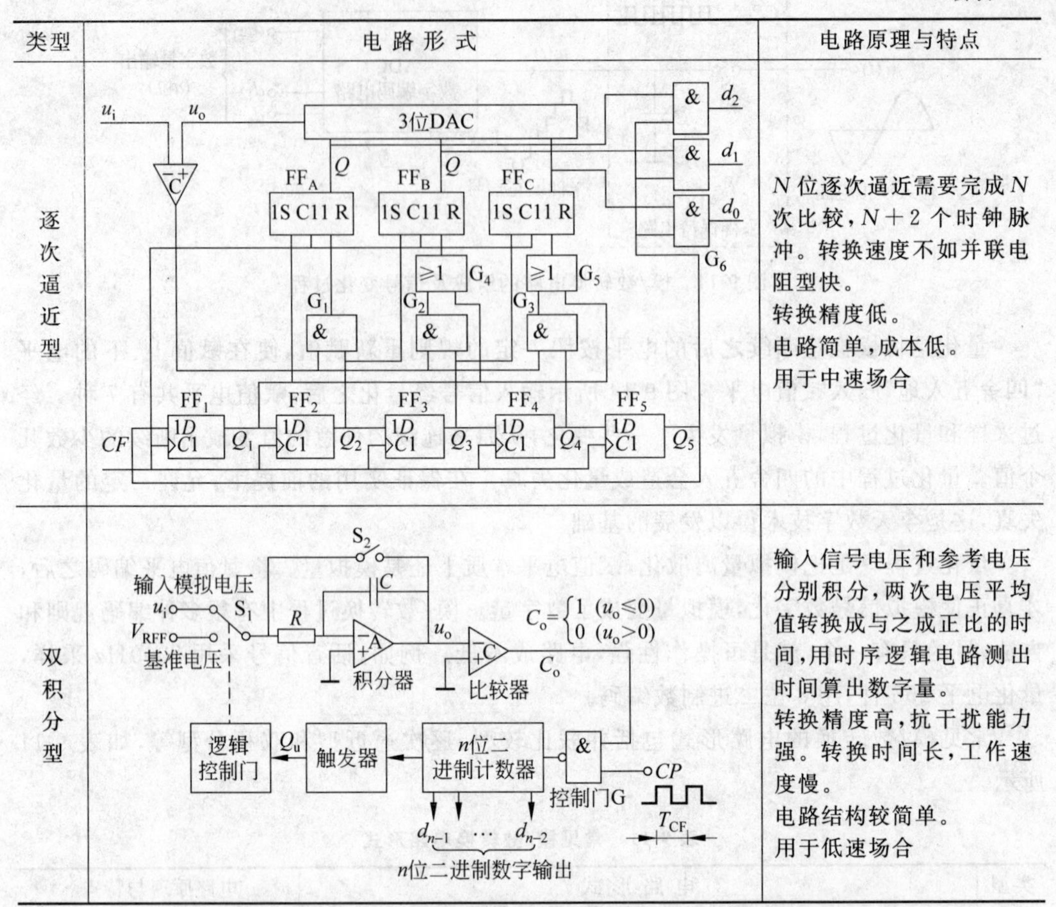

类型	电路形式	电路原理与特点
逐次逼近型		N位逐次逼近需要完成N次比较，N＋2个时钟脉冲。转换速度不如并联电阻型快。 转换精度低。 电路简单，成本低。 用于中速场合
双积分型		输入信号电压和参考电压分别积分，两次电压平均值转换成与之成正比的时间，用时序逻辑电路测出时间算出数字量。 转换精度高，抗干扰能力强。转换时间长，工作速度慢。 电路结构较简单。 用于低速场合

上述电路的共同特点是：采用组合逻辑电路将输入模拟信号电压与基准电压比较，采用时序逻辑电路输出编码后的数字量，前两种是3位输出，后一种可多位输出。

模/数转换集成电路品种很多，其中逐次逼近型较为常见。

集成电路ADC0801是一种中速、廉价的单通道8位全CMOS模/数转换器。ADC0801外形封装为20引脚双列直插(DIP-20)，采用＋5V电源供电，内含时钟电路，允许模拟信号是差动信号或不共地的电压信号。只要外接一个电阻和一个电容，就可以自身提供时钟，将模拟量的电压转换成二进制数字式电压。

图9-15所示为模/数转换集成电路ADC0801的应用电路，改变输入模拟电压，通过模/数转换之后，8只发光二极管随着输入电压的变化轮流闪亮；输入模拟电压也可以加在引脚6、7两端(不共地)，效果与差动输入方式相同。

(3) 数/模转换

信号在数/模转换前、后的表现形式如图9-16所示。

数/模转换为模/数转换的逆过程，必须按照模/数转换的编码规则进行译码，才能使输出的模拟信号恢复成原来的样子。

数/模转换的基本原理是将每一位二进制代码按照权(2的幂次)的大小转换成相应

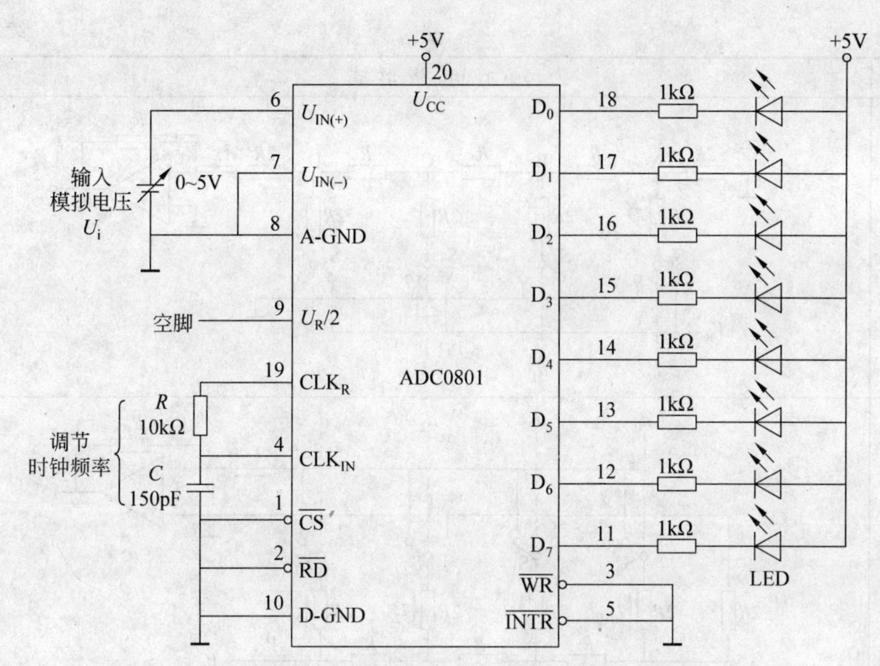

图 9-15　模/数转换集成电路 ADC0801 应用电路

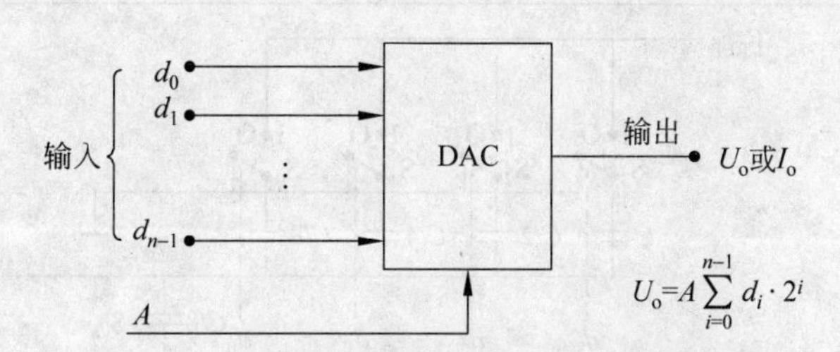

图 9-16　信号在数/模转换前后的表现形式

的模拟量，然后将代表各位的模拟量相加，得到的总模拟量就与数字量成正比。

数/模转换电路的组成包括电阻网络、电子开关和求和电路。

根据网络采用的元器件属性，数/模转换电路分为权电阻网络和权电容网络；根据元器件连接方式又分为 T 型网络(R-2R 型)和倒 T 型网络。各种网络电路形式如表 9-12 所示。

表 9-12　各种网络电路形式

类型	电路形式
权电阻网络	$+V_{REF}$　I_{REF}　R I_3　$2R$ I_2　$4R$ I_1　$8R$ I_0　S_3　S_2　S_1　S_0　i　i_F　R_F　u_o　d_3　d_2　d_1　d_0

续表

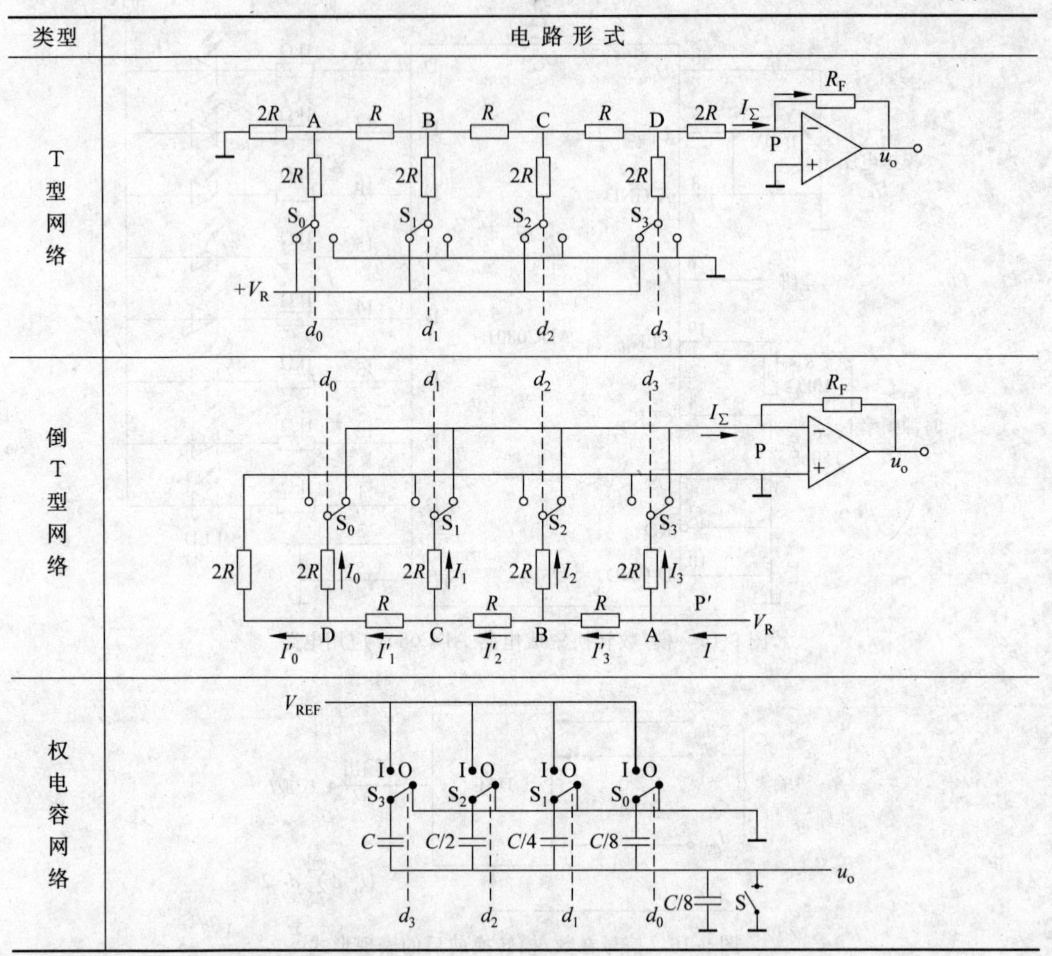

数/模转换集成电路一般都是将电子开关和电阻网络做在一起，外接参考电压和运算放大器，传统芯片多为并行输入，近年来已开发出串行输入方式。

图 9-17 所示为传统方式的数/模转换集成电路 DAC0808 引脚及应用电路。

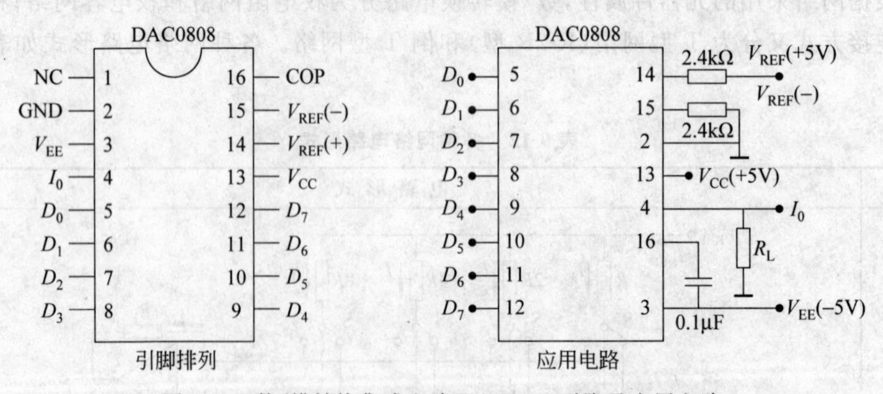

图 9-17 数/模转换集成电路 DAC0808 引脚及应用电路

综合上述数/模转换和模/数转换的介绍，回顾集成电路 M65831 的功能方框图如图 9-18 所示。

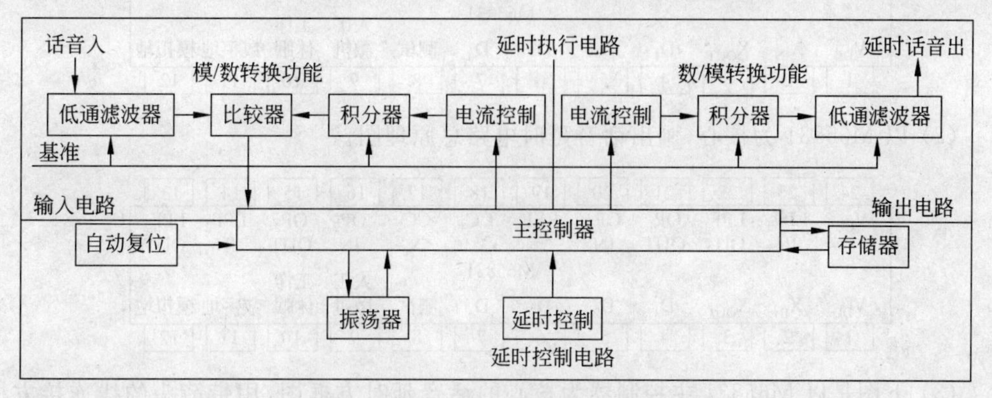

图 9-18　集成电路 M65831 的功能方框图

9.6　巩固与练习

1. 填空题

(1) 延时执行电路中两个耦合电容器的容量是(　　)。

(2) 在延时执行电路中滤除高频杂波的电容器容量是(　　)。

(3) 低通滤波器中的电容器容量是(　　)。

(4) 低通滤波器中的电阻器阻值为(　　)。

(5) 积分器中的电阻器为(　　)。

2. 判断题

(1) 延时执行电路中的每个元器件都不能省略。(　　)

(2) 延时执行电路中没有用到电位器。(　　)

(3) 延时执行电路中没有用到单刀双掷开关。(　　)

(4) 集成电路 M65831 内含模/数和数/模转换功能。(　　)

(5) 延时执行电路内含低通滤波器和积分器。(　　)

3. 简答题

(1) 简述音响放大器延时执行电路总体功能。

(2) 简述延时执行电路输入/输出功能。

(3) 简述延时执行电路低通滤波功能。

(4) 简述延时执行电路积分功能。

(5) 简述延时执行电路反馈通道功能。

4. 填图题

(1) 填写 M65831 延时执行功能引脚的中文名称。

24	23	22	21	20	19	18	17	16	15	14	13	
V_{CC}	LPF_1 IN	LPF_1 OUT	OP_1 OUT	OP_1 IN	REF	CC_1	CC_2	OP_2 IN	OP_2 OUT	LPF_2 IN	LPF_2 OUT	U_4
					M65831							
V_{DD}	X_{IN}	X_{OUT}	D_1	D_2	D_3	D_4	测试	人工微机	工作休眠	数字地	模拟地	
1	2	3	4	5	6	7	8	9	10	11	12	

（2）以 M65831 为核心，画出话音延时电路总原理图。

24	23	22	21	20	19	18	17	16	15	14	13	
V_{CC}	LPF_1 IN	LPF_1 OUT	OP_1 OUT	OP_1 IN	REF	CC_1	CC_2	OP_2 IN	OP_2 OUT	LPF_2 IN	LPF_2 OUT	U_4
					M65831							
V_{DD}	X_{IN}	X_{OUT}	D_1	D_2	D_3	D_4	测试	人工微机	工作休眠	数字地	模拟地	
1	2	3	4	5	6	7	8	9	10	11	12	

（3）下图是以 M65831 主控制器为核心的话音延时方框图，用带箭头的线连接方框之间的关系。

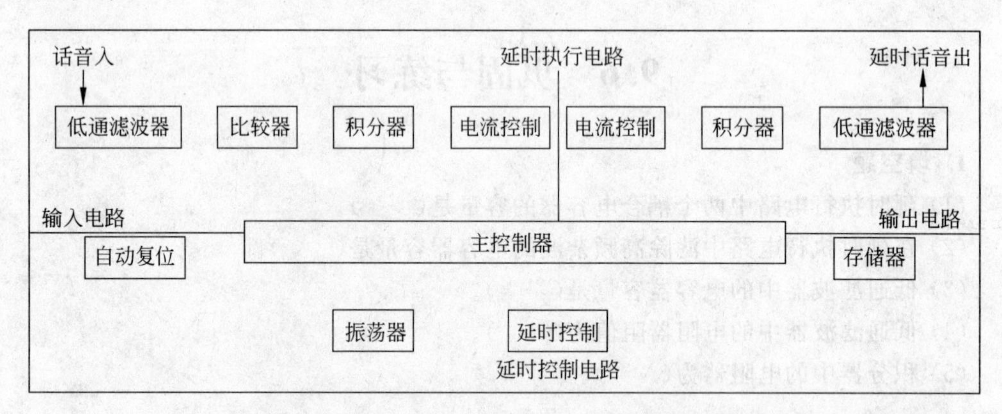

（4）下图是以 M65831 为核心的话音延时执行电路方框图，填写内部元器件序号。

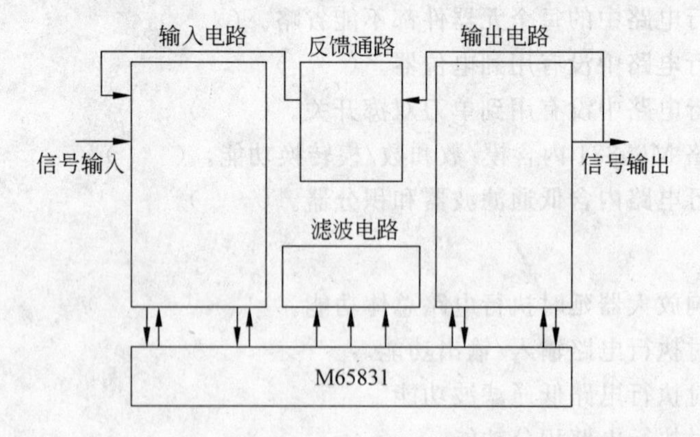

第十单元

音响放大器的总装与调测

10.1 任务情境

学习引导

任务情境让你首先回顾前七次任务实施的制作成果，引出任务内容：将4个模块组成一体，进行音响放大器的总装与调测，完成总体功能；最后为你制定了一个可完成的任务要求和目标。

任务名称	音响放大器的总装与调测

任务内容

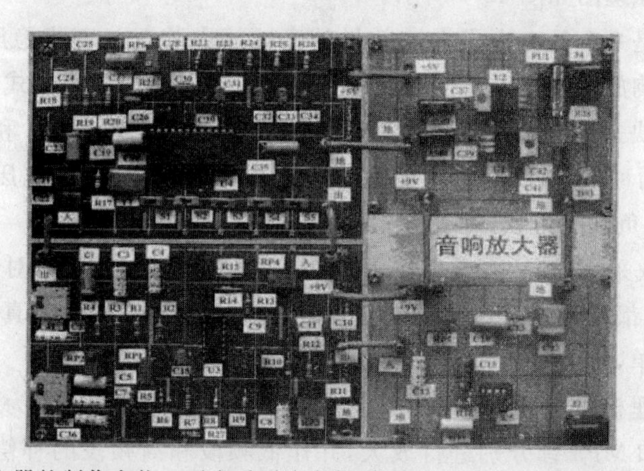

上图是音响放大器的制作实物。再次看到该实物，你不会陌生，而是有一种亲切感。因为通过前七个单元的任务实施，4个模块已经完成，音响放大器制作进入总装、调测阶段，音响放大器的总体效果即将呈现。

总装、调测是全局性的，模块之间相互影响较大。为保证整机的总体效果，除确认模块功能无误之外，还需在理论指导下，兼顾统调，使整机各项技术指标符合要求。

任务实施之前，需要学习任务资讯的相关知识，尤其是原理图；任务实施过程中，会暴露原来模块的一些问题，影响制作进度，需要认真对待和处理，以保证整机功能达到要求。

"知识拓展"中的某些内容或许对完成总装任务有帮助。

续表

任务要求
1. 学习和消化“任务资讯”提供的相关知识，用以指导实际训练。 2. 完成“任务实施”的各项步骤，熟练掌握音响放大器总装与调测方法。 3. 开展互动交流活动，并完成任务评价表。 4. 浏览“总结与提高”相关内容，总结并拓展在任务实施过程中学到的知识。 5. 课余时间继续完成“巩固与练习”中的相关习题，加深所学知识的印象。
任务目标
1. 知识目标：结合音响放大器中的知识点，对模拟电子技术的相关内容进行全面的回顾和总结。 2. 技能目标：通过音响放大器的总装与调测，习惯用原理图分析问题，用其他图完成制作。 3. 素质目标：掌握了一定的模拟电子技术，对数字电子技术开始产生兴趣。

10.2 任务资讯

学习引导

音响放大器的总装与调测是全局性的，模块之间相互影响较大。根据所给的任务，你还是要认真学习原理图，归纳知识点。在其他资讯的帮助下，完成总装和调测任务。

10.2.1 音响放大器的工作原理

音响放大器原理图如图 10-1 所示。

音响放大器是一个具有电子混响效果的音频放大装置。直流稳压电源、话筒、MP3 和扬声器属于音响放大器外围部件。制作音响放大器采用分模块方式。

(1) 电源模块采用直流电源(＋12V)供电，以集成电路 7809 和 7805 为核心，产生＋9V 和＋5V两种电压，供其他模块使用。电源模块要求对输入电压变化的范围宽，输出电压纹波小，带负载能力强，有工作显示和过载保护等辅助功能。

(2) 功放模块采用＋9V 电压工作，以集成电路 LM386 为核心，对音频信号进行功率放大(电压和电流都需要放大)，保证足够的推动能力，使扬声器不失真地发出响声。功放模块要求调整简单，带负载能力强，静态噪声小。

(3) 音频处理模块采用＋9V 电压工作，以集成电路 LM324 为核心，将直达话筒音、延时话筒音和 MP3 音分别进行放大，并作低频段和高频段的补偿，使音频信号的各个频率分量符合要求。音频处理模块要求调整简单，静态噪声小，电路不会发生自激啸叫。

(4) 话音延时模块采用＋5V 电压工作，以集成电路 M65831 为核心，将话筒音进行延时控制和处理后，再进入音频处理模块，会同直达话音和 MP3 音一起，完成后续放大。话音延时模块要求调整简单，不会对话筒音造成干扰，混响效果明显。

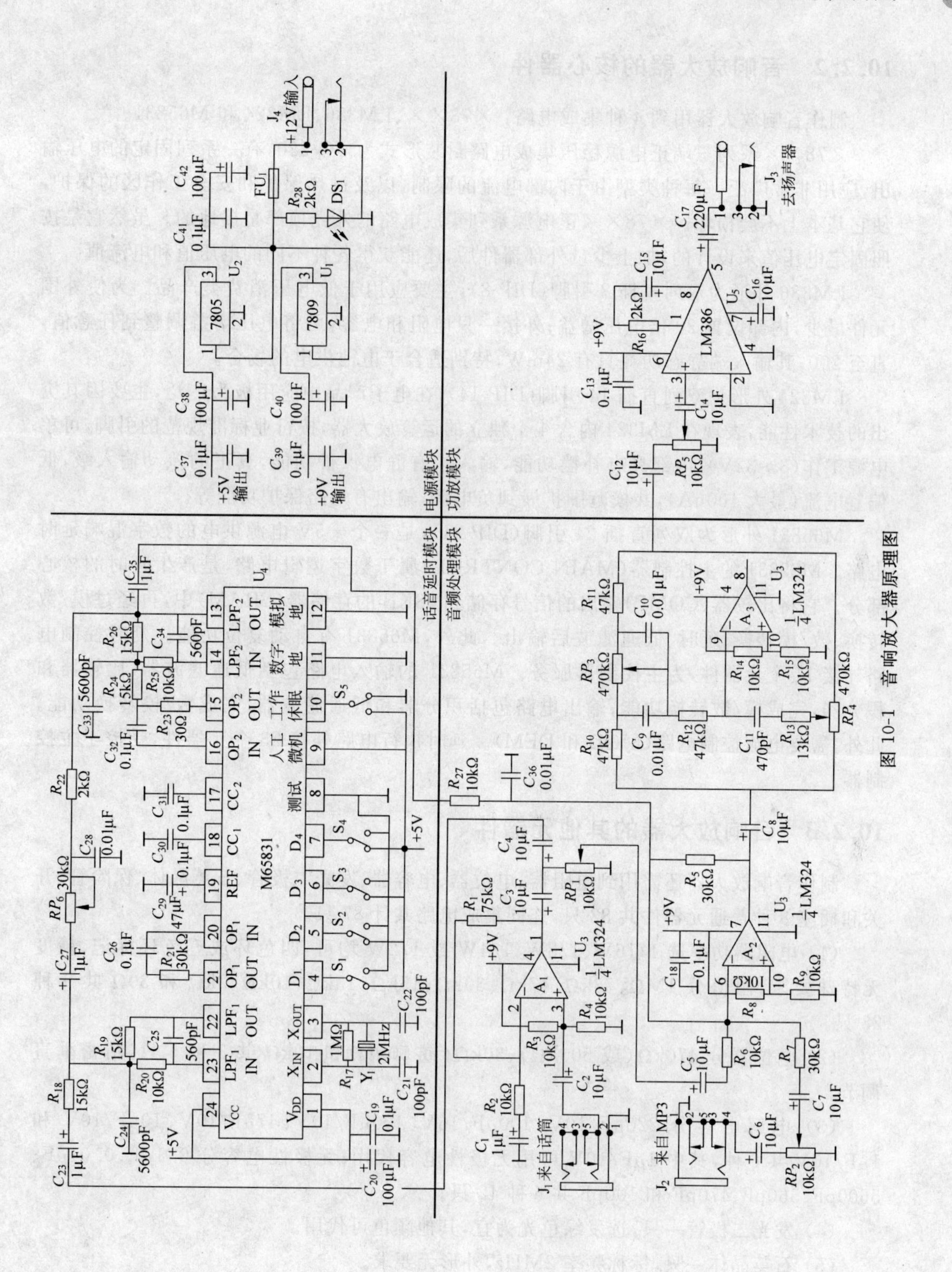

图 10-1　音响放大器原理图

10.2.2 音响放大器的核心器件

制作音响放大器用到4种集成电路：×78××、LM386、LM324和M65831。

×78××系列三端正电源稳压集成电路封装形式为TO-220，有一系列固定的电压输出，应用非常广泛。每种类型由于内部电流的限制，以及过热保护和安全工作区的保护，使它基本上不会损坏。×78××正电源系列集成电路的外壳顶部是接地的。虽然它是按照固定电压值来设计的，加上少量外部器件后，还能获得各种不同的电压值和电流值。

LM386外形为双列直插8引脚(DIP-8)，主要应用于低电压消费类产品。为使外围元件最少，内部设置20倍电压增益；外接一只电阻和电容，可将电压增益调整到任意值，直至200；其输入端静态功耗只有24mW，特别适合于电池供电的场合。

LM324外形为双列直插14引脚(DIP-14)，在电子产品中应用极为广泛，主要因其突出的技术性能，表现在LM324内含4个独立的运算放大器，按行业标准规范的引脚，可单电源工作(3～32V)，内部具有补偿功能，输入端有静电保护功能，真正的差动输入级，低偏置电流(最大100nA)，共模范围扩展到负电源，输出有短路保护功能等。

M65831外形为双列直插24引脚(DIP-24)，是一个+5V电源供电的数字混响延时电路。M65831的主控制器(MAIN CONTROL)属于数字逻辑电路，是产生延时的核心部分。它将比较器(COMP)输出的信号存储到48KB的存储器(SRAM)中，再经过模/数转换、数/模转换、延时、低通滤波后输出。此外，M65831有自动复位功能。延时控制电路外接11个元器件，为主控制器服务。M65831的输入电路包括低通滤波器、比较器和积分器，完成模/数转换功能；输出电路包括积分器和低通滤波器，完成数/模转换功能。此外，需要电流控制电路(MOD和DEM)。延时执行电路外接23个元器件，受控于主控制器。

10.2.3 音响放大器的其他元器件

制作音响放大器还需用到电阻器、电位器、电容器、发光二极管、石英晶体、保险管、开关和插座8种普通元器件共82只，连同集成电路共计87只。

(1) 电阻器功率选1/16W、1/8W、1/4W或1/2W均可，四色环或五色环标记，精度无特殊要求；阻值分1MΩ、75kΩ、47kΩ、30kΩ、15kΩ、13kΩ、10kΩ、2kΩ和30Ω共9种28只。

(2) 电位器分470kΩ(或500kΩ)、30kΩ(或50kΩ)和10kΩ共3种6只，精密垂直调节。

(3) 电解电容分220μF/10V、100μF/16V、100μF/10V、47μF/10V、10μF/10V和1μF/10V共6种，其中1μF/10V可用无极性电容代用；无极性电容分0.1μF、0.01μF、5600pF、560pF、470pF和100pF共6种42只。

(4) 发光二极管一只，选发绿色光为宜，其他颜色可代用。

(5) 石英晶体一只，标称频率2MHz，外形无要求。

(6) 保险管一只，选用支架安装方式，以便更换，额定电流0.5A。

(7) 开关选用小型单刀双掷开关5只，也可用插针和插针帽代替，额定电流0.1A。

(8) 插座选用外径 $\phi 6$ 直流电源插座 2 只，水平插入方式；选用外径 $\phi 3.5$ 双声道插座 2 只，水平扁平和垂直扁平两种各有利弊，均为水平插入方式。

(9) 制作音响放大器的辅助材料还包括双列直插 DIP-8、DIP-14 和 DIP-24 插座各 1 个，接线柱 18 个，电路板紧固螺钉 16 个。

(10) 万能电路板 4 块，分两种尺寸：9cm×7cm 和 12cm×8cm。

10.2.4　音响放大器总装的准备工作

音响放大器总装的准备工作包括模块性能确认、模块安装、连线制作和模块连接。

(1) 模块性能确认本质上是对前几次任务实施的验收，包括目测、通电前测量关键引脚对地电阻、通电后测量静态电流和电压，还包括一些简单技术指标的定性测量。

(2) 模块安装是指将电路板的 4 角用螺钉紧固在一块硬纸板上，共需固定 16 处。

(3) 连线制作是指将两个跳针帽用导线连接起来，作为连线用，共需 9 条连线。

(4) 模块连接就是 9 条连线的插入。

至此，音响放大器总装准备就绪。

10.2.5　音响放大器的总装图

把上述相关文字描述图形化，就是图 10-2 所示的总装图。

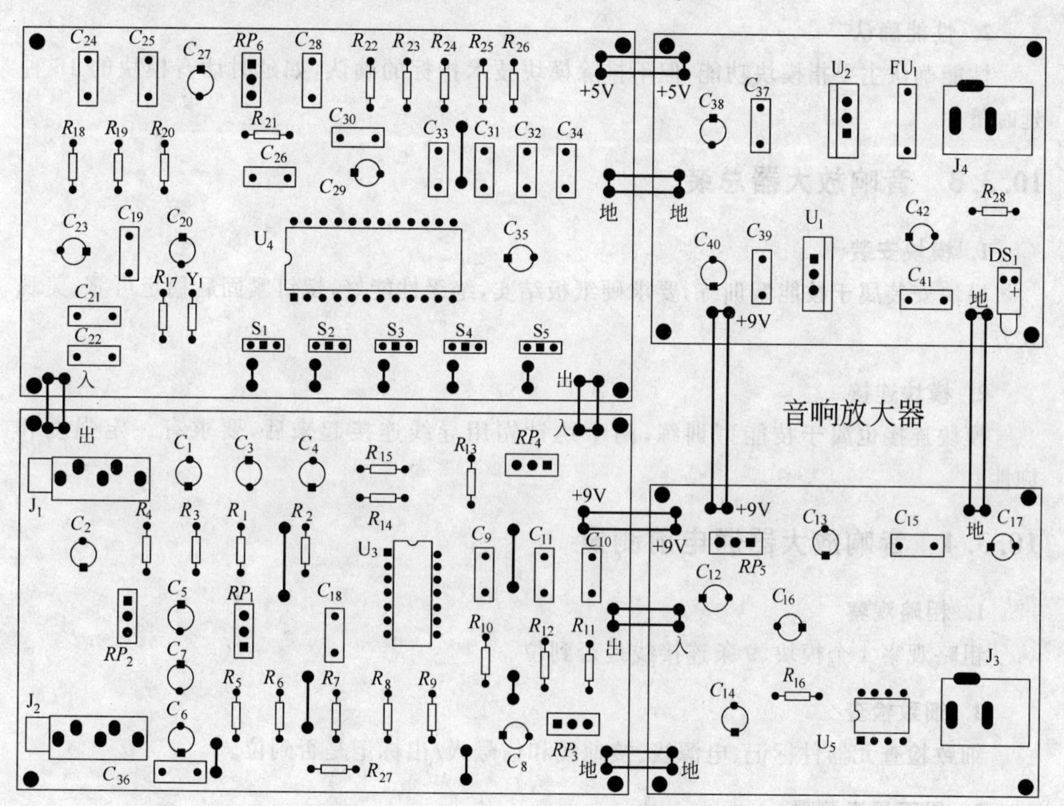

图 10-2　音响放大器总装图

10.3 任务实施

10.3.1 回顾原理图

1. 原理图模块分割原则

将原理图中的某些功能电路在集成度较高的元器件支持下进行归并，把复杂问题简单化。

2. 模块布局原则

模块之间的布局原则上要求连线尽可能少、尽可能短，以减小信号相互之间的干扰。

3. 元器件选用原则

选用元器件的原则是市面容易购买，品种不宜太多，代用方式灵活。

10.3.2 确认模块

1. 数量确认

数量确认主要针对模块数量，但不排除模块内部还存在漏装部分，如接线柱。

2. 性能确认

性能确认主要指模块功能，但不排除模块技术指标的确认，如延时话音模块的16种延时量。

10.3.3 音响放大器总装

1. 模块安装

模块安装属于技能型训练，要求硬纸板结实，绝缘性能好，螺钉紧固后稳定可靠，美观大方。

2. 模块连接

模块连接也属于技能型训练，两个跳针帽用导线连接起来后，要求有一定强度和韧性。

10.3.4 音响放大器通电前测量

1. 粗略观察

粗略观察4个模块、9条连接线是否到位。

2. 细致检查

细致检查元器件标记、电源线、接地线和信号入/出标记是否到位。

3. 用万用表测量

用万用表蜂鸣挡测量模块之间的连接线是否可靠，是否存在短路。

4. 测量对地电阻

用万用表电阻挡测量关键点对地电阻，将测量值填于表 10-1。

表 10-1　音响放大器关键点对地电阻记录

关键点	+12V	+9V	+5V
参考值/kΩ	≥200	4.06	2.23
测量值/kΩ			

10.3.5　音响放大器通电后测量

1. 测量静态电流

用万用表电流挡测量关键点电流，将测量值填于表 10-2。

表 10-2　音响放大器关键点电流测量记录

关键点	+12V(对整机)	+9V(对功放)	+9V(对音频)	+5V(对延时)
测量方法	断开保险管	断开功放模块电源	断开音频处理模块电源	断开话音延时模块电源
参考值/mA	33	2.2	2.2	14
测量值/mA				

2. 测量静态电压

用万用表电压挡测量关键点电压，将测量值填于表 10-3。

表 10-3　音响放大器关键点电压测量记录

关键点	+12V(对整机)	+9V(对功放)	+9V(对音频)	+5V(对延时)
参考值/V	11.95	8.95	8.95	4.95
测量值/V				

3. 测量音响效果

将外围部件(直流稳压电源、话筒、MP3 和扬声器)接入，按表 10-4 所示条件操作，将测量结果填于表 10-4。

表 10-4　音响放大器音响效果测量记录

测 量 条 件	参考结果	测量结果
$S_5=1$，MP3 插入 MP3 插座，播放音乐，扬声器传声正常，RP_2 和 RP_5 能调节音量	符合	
$S_5=1$，MP3 插入 MP3 插座，播放音乐，扬声器传声正常，RP_3 和 RP_4 能调节低频段和高频段音量	符合	
$S_5=1$，话筒插入话筒插座，播放话音，扬声器传声正常，RP_1 能调节音量	符合	
$S_5=1$，MP3 插入话筒插座，播放音乐，扬声器传声特别大	符合	
$S_1 \sim S_5=0$，话筒插入话筒插座，播放话音，延时量很小	符合	

续表

测量条件	参考结果	测量结果
$S_1 \sim S_4 = 1$，$S_5 = 0$，话筒插入话筒插座，播放话音，延时量很大，RP_6 能调节回响效果	符合	
$S_1 \sim S_4 = 1$，$S_5 = 0$，话筒插入话筒插座，MP3 插入 MP3 插座，播放 MP3 伴奏音，用话筒伴唱，卡拉 OK 效果明显	符合	

10.3.6 音响放大器故障查询

音响放大器常见故障及查询方法如表 10-5 所示。

表 10-5 音响放大器常见故障及查询方法

序号	常见故障	查询方法
1	开机烧保险管	查＋12V、＋9V、＋5V 对地电阻
2	不能播放 MP3 音	查 LM324 引脚 5、6、7 及后续电路
3	不能播放话筒音	查 LM324 引脚 1、2、3 及后续电路
4	调 RP_6 不能改变回响时间	查 M65831 引脚及其周边
5	调 RP_5 不能改变输出音量	查 LM386 引脚及其周边
6	调 RP_4 或 RP_3 不能改变音调	查 LM324 引脚 8、9、10 及其周边
7	调 RP_2 不能改变音量	查 LM324 引脚 5、6、7 及其周边
8	调 RP_1 不能改变音量	查 LM324 引脚 1、2、3 及其周边

10.4 任务评价

10.4.1 互动交流

互动交流是任务实施过程中的一个重要环节，通过讨论，发现并提出问题，在理论指导下，最后把问题解决。互动交流方式可以是小组与小组之间，也可以是全班性的。互动交流可以促进本次任务的完成。

围绕本次任务实施，为互动交流提出了如下问题。

(1) 音响放大器中，离输入电源＋12V 最远的元器件是哪些？

(2) 音响放大器中，最小电阻值和最大电阻值是多少？

(3) 10kΩ 电阻器集中在哪个模块？

(4) 音响放大器中，哪只电位器只用了两只引脚？

(5) 使用电阻器最多的是哪个模块？

(6) 音响放大器中，哪些电容器是起滤波作用的？

(7) 音响放大器中，哪些电容器是起信号耦合作用的？

(8) 极性电容器是否只能用来滤波？

(9) 无极性电容器是否只能用来耦合信号？

(10) 能否找到容量最大的那只电容器？

(11) 音响放大器中，晶振在哪个模块？

(12) 音响放大器中，发光二极管在哪个模块？

(13) 音响放大器+9V 对地电阻为什么是 4.06kΩ？

(14) 音响放大器+5V 对地电阻为什么是 2.23kΩ？

(15) 查看表 10-2，入、出电流之差消耗在哪里了？

10.4.2　完成任务评价表

本次任务是音响放大器制作的总结阶段，任务实施要求掌握电路制作技巧，完成电路功能，测量电路技术指标。任务评价表对作品的完成和理论知识的消化都有一定要求，见表 10-6。

表 10-6　任务评价表

任务名称					
学生姓名		所在班级		学生学号	
实验场所		实施日期		指导教师	

1. 将音响放大器制作的相关评价内容填于下表。

评价内容	自我评价	教师评价
完成进度		
作品外观		
作品正面		
作品反面		
出现事故		
互相帮助		
公益活动		

2. 将音响放大器各个模块内部元器件符号填于下表。

模　块	有源器件	无 源 器 件
电源模块		
功放模块		
音频处理模块		
话音延时模块		

3. 用 50～100 个字描述音响放大器的性能特点。

学生自评		教师评价		教师签名	

10.5 总结与提高

10.5.1 知识小结

通过本次任务实施，获取的知识点归纳于表 10-7。

表 10-7 本次任务知识点

序号	知 识 点
1	确保模块性能是整机总装成功的保证
2	外观检查是整机统调的首要环节，不要急于求成
3	通电前的对地电阻值检查有一定的技巧，依赖于原理图
4	通电后必须测量静态电流和静态电压，必须保证静态工作正常
5	功能性动态测量需要配齐外围部件，由简到繁逐步进行
6	指标性动态测量需要配备仪器仪表，必须认真仔细，爱护公共财物

10.5.2 知识拓展

1. 电子装配工艺常见错误及改正方法

(1) 目测错误

① 色环电阻读错，造成用错。

② 极性电容器没有注意到"—"标记，造成安装错误。

③ 二极管没有注意到"—"标记，造成安装错误。

④ 集成电路没有注意到引脚"1"，造成安装错误；更换集成电路时把引脚损坏。

需要继续训练元器件目测方法，熟练掌握。

(2) 焊接错误

① 焊接有极性元器件时，极性焊错。

② 电烙铁停留时间过长，造成焊盘脱落或元器件损坏。

③ 应该连接的有虚焊，不该连接的有短路。

需要继续训练读图和焊接技术，熟练掌握。

(3) 排查错误

① 没有按照原理图，对电路板逐个检查元器件连接情况。

② 缺乏耐心，不能坚持到底。

需要继续提高对原理图的认识，培养职业兴趣。

2. 电子电路故障排查技巧

(1) 分段法

分段法多用于排查连线故障。当故障出现在串联性部位时，可用分段法排除，如图 10-3 所示。

图中，某串联性部位出现对地短路，与其关联的 8 个点均有可能造成。可在"D"和

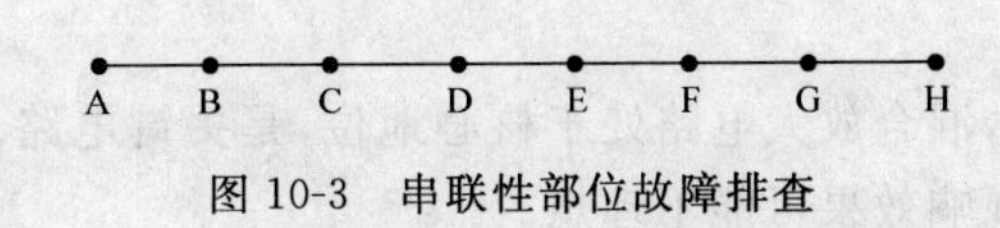

图 10-3　串联性部位故障排查

“E”切断，使故障部位缩小一半，以此类推，排查时间较短。

(2) 替换法

替换法多用于排查元器件故障，包括元器件用错、失效，特别是用插座支持的集成电路，更换集成电路很方便。但需要从集成电路两头用“一字批”轻轻翘出，否则容易造成引脚损坏。操作示意如图 10-4 所示。

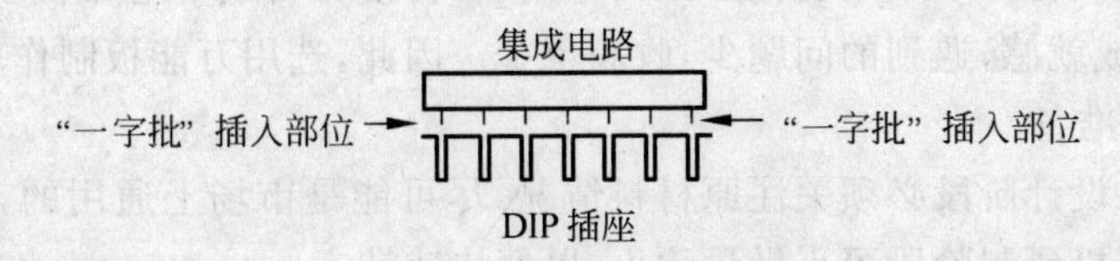

图 10-4　集成电路翘出示意图

3. 模拟电子产品正向设计步骤

回顾从第三单元到第十单元音响放大器的制作过程，是在原理图的指引下，在装配图和布线图的帮助下，逐步完成的。制作音响放大器是一个对模拟电子技术的学习过程，尽管涉及的知识点不能涵盖整个模拟电子技术，不够系统，但为日后你自己独立设计和完成模拟电子作品（或产品）打下了基础。

模拟电子产品正向设计步骤如下。

(1) 规划总体方案

电子产品无论规模大小如何，首先需要有一个总体规划。其前提应该是市场有需要，产品有特色，能获得经济效益和社会效益，你和你的团队有能力完成。先认识“是什么”和“为什么”的问题。

然后面对“怎么做”的问题。总体方案需要考虑产品外形、功能、技术指标、电路设计和结构设计的分工、原材料成本及经济效益预算等。

总体方案必须提供电路原理图和结构设计图。

例如，本课程《模拟电子技术实践教程》选择制作音响放大器，总体方案的考虑已在“前言”中做过介绍。

(2) 分配模块功能

模拟电子产品如果规模很大，对设计、生产和维护造成诸多不便时，需要将其分解成模块，确定模块功能以及相互之间的关系，形成方框图。一些简单的模拟电子产品，即使不按模块设计和生产，方框图也是对原理图的一种简化，对设计、生产和维护有利。

本课程制作音响放大器，采用模块方式主要是考虑到循序渐进，成果逐步显现；否则，整块板制作对学习者有一定难度，制作成本也较高。

(3) 关键电路试验

模拟电子产品中如果存在关键性电路，需要先做试验予以确认。此步骤虽然不是必须的，但对缺乏经验的学习者，还是多做一点为好；否则，后续步骤发现了问题，代价会更大。

制作音响放大器时,混合放大电路处于核心地位,是关键电路。如果处理不好,三路信号互相影响,最终的混响效果可能不理想。

(4) 绘制设计图纸

上述工作完成之后,利用电子线路辅助设计软件(如 Protel)绘制原理图、方框图和印制板图,列出原材料清单(元器件、外围部件)。

对于委托加工的印制板图,需要反复检查、核对;否则,会加大设计成本。对于供学习者使用的万能板,也需要有装配图和布线图。

制作音响放大器如果采用委托加工的印制板,将使材料成本增加较多。学习过程中,太过顺利,没有成就感,遇到的问题少,收获也少。因此,选用万能板制作较为合适。

(5) 原材料准备

电子产品在设计阶段必须关注原材料情况,尽可能是市场上通用的,品种尽量归并,替代性要强。样机研制阶段可小批量购入,以便快速转产。

例如,本课程《模拟电子技术实践教程》选择制作音响放大器,通用元器件(电阻、电容、开关、插座等)用量较大,但不稀缺;外围部件及集成电路均可重复使用,无紧缺材料。

(6) 样机装配与调测

电子产品的样机装配与调测属于设计的收尾阶段。调测还包括例行环境实验(温度、湿度、振动),因为要对最终用户负责。有些电子产品因为环境实验通不过,需要修改设计,甚至重新设计。

例如,制作音响放大器时,模块之间的 9 条连接线如果太长,造成相互交叉,一片混乱,严重影响整机统调,必须尽量缩短,使之变成短直线。这样,模块内部的接线柱需要调整。

(7) 产品完善与提高

任何电子产品刚开始都不是完美无缺的,需要不断完善和提高。用户的意见最直接、最有激励作用,不但能帮助你改正产品的不足,还能为你提供新的思路,打开新的市场。很多电子产品就是在用户提出意见后,一代一代发展起来的。

例如,制作音响放大器采用水平扁平式双声道插座时,插头插入与电路板边缘有抵触,造成信号接触不可靠。换用垂直扁平式双声道插座之后,插头插入不会与电路板边缘有抵触,整机统调会顺利很多。

4. 电子线路辅助设计软件

电子线路辅助设计软件很多,目前以 Protel DXP 2004 较为流行和通用。

(1) 软件特点

① 软件安装之后,占据硬盘空间 1GB 以上。

② 主界面已经汉化,进入库文件后仍是英文。

③ 引入软件工程管理概念,文件归属性很强,初学者容易把文件搞得不知去向。

④ 原理图、印制板图、效果图、元件清单等一应俱全,完全可以交付厂家加工印制板。

⑤ 元器件库非常强大,几乎不用自行创建。

⑥ 衔接原理图与印制板图的网络表是设计的关键。

⑦ 原理图与印制板图都有强大的查错功能。

⑧ 放置元件需要通盘考虑电路性能，软件不能代替人工。

⑨ 自动布线只能保证不错，不能保证合理，一般需要在自动布线的基础上人工调整。

(2) 常规操作步骤

① 创建一个自己定义的文件夹。

② 在文件夹内创建一个自己定义的设计工作区。

③ 创建 PCB 项目。该软件还有大量的硬件设计项目(如 FPGA 设计)。

④ 在 PCB 项目下，创建 SCH 文件，进行原理图设计。

⑤ 对原理图查错之后，生成网络表。

⑥ 在 PCB 项目下，创建 PCB 文件，进行印制板图设计。

⑦ 对印制板图查错之后，生成效果图。

⑧ 输出元器件清单和生成文件。

Protel DXP 2004 主要文件图标如图 10-5 所示。

设计工作区

PCB项目

原理图文件

原理图元件

印制板图

印制板图元件

三维效果图

图 10-5　Protel DXP 2004 主要文件图标

5. 电子线路辅助设计应用实例

根据上述 Protel DXP 2004 软件特点及操作步骤，以音响放大器整块板为例，进行原理图和印制板设计。

假设该软件已经安装，路径为 C:\Program Files\Altium2004。

(1) 创建文件夹“音响放大器”

创建文件夹“音响放大器”，路径为“C:\Program Files\Altium2004\Examples\音响放大器”。这样做的好处是：此文件与软件自带实例处于同一地位，查阅和调用非常方便。此后创建的任何文件都可保存在文件夹内，软件会帮助自动归类。文件搬移时，整个文件夹全部复制，不会造成文件丢失。

(2) 创建设计工作区“音响放大器”

软件自带实例很多，每个实例都有自己的设计工作区，文件名后缀为 *.DsnWrk。为避免混淆，创建一个名为“音响放大器”的设计工作区在文件夹内，便于以后文件创建和管理。

创建设计工作区有三种方法。

第一种：不打开软件，从 C:\Program Files\Altium2004\Examples\Reference Designs 中任意选择一个实例，将其设计工作区复制“音响放大器”文件夹，并将原名更改为“音响放大器”。

第二种：打开软件，在“文件”下拉菜单选择“打开设计工作区”，会出现“Examples”，包含各个实例的界面。在“Reference Designs”内任意选择一个，将其打开，主界面左侧工作面板“Projects”窗口会出现该工作区名称；在“文件”下拉菜单选择“另存设计工作区为”,将其更名为“音响放大器”并保存到“音响放大器”文件夹。

第三种:软件打开之后,已经存在工作面板窗口,在“文件”下拉菜单选择“另存设计工作区为”,将其更名为“音响放大器”并保存到“音响放大器”文件夹。

软件运行界面和文件管理界面分别如图 10-6 和图 10-7 所示。

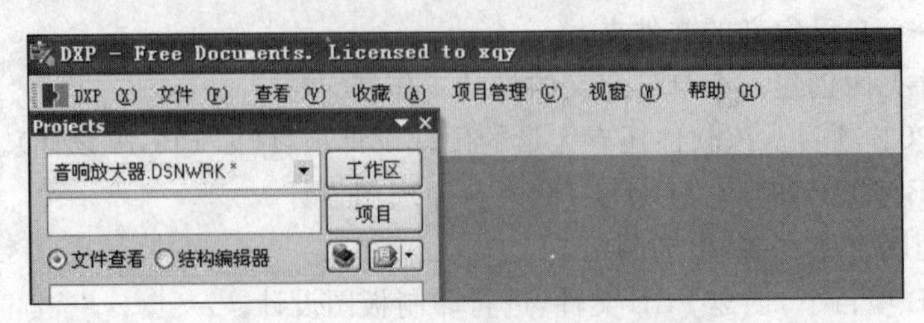

图 10-6 设计工作区在软件运行界面

图 10-7 设计工作区在文件管理界面

(3) 创建项目“音响放大器”

完成上述两步之后,选择“文件”→“创建” →“项目” →“PCB 项目”,创建项目“音响放大器”,如图 10-8 所示。此后,按图 10-9 所示方式将项目保存在文件夹“音响放大器”内,项目文件的后缀为 *. PrjPCB。

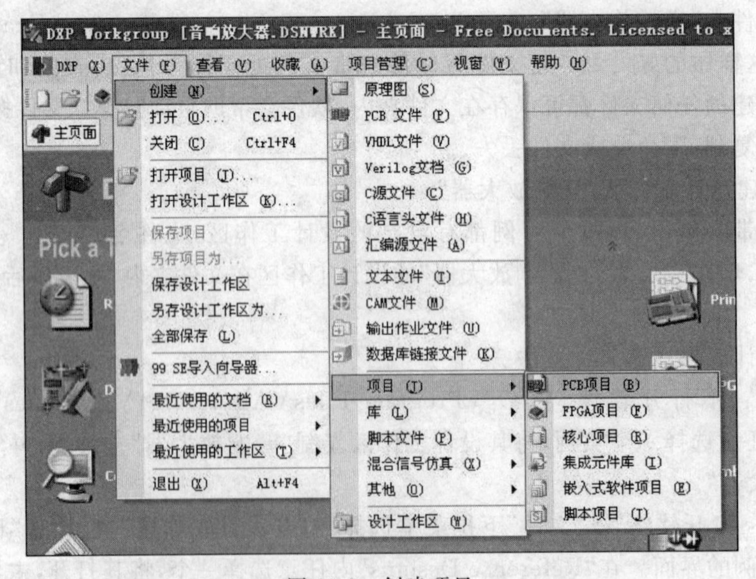

图 10-8 创建项目

图 10-9　保存项目

项目创建和保存之后，可在工作面板展现，如图 10-10 所示。

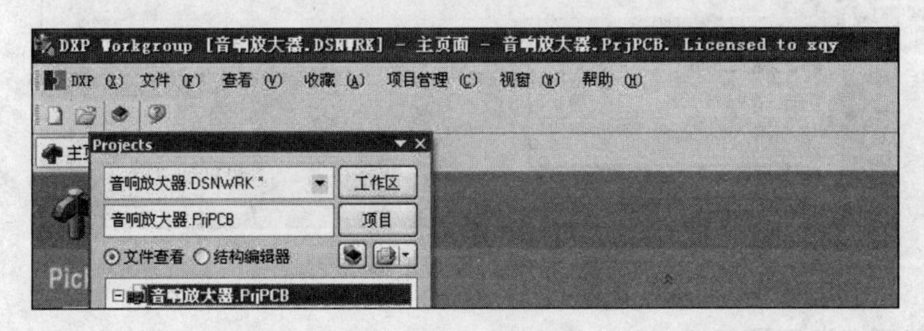

图 10-10　项目显示

完成上述三步，就为原理图设计和印制板设计准备好了一个工作平台。

在设计制作原理图之前，需要准备一张原理图草图，可参看第二单元的图 2-1。

(4) 创建和制作 SCH 文件

选择“文件”→“创建”→“项目”→“原理图”，创建“音响放大器”原理图文件，文件名后缀为 *.SchDoc，并将其保存在文件夹“音响放大器”中。

创建、保存及显示界面分别如图 10-11、图 10-12 和图 10-13 所示。

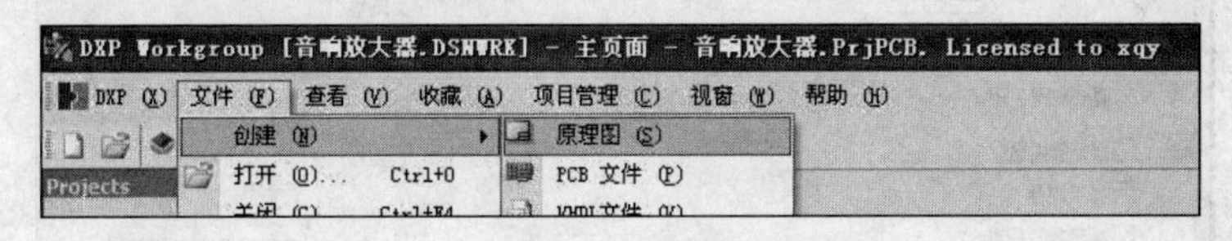

图 10-11　创建原理图

原理图文件创建之后，进入原理图制作阶段。以后任何进程在确认之后，都需要保存。

图 10-12　保存原理图

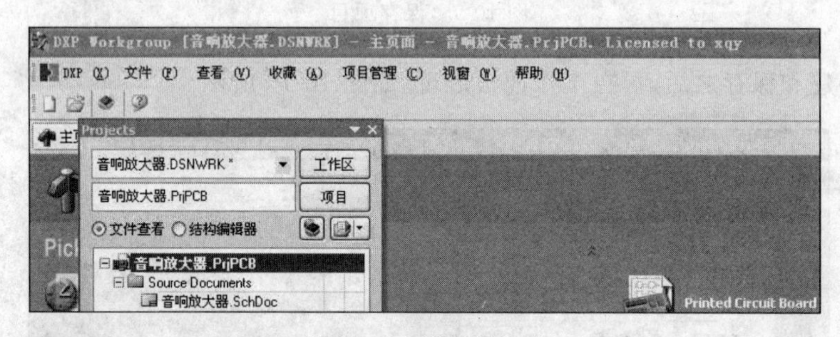

图 10-13　原理图显示

① 设置原理图图纸属性。

在原理图制作界面，选择“设计”→“文档选项”，获得如图 10-14 所示的“文档选项”对话框。

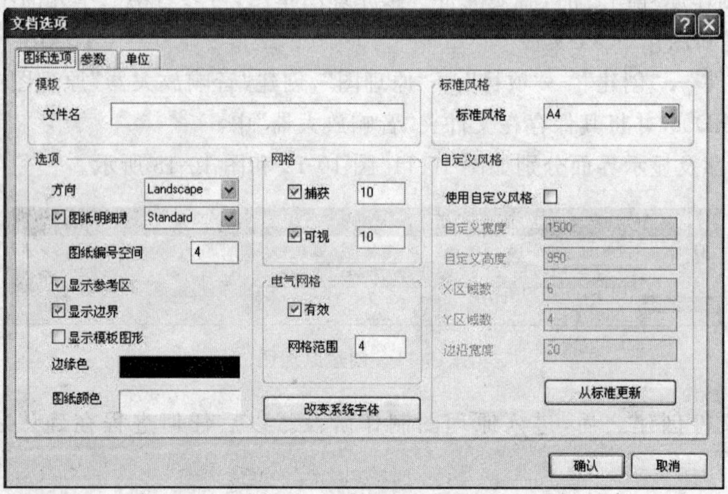

图 10-14　“文档选项”对话框

在“文档选项”对话框中，设置文件名为“音响放大器”，标准风格为“A4”，方向为“Landscape”（横向），单位为“公制”，边缘色为黑色。内容选择参见图 10-14。

公制与英制换算关系如下：

1feet＝12inch

1inch＝1000mil

1inch＝25.4cm＝254mm

图中，“捕获”和“可视”两种网格均设置为“10mil”，则光标每次移动一个网格，即10mil 或 2.54mm；如果“可视”网格设置为“20mil”，“捕获”网格设置为“10mil”，则光标每次只能移动半个网格。

公、英制转换规律在印制板制作中同样适用。

按 PgUp 键和 PgDown 键可分别放大和缩小原理图图纸。

通过选择“查看”→“显示整个文档”，可在工作界面显示原理图全局。以后绘制印制板图也是如此。

② 元件库认知。

元器件是构成原理图的基本元素，只有清楚每个元器件的属性之后，才能将其连接。集成元件库的后缀名为 *.IntLib。Protel DXP 2004 软件自带了世界许多著名厂家的集成元件库，还外挂了两个：Miscellaneous Devices.IntLib 和 Miscellaneous Connectors.IntLib，前者是非接插件，后者是接插件，几乎能满足常规电子线路辅助设计的需要。

在工作界面右下方，选择“system” →“元件库”，在工作界面右侧将出现“元件库”窗口，如图 10-15 所示。

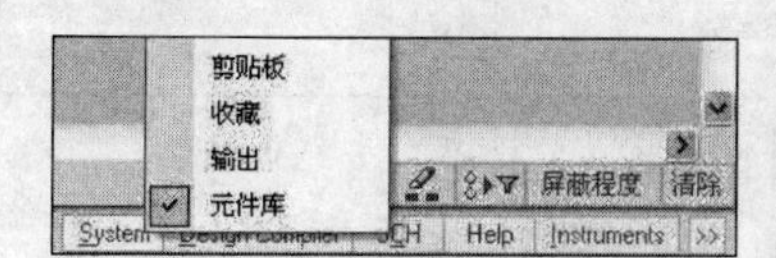

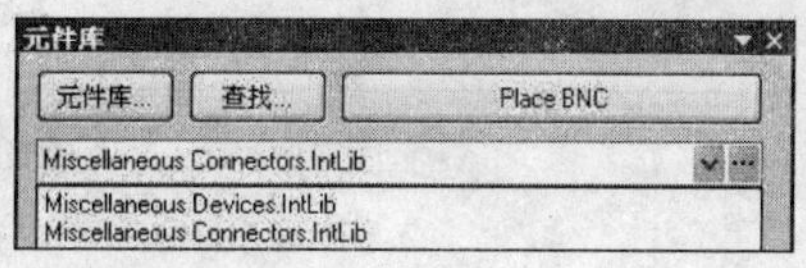

图 10-15　元件库获取与显示

极个别元器件无法获取时，需要自行创建，自制元件名的后缀为 *.SchLib。

制作音响放大器原理图需要利用元件库编辑器，自行创建集成电路 LM386 和 M65831 两个元件。下面以 M65831 为例来说明。

选择“文件”→“创建” →“库” →“原理图库”，出现元件库编辑工作界面，如图 10-16 所示。

在绘制元器件之前，还需了解编辑管理器和绘图工具。

选择“查看”→“工作区面板”→“SCH”→“SCH Library”，弹出编辑管理器。单击绘图工具，下拉出绘图工具栏，如图 10-17 所示。

编辑管理器从上到下 4 个区域，分别对元器件名称、别名、引脚和封装进行管理，其中“封装”只在印制板制作中有效。绘图工具栏有 13 个图标，其中放置矩形、放置直线和放置文字 □ ／ A 三种功能用得最多。

将元件命名为“M65831”，并在元件库编辑界面第四象限画出草图，如图 10-18 左图所示。

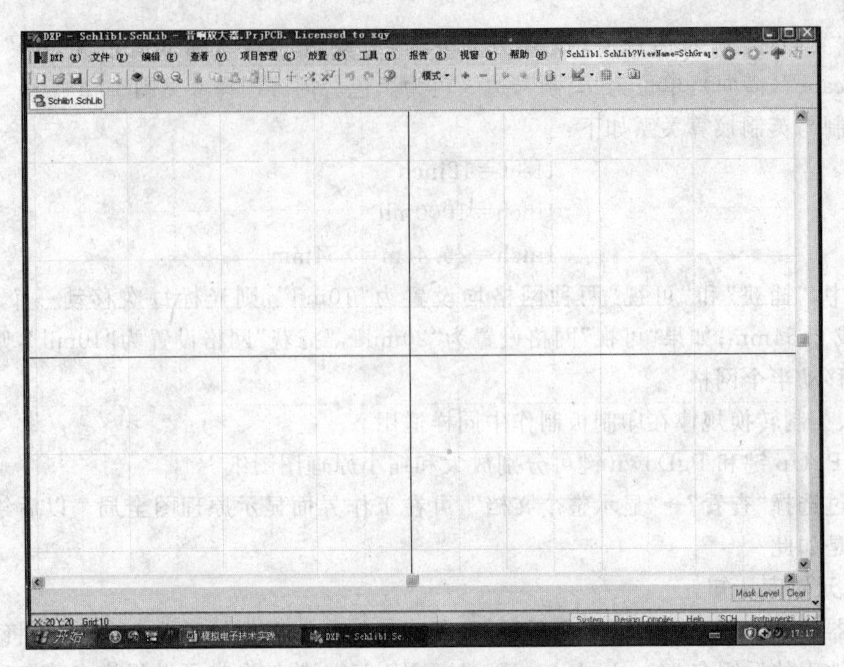

图 10-16 元件库编辑界面

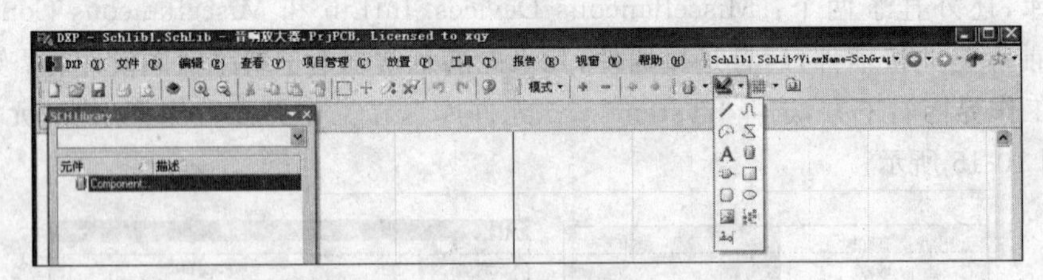

图 10-17 元件编辑管理器及工具栏

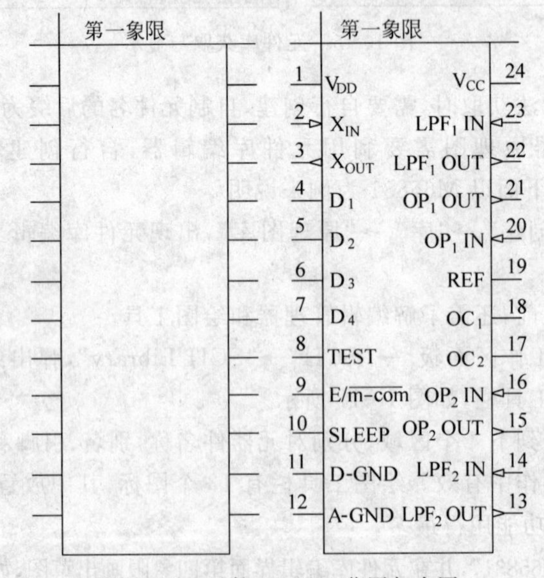

图 10-18 元件 M65831 草图与全图

元件草图绘制之后，需要为其引脚进行设置。

选择“放置”→“IEEE 符号”，弹出元件电气特性图形，如图 10-19 所示。

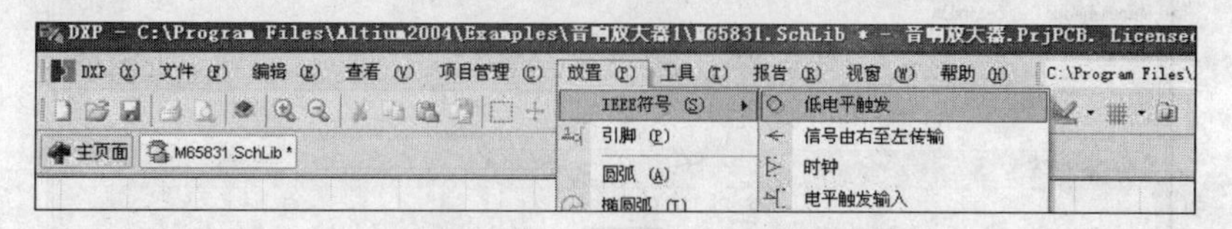

图 10-19　IEEE 绘图工具

利用 IEEE 绘图工具，分别定义草图中的 24 只引脚，包括引脚序号、名称和入/出属性。一个完整元件创建完成，如图 10-18 右图所示，并保存在文件夹中。

采用同样的方法和步骤绘制集成电路 LM386。

集成电路×78××及 LM324 从系统本身自带库中获取。原理图文件、创建元件文件及调用元件在工作面板及元件库显示情况如图 10-20 所示。

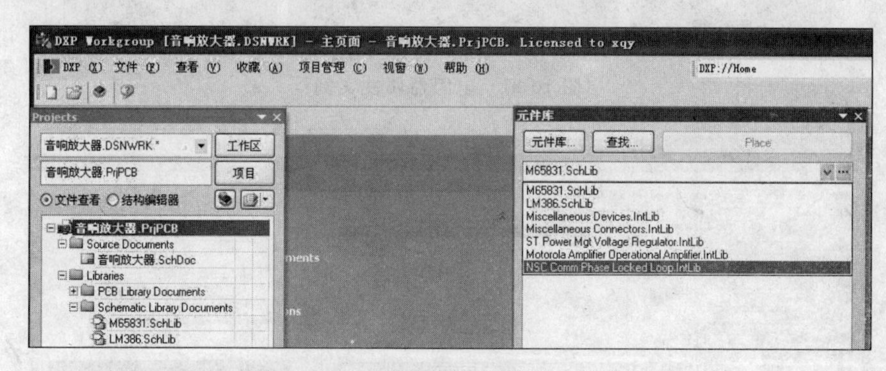

图 10-20　工作面板与元件库显示情况

至此，绘制原理图的准备工作基本就绪。

③ 放置元器件及连线。

放置元器件及连线在制作原理图的过程中工作量很大，也是后续制作印制板的基础。总原则是对元器件的选择对路，放置合理，连接正确。

软件自带外挂在元件库中的内容也很强大，电阻器多达 16 种，电容器也有 9 种。调用时，需要看清其属性。

图 10-21 所示为一个电阻器的属性详情。图中，中部显示的图标是调用时拖入原理图的图标，“R?”是电阻器在原理图中的序号，“Res2”是电阻器图形模式，“1k”是软件默认的电阻值；下部显示的图标是日后制作印制板的元件封装形式。

选择元件拖入原理图之后，不要急于放置和连线。可双击元件图标，弹出如图 10-22 左侧所示“元件属性”对话框，主要填写“标识符”和电阻值，最后双击右下角“Footprint”，确认元件外形封装存在无误，如图 10-22 右侧所示。

元件封装图文件名的后缀为“ * . PcbLib”，自行创建的元件可借用软件自带的各种封装，具体方法在制作印制板图时介绍。

元件放入原理图之后，元件属性标记（序号、名称或数值）围绕在元件周围，既不压线，

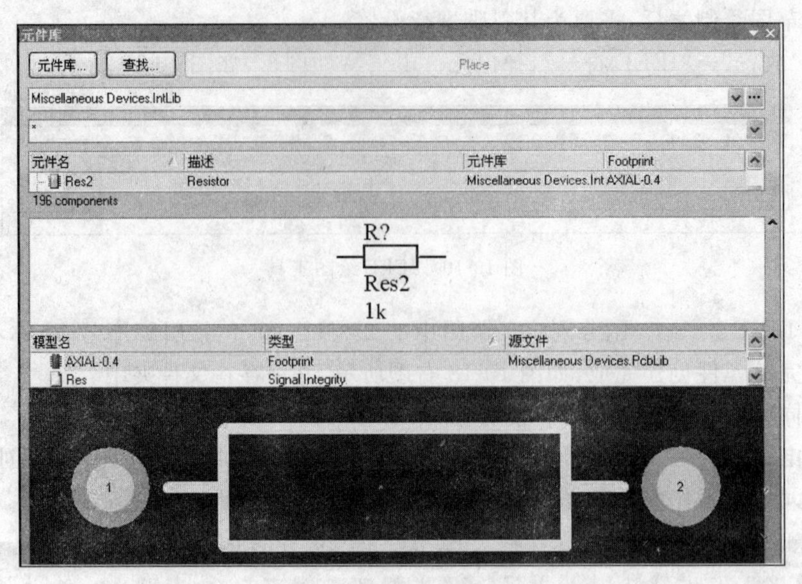

图 10-21　电阻器属性实例

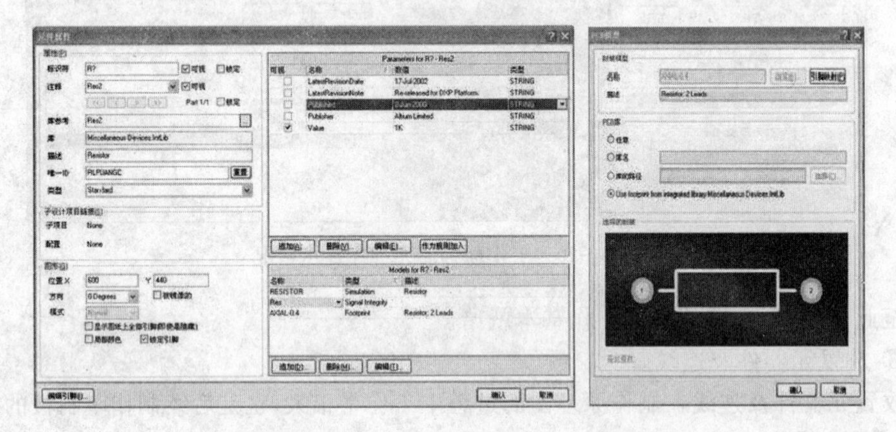

图 10-22　元件电气属性及外形对话框

也不远离；元件摆放布局需要考虑信号流向，使连线最短，兼顾相互之间分布均匀，整体美观。

将光标压住元件，可以上、下、左、右移动，按空格键可以旋转。

原理图工作界面中，图标 为配线工具，第一种图标 表示用直线连接元件，用得最多；图标 为实用工具栏，小图标 栏下有 12 种工具，其中画线工具 和文本编辑工具 用得较多，画线工具 不能用来连接元件。

两条线如果在元件端点交叉，软件会自动形成连接点"·"；否则，不会形成。交叉连接需要节点时，可通过选择"放置"→"手工放置节点"项来干预，如图 10-23 所示。

选择一个包围区，然后按"Del"键，可将区内元件及连线删除。

根据上述方法，将音响放大器的 87 个元器件在原理图工作界面进行编辑，经过布局

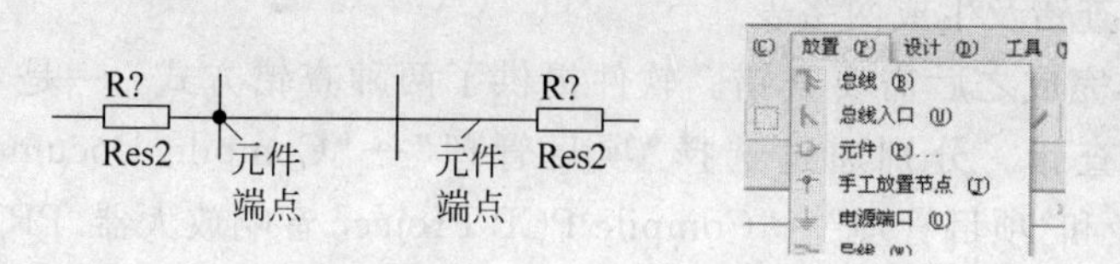

图 10-23　两线交叉节点的自动形成与人工干预

和连线，提供如图 10-24 所示两种风格的原理图。前者与分模块制作方案贴近，后者与整块板制作方案贴近。

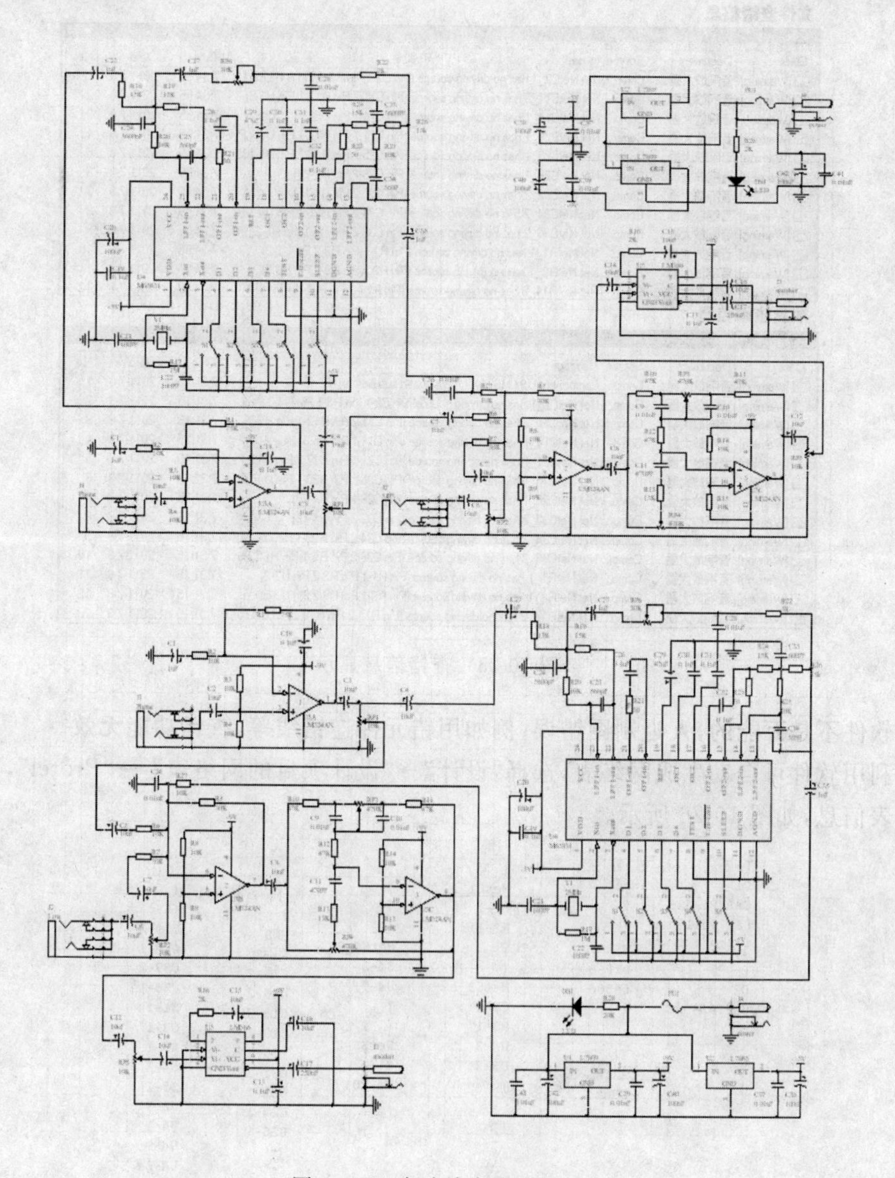

图 10-24　音响放大器原理图

(5) 原理图查错及生成网络表

原理图制作完成之后需要查错。软件提供了两种查错方式：一是对原理图文件查错，二是对项目查错。分别通过选择“项目管理”→“Compile Document 音响放大器.SCHDOC”路径和“项目管理”→“Compile PCB Project 音响放大器.PRJPCB”完成。

命令执行完毕，如果需要查看结果，选择右下角“System”→“Message”项弹出结果，如图 10-25 所示。图中显示信息均为“警告”，提醒在某些节点没有设置“驱动源”，不进行性能仿真时，可不予考虑；项目查错还提醒 LM324 有 1/4 闲置，也不影响后续印制板制作。

文件查错信息

Messages

Class	Document	Source	Message	Time	Date	No.
[Warning]	音响放大器....	Comp...	Net NetC2_1 has no driving source (Pin C2-1,Pin R3-1,Pin R4-2,Pin U...	7:34:55	2011-7-8	1
[Warning]	音响放大器....	Comp...	Net NetC11_2 has no driving source (Pin C11-2,Pin R12-1,Pin U3-9)	7:34:55	2011-7-8	2
[Warning]	音响放大器....	Comp...	Net NetC14_1 has no driving source (Pin C14-1,Pin U5-3)	7:34:55	2011-7-8	3
[Warning]	音响放大器....	Comp...	Net NetC21_1 has no driving source (Pin C21-1,Pin R17-1,Pin U4-2,Pi...	7:34:55	2011-7-8	4
[Warning]	音响放大器....	Comp...	Net NetC25_1 has no driving source (Pin C25-1,Pin R20-1,Pin U4-23)	7:34:55	2011-7-8	5
[Warning]	音响放大器....	Comp...	Net NetC26_1 has no driving source (Pin C26-1,Pin U4-20)	7:34:55	2011-7-8	6
[Warning]	音响放大器....	Comp...	Net NetC32_2 has no driving source (Pin C32-2,Pin U4-16)	7:34:55	2011-7-8	7
[Warning]	音响放大器....	Comp...	Net NetC34_2 has no driving source (Pin C34-2,Pin R25-1,Pin U4-14)	7:34:55	2011-7-8	8
[Warning]	音响放大器....	Comp...	Net NetC36_2 has no driving source (Pin C36-2,Pin R5-1,Pin R6-2,Pin...	7:34:55	2011-7-8	9
[Warning]	音响放大器....	Comp...	Net NetR1_1 has no driving source (Pin R1-1,Pin R2-2,Pin U3-2)	7:34:55	2011-7-8	10
[Warning]	音响放大器....	Comp...	Net NetR8_1 has no driving source (Pin R8-1,Pin R9-2,Pin U3-5)	7:34:55	2011-7-8	11
[Warning]	音响放大器....	Comp...	Net NetR14_2 has no driving source (Pin R14-2,Pin R15-1,Pin U3-10)	7:34:55	2011-7-8	12

项目查错信息

Messages

Class	Document	Source	Message	Time	Date	No.
[Warning]	音响放大器....	Comp...	Component U3 LM324AN has unused sub-part (4)	7:31:15	2011-7-8	1
[Warning]	音响放大器....	Comp...	Net NetC2_1 has no driving source (Pin C2-1,Pin R3-1,Pin R4-2,Pin U...	7:31:15	2011-7-8	2
[Warning]	音响放大器....	Comp...	Net NetC11_2 has no driving source (Pin C11-2,Pin R12-1,Pin U3-9)	7:31:15	2011-7-8	3
[Warning]	音响放大器....	Comp...	Net NetC14_1 has no driving source (Pin C14-1,Pin U5-3)	7:31:15	2011-7-8	4
[Warning]	音响放大器....	Comp...	Net NetC21_1 has no driving source (Pin C21-1,Pin R17-1,Pin U4-2,Pi...	7:31:15	2011-7-8	5
[Warning]	音响放大器....	Comp...	Net NetC25_1 has no driving source (Pin C25-1,Pin R20-1,Pin U4-23)	7:31:15	2011-7-8	6
[Warning]	音响放大器....	Comp...	Net NetC26_1 has no driving source (Pin C26-1,Pin U4-20)	7:31:15	2011-7-8	7
[Warning]	音响放大器....	Comp...	Net NetC32_2 has no driving source (Pin C32-2,Pin U4-16)	7:31:15	2011-7-8	8
[Warning]	音响放大器....	Comp...	Net NetC34_2 has no driving source (Pin C34-2,Pin R25-1,Pin U4-14)	7:31:15	2011-7-8	9
[Warning]	音响放大器....	Comp...	Net NetC36_2 has no driving source (Pin C36-2,Pin R5-1,Pin R6-2,Pin...	7:31:15	2011-7-8	10
[Warning]	音响放大器....	Comp...	Net NetR1_1 has no driving source (Pin R1-1,Pin R2-2,Pin U3-2)	7:31:15	2011-7-8	11
[Warning]	音响放大器....	Comp...	Net NetR8_1 has no driving source (Pin R8-1,Pin R9-2,Pin U3-5)	7:31:15	2011-7-8	12
[Warning]	音响放大器....	Comp...	Net NetR14_2 has no driving source (Pin R14-2,Pin R15-1,Pin U3-10)	7:31:15	2011-7-8	13

图 10-25 查错信息显示

软件不是万能的，人为制图错误，例如用错元件连错线等，查错功能无效。

利用软件可自动生成网络表，选择“设计”→“设计项目的网络表”→“Protel”，可获得网络表信息，如图 10-26 所示。

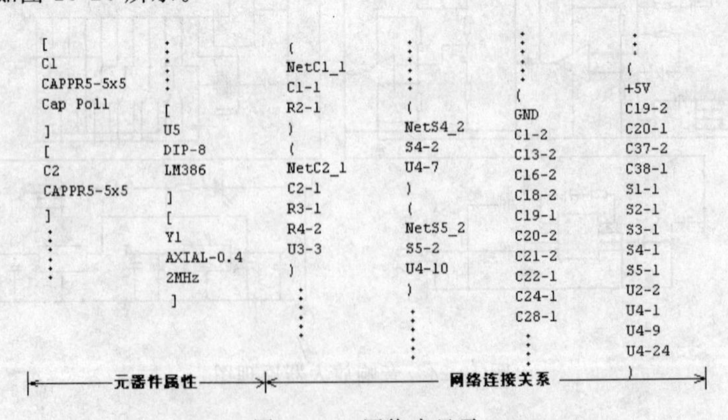

图 10-26 网络表显示

网络表信息分为两类，即元器件和网络节点。每个元器件的属性用中括号“[]”包围，序号从1开始；每个网络节点的属性用圆括号“()”包围，按顺序地线和电源在最后。

前述各工作步骤产生的文件在工作区面板显示和项目文件管理显示如图10-27所示，右图中的两个文件夹自动生成，网络表文件在文件夹中。后续制作印制板图会在此基础上扩展。

图10-27 原理图制作相关文件显示

(6) 印制板图制作

印制板图文件名的后缀为*.PcbDoc，文件创建和保存方法与原理图相似，制作风格也应相似。因此在确保每个元件封装之后，再行印制板图制作。

多数元件在自建原理图符号之后，可以借用软件自带的元件封装。下面以M65831为例来说明。

集成电路M65831是双列直插24引脚(DIP-24)元件，制作原理图时，已经自行建库解决了元件的原理图要求，但元件封装图没有完成。

Protel DXP 2004自带DIP库，可将其加入项目的可用元件库，具体工作包括建库和用库。

① 建库：单击“元件库”窗口左侧“元件库”图标，弹出“可用元件库”窗口，按照“...\Library\Pcb\Dual-in-Line Package...”查找路径，将其安装，如图10-28所示。

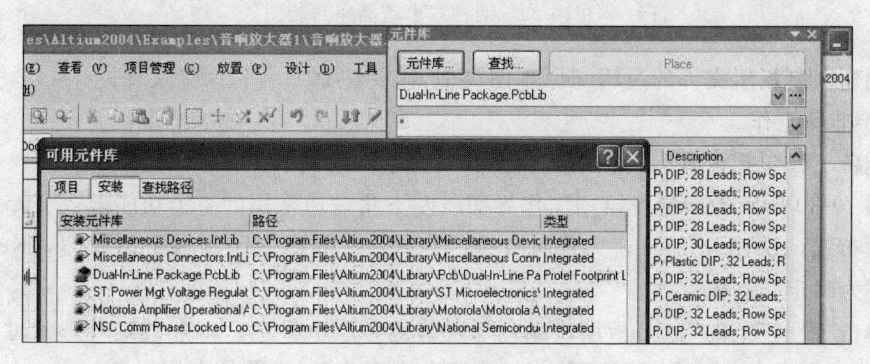

图10-28 把双列直插封装加入项目

② 用库：回到原理图界面，双击M65831图形，弹出“元件属性”对话框。双击右下角“封装类型”，弹出如图10-22右侧所示PCB模型，然后单击“浏览”按钮，将弹出“库浏览”

对话框。把“库”中内容下拉，选择 DIP 库，找到 DIP-24 并确认后，在 PCB 模型中完成引脚影射。至此，封装完成。

由于扁平水平双声道插座系统没有封装图，需要自行创建。

与制作原理图元件不同，制作印制板图时，必须测量元件引脚间距及外围实际尺寸。

制作元件封装图需要在系统平台打开另一个界面，选择“文件”→“创建”→“库”，将弹出绘图界面，底色为暗黑色，没有象限的限制，但图形应尽可能绘制在界面中部。可视网格和移动网络与原理图规则相同，采用较为简单的绘图工具即可完成。

封装图是透过元件看引脚的，绘制印制板图时仍然服从此规定。本书在第三单元至第九单元提供了两种布线图，就是想使学习者慢慢适应。电子线路辅助设计只提供正面看的透视图或镜像图。

扁平水平式引脚间距符合 2.54mm，扁平垂直式引脚间距另类，详见图 10-29。从图中可以看出，垂直扁平式引脚定义正视或背视都一样，水平扁平式则不然。

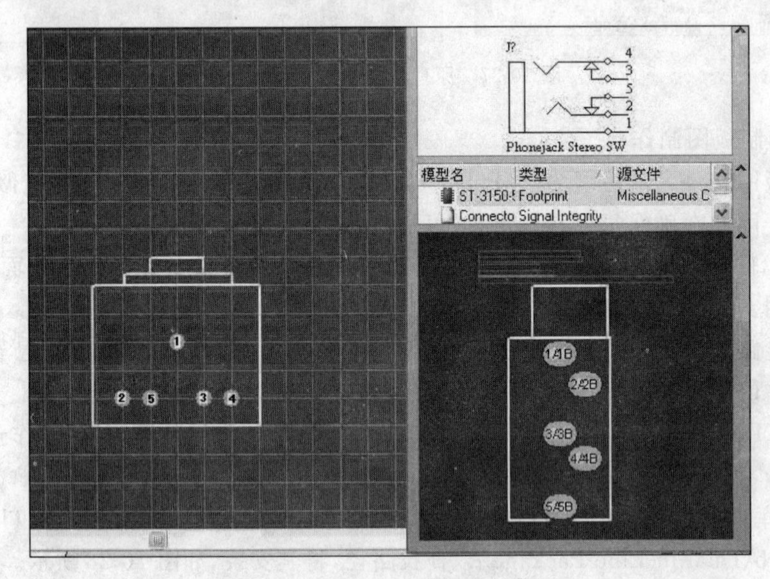

图 10-29　两种双声道插座封装图

创建印制板图文件的过程与原理图类似，需要注意命名和保存文件。

① 准备工作。

准备工作包括设置印制板图纸属性和设置绘图规则。

图 10-30 所示为印制板绘图工作界面。左下角是最常用的 4 个功能键：“Top Layer”为正面布线，“Bottom Layer”为背面布线，“Top Overlay”为印制板正面丝印，“Keep Out Layer”为确定印制板尺寸。

单击“设计”下的“PCB 板层次颜色”，可确定各层次颜色。一般约定外形尺寸线用粉红色，丝印用黄色，正面布线用深红色，背面布线用蓝色，告警信息用绿色。

单击“设计”下的“规则”，可对工作层面、布线宽度、过孔孔径、焊盘、布线倒角和优先级别等进行约束。

音响放大器 PCB 规则和约束编辑器设置如图 10-31 所示。

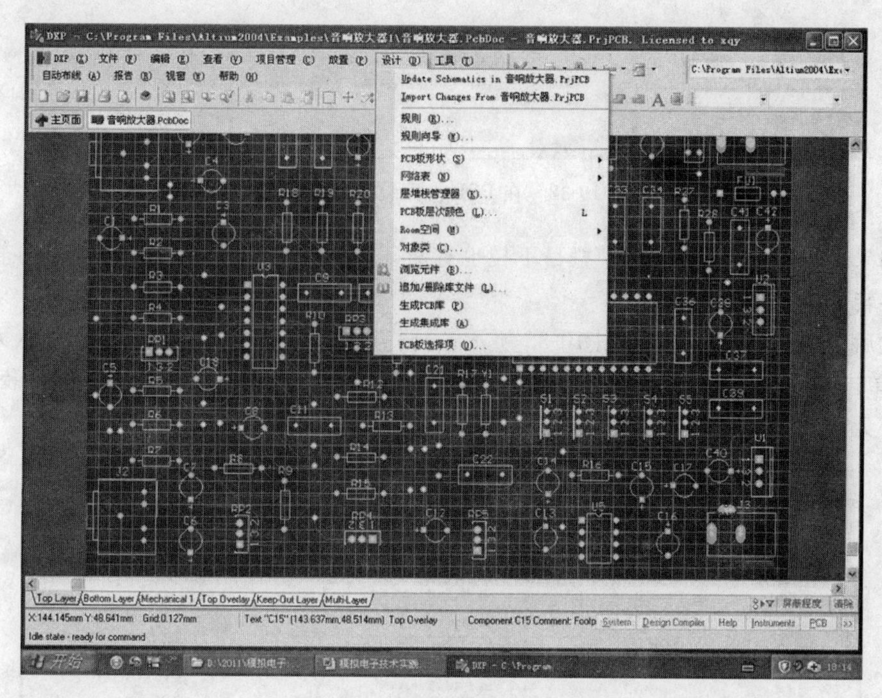

图 10-30　PCB 制图工作界面

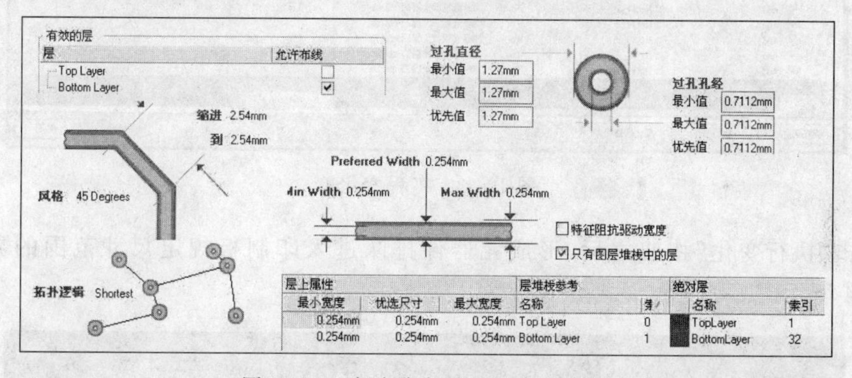

图 10-31　音响放大器 PCB 设计规则

印制板成本是随着单层单面、单层双面、多层多面和实际面积逐步提高的。制作单块板音响放大器选用面积为 150mm×100mm 的单层板，主要布线在背面。

图 10-31 中，有效的层定为单层，在背面自动布线之后，人为在正面创建一些连线，缓解背面布线压力。布线宽度最小为 1mm，倒角依照系统默认的 45°方式，最小过孔孔径为 0.7mm，过孔直径 1.27mm。

② 放置元器件。

对于简单电路板，可用人工方式将元件送入 PCB 工作界面。复杂电路则一定需要软件支持，否则工作量很大。

假定 PCB 文件已经创建和保存，印制板尺寸及其他规则也已经确定，可用两种方式装入元件，如图 10-32 所示。

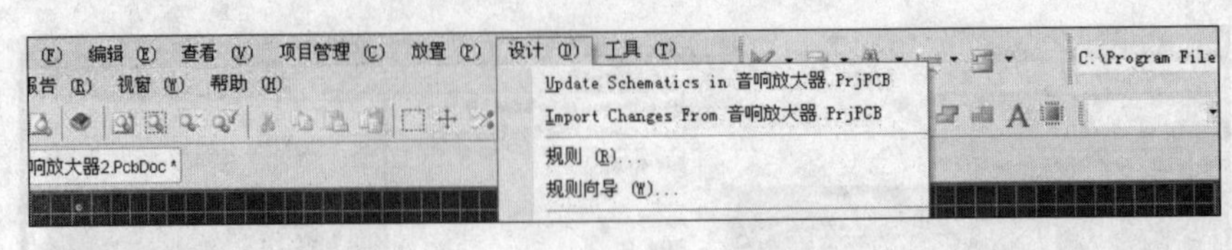

图 10-32　在 PCB 界面装入元件方式

如果在原理图界面，“设计”栏目下拉也有两条，选择“对 PCB 文件升级条目”，软件会自动跳转到 PCB 界面。

此后，弹出工程变化单如图 10-33 所示，需要查看是否出现异常情况。若确认无异常情况，单击左下侧“使变化生效”，系统会对全部元器件进行审查，例如是否缺少封装等；只有全部无误，才能单击“执行变化”按钮，否则会丢失元件。

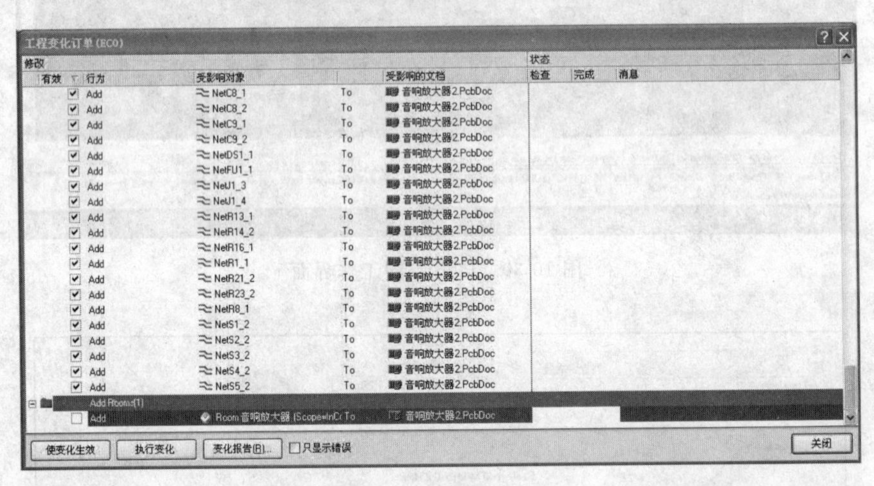

图 10-33　工程变化单

单击“执行变化”按钮之后，形成元器件排队进入印制板规定尺寸范围的界面，如图 10-34 所示。

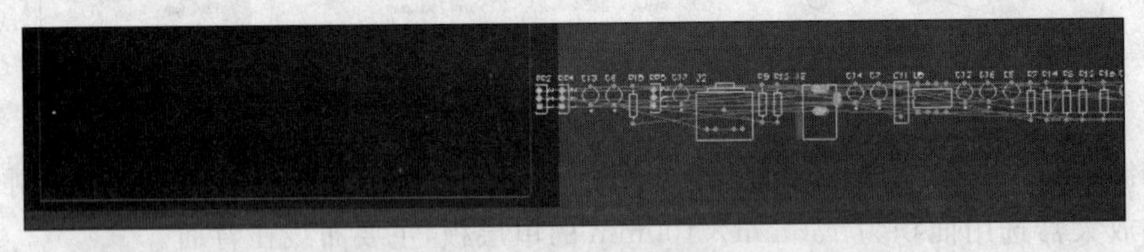

图 10-34　元件装入印制板过程

元件进入印制板内的过程很快，不会超过半分钟，装入后的情况如图 10-35 所示。

元件放入印制板规定范围之后，相互叠加，以至于出现一片绿色告警。后续工作必须人工才能完成，需要将元件逐个搬移和摆放，很像制作原理图元件布局，技巧和要求也与原理图类似。例如，按照信号流向使有关联的元件靠近，间距均匀，全局平衡、美观等。系统用虚线始终表示着元件之间的连接关系，无论怎么移动都无大碍。图 10-36 显示了经过人工调整后的元件布局。

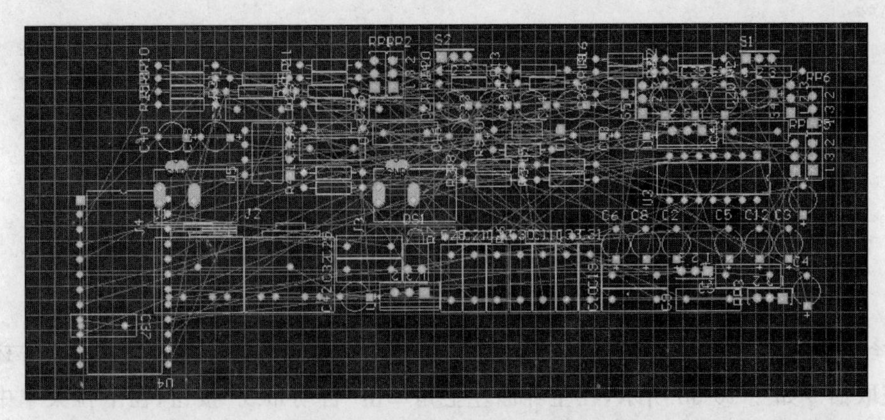

图 10-35　元件装入印制板后

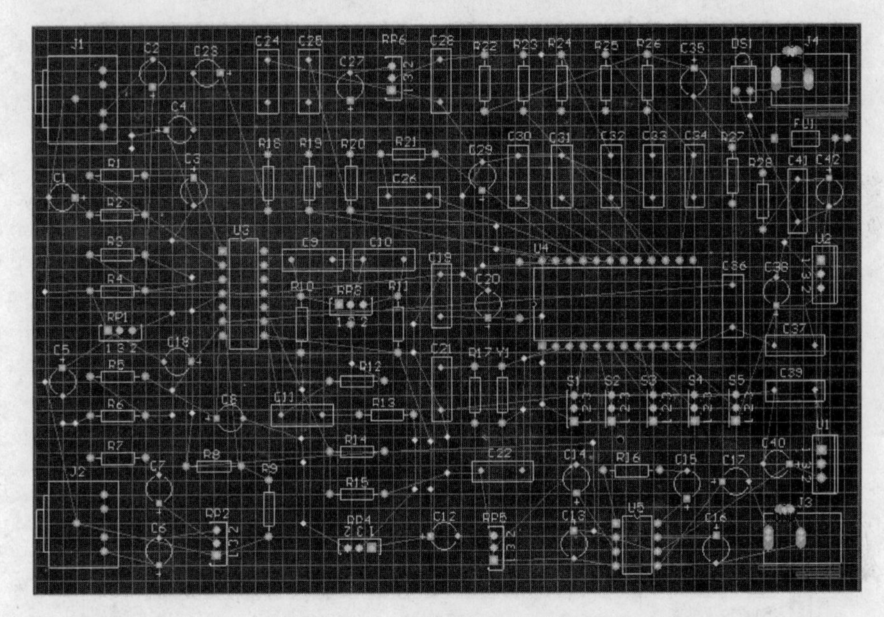

图 10-36　人工调整后的元件布局

元件布局是印制板制作过程中最主要的工作，对后续的布线影响很大，需要耐心对待。

③ 连线。

与制作原理图一样，PCB 制图也有一套放置工具图标和实用工具图标。同样的道理，实用工具栏中的放置直线图标“/”不能用来连接元件。

交互式布线图形用来连接元件，过孔图形用来人工干预协助两面连线，矩形图形用于整片设置地线，文字图形用于文本编辑。

交互式布线的特色表现在：针对两个需要连接的焊盘，光标压住起始点时出现正六边形，两点明亮，其余皆暗；光标向终点移动时，出现一段空心线；光标到达终点并确认时，突然闪亮，连接线变成实线。整个过程如图 10-37 所示。

无论电路复杂与否，交互式布线都非常重要。因为即使采用自动布线，最后还需人工调整，离不开交互式布线。元件经过人工调整，具备布线条件时，可利用软件进行自动布线。

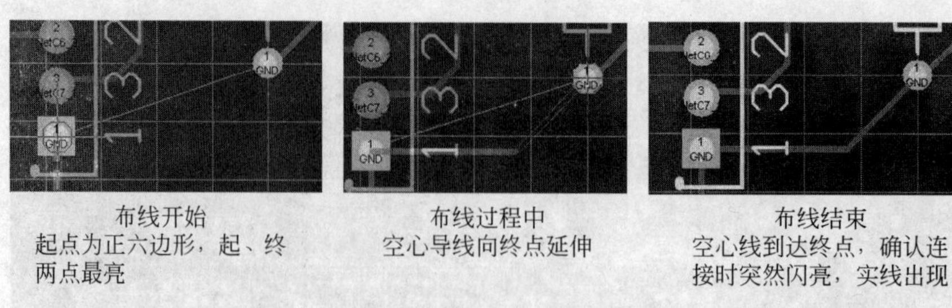

布线开始
起点为正六边形，起、终
两点最亮
布线过程中
空心导线向终点延伸
布线结束
空心线到达终点，确认连
接时突然闪亮，实线出现

图 10-37　交互式布线过程

布线过程包括获取命令、检查规则、执行布线命令、过程信息展示、最终结果修补等环节。

获取命令如图 10-38 所示，在主界面左上角单击“自动布线”按钮，在下拉菜单中选择“全部对象”，将弹出“布线策略”对话框，如图 10-39 所示。

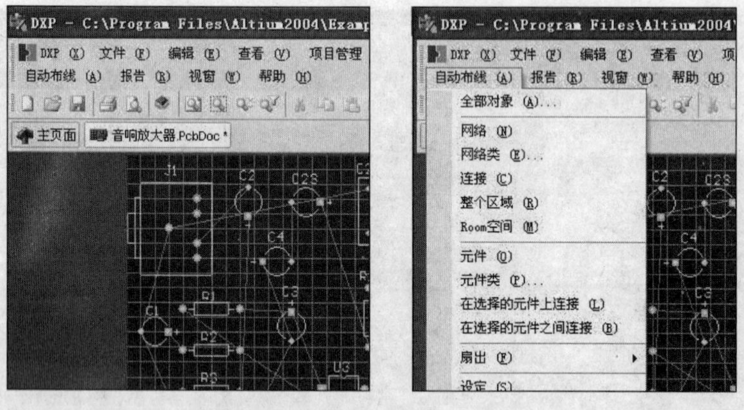

图 10-38　自动布线获取命令

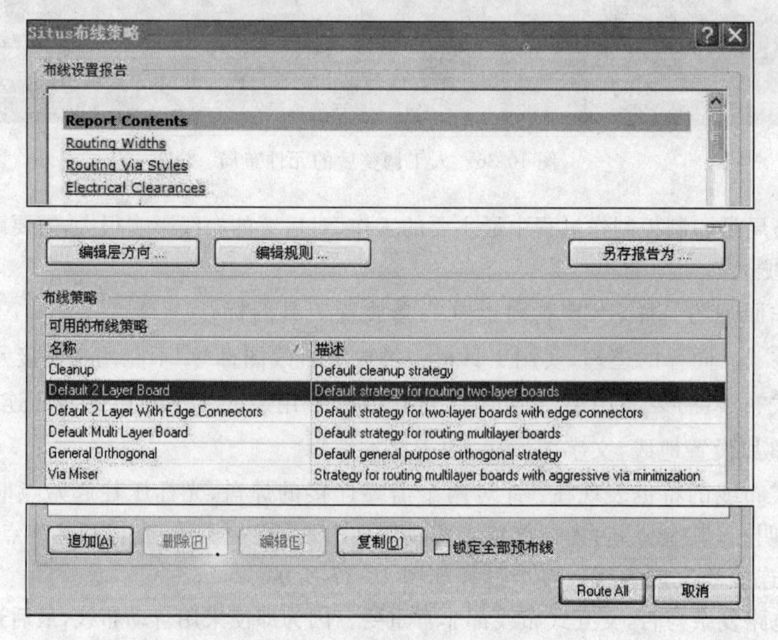

图 10-39　自动布线策略确认

自动布线策略确认是布线之前的最后一次检查规则，包括电源、地线的线宽，过孔孔径等。

单击"Route All"按钮之后，PCB绘图界面开始连线，同时出现"Messages"窗口，反映布线过程，如图10-40所示。整个自动布线过程视电路复杂程度而定，但一定比元件装入的时间长。

Messages

Class	Document	Source	Message	Time	Date	No.
Situs Ev...	音响放大器....	Situs	Routing Started	8:33:05	2011-7-10	1
Routing ...	音响放大器....	Situs	Creating topology map	8:33:06	2011-7-10	2
Situs Ev...	音响放大器....	Situs	Starting Fan out to Plane	8:33:06	2011-7-10	3
Situs Ev...	音响放大器....	Situs	Completed Fan out to Plane in 0 Seconds	8:33:06	2011-7-10	4
Situs Ev...	音响放大器....	Situs	Starting Memory	8:33:06	2011-7-10	5
Situs Ev...	音响放大器....	Situs	Completed Memory in 0 Seconds	8:33:06	2011-7-10	6
Situs Ev...	音响放大器....	Situs	Starting Layer Patterns	8:33:06	2011-7-10	7
Routing ...	音响放大器....	Situs	148 of 194 connections routed (76.29%) in 1 Second	8:33:07	2011-7-10	8
Situs Ev...	音响放大器....	Situs	Completed Layer Patterns in 0 Seconds	8:33:07	2011-7-10	9

图10-40　自动布线过程信息显示

软件系统自动布线只能做到符合规则要求，不错不漏，结果不一定是合理的。真正使之实用，还需经过人工调整。

从图10-41所示自动布线的结果看出：线间距离分布不均匀，容易短路；有的连接兜圈太多；还有4处没有连接，需要补连等。

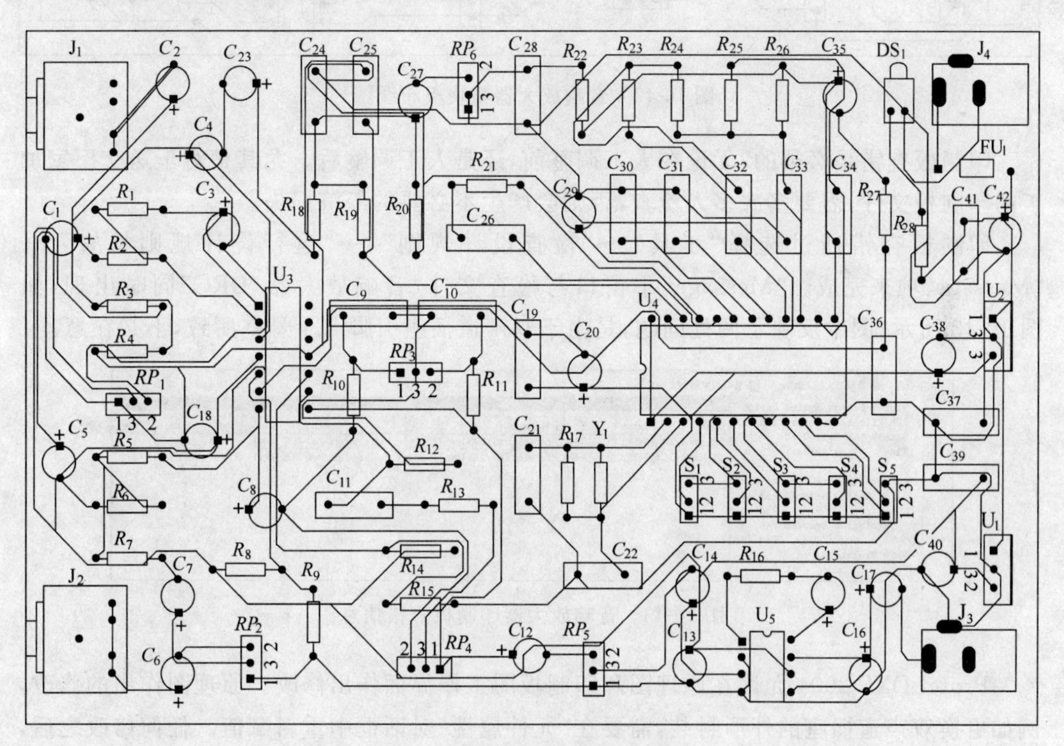

图10-41　自动布线原始结果

人工干预是在自动布线的基础上，通过过孔在正面增加一定的连线，以减少背面布线数量，增加安全度。正面连线应尽量做到数量少，有规律。图10-42所示为调整后的情况，正面连线明显做了加粗。

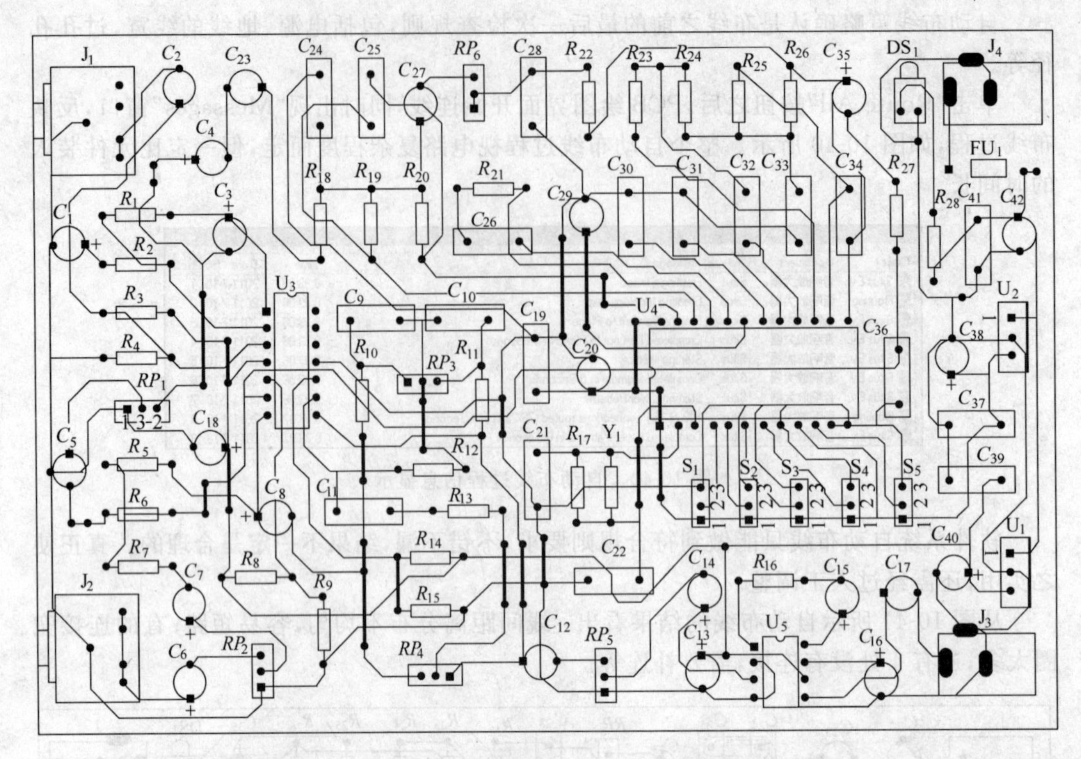

图 10-42　音响放大器整块板布线图

印制板查错是必须的，无论在人工调整前，还是人工调整后。尤其是对于送交厂家加工的印制板文件，需要多次多人检查，否则会产生不必要的经济损失。

印制板查错通过选择“工具”→“检查设计规则”→“运行设计规则检查”→“Message”项来完成。“Message”小窗口与检查文件“音响放大器.DRC”同时出现，如图 10-43 所示。图中反映了两处问题，是由于双声道插座引脚 3、4 悬空所致，不必在意。

主页面　音响放大器.PcbDoc *　音响放大器.DRC

```
Protel Design System Design R
PCB File : \Program Files\Alt
Date     : 2011-7-10
Time     : 9:59:04

Processing Rule : Short-Circu
   Violation between Pad -4(3
                     Pad -4(3
   Violation between Pad -3(3
                     Pad -3(3

Rule Violations :2
```

Messages

Class	Document	Source	Message	Time	Date	No.
[Short-Ci...	音响放大器....	Adva...	Between Pad -4(38.1mm,119.38mm) Multi-Layer and Pad -4(38.1mm,1...	9:59:04	2011-7-10	1
[Short-Ci...	音响放大器....	Adva...	Between Pad -3(38.1mm,116.84mm) Multi-Layer and Pad -3(38.1mm,1...	9:59:04	2011-7-10	2

图 10-43　音响放大器印制板查错信息

Protel DXP 2004 允许在原理图和印制板图工作界面作出修改。原理图作出的修改，例如更换双声道插座的外形封装，需要在“元件属性”对话框中重新赋值。任何修改之后，要保存文件，重新生成网络表。原理图修改之后，印制板图需要升级，引入原理图已经改变的新网络表。

印制板图本身的修改包括重新放置元器件和重新布线。可以重新创建一个印制板图文件，把放置元件和布线工作重新做一遍，也可以在原来的印制板图上修改。

下面以重新布线为例来说明：在PCB工作界面，选择“工具”→“取消布线”→“全部对象”，立即回到图10-36所示界面，再次调整元器件位置，重新自动布线。

布线毕竟是软件自动运行，很多电子产品设计时，都是多次布线和人工调整之后才定稿的。

(7) 生成效果图

Protel DXP 2004还有一些附带的附属功能，如生成三维效果图和输出元器件清单等。选择“查看”→“显示三维PCB板”，将自动弹出三维效果，如图10-44所示。

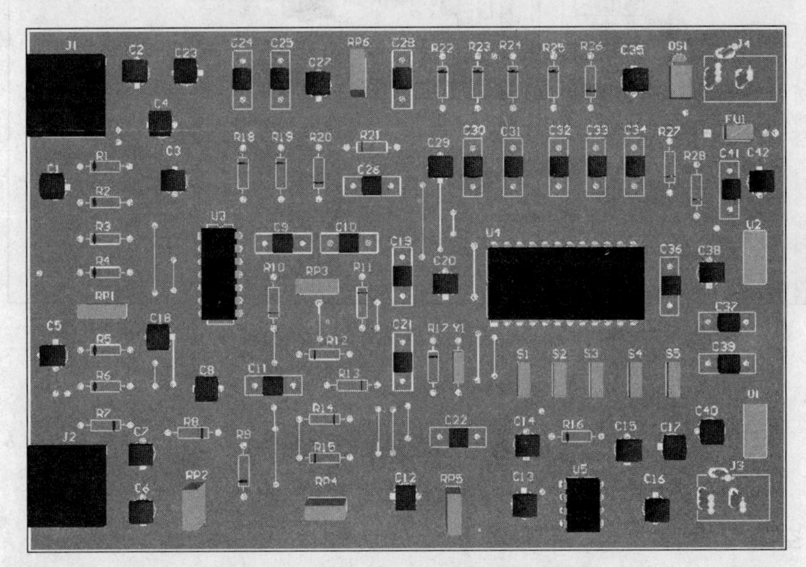

图10-44　音响放大器整块板效果图

(8) 生成元器件清单

元器件清单在原理图工作界面获取，选择“报告”→“Bill of Materials”，将弹出元器件清单窗口，如图10-45所示。单击对话框中的“Excel”按钮，系统自动生成Excel文件，并保留在项目中。

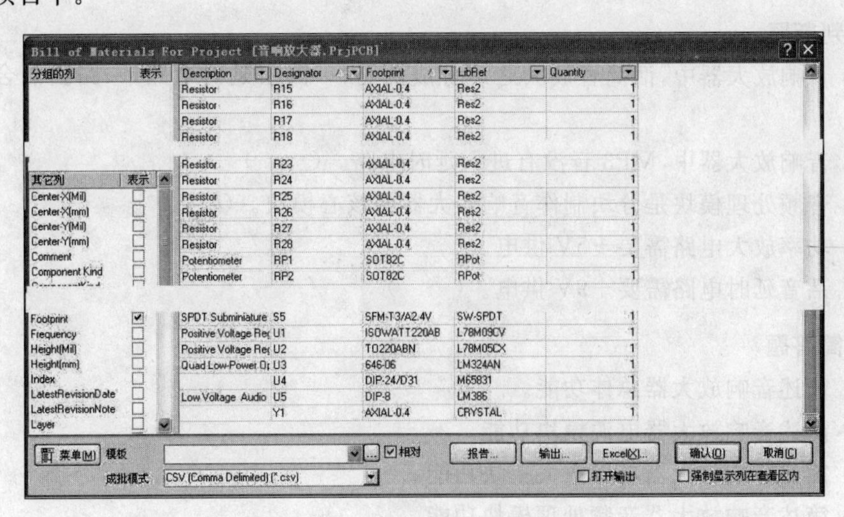

图10-45　元器件清单获取方式

至此，以音响放大器为例的电子线路辅助设计基本结束。工作区面板文件隶属情况以及计算机系统文件管理情况如图 10-46 所示。其中，网络表及元器件清单系统默认放在文件夹"Project Output 音响放大器"中。

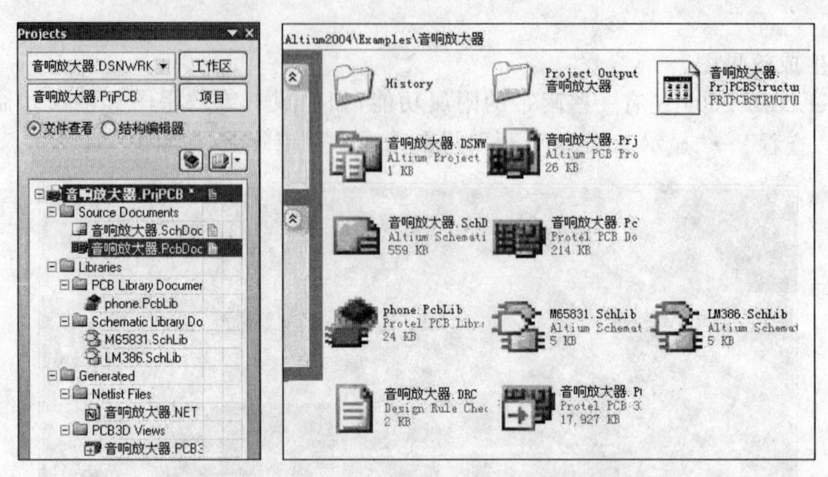

图 10-46　音响放大器文件展示的两种显示

10.6　巩固与练习

1. 填空题

(1) 电源模块用到(　　)只电容器。

(2) 功放模块用到(　　)只电阻器。

(3) 音频处理模块用到(　　)只电位器。

(4) 话音延时模块用到(　　)只石英晶体。

(5) 音响放大器需要(　　)个外围部件。

2. 判断题

(1) 音响放大器中，话筒音放大之后分成两路，一路去延时电路，一路去混合放大电路。(　　)

(2) 音响放大器中，MP3 音没有进入延时电路。(　　)

(3) 音频处理模块是分块制作音响放大器的核心模块。(　　)

(4) 功率放大电路需要+5V 供电。(　　)

(5) 话音延时电路需要+9V 供电。(　　)

3. 简答题

(1) 简述音响放大器总体功能。

(2) 简述音响放大器电源模块功能。

(3) 简述音响放大器功率放大模块功能。

(4) 简述音响放大器音频处理模块功能。

(5) 简述音响放大器话音延时模块功能。

4. 填图题

(1) 下图是具有左、右声道伴音的混响电路图，将缺失元器件补齐。

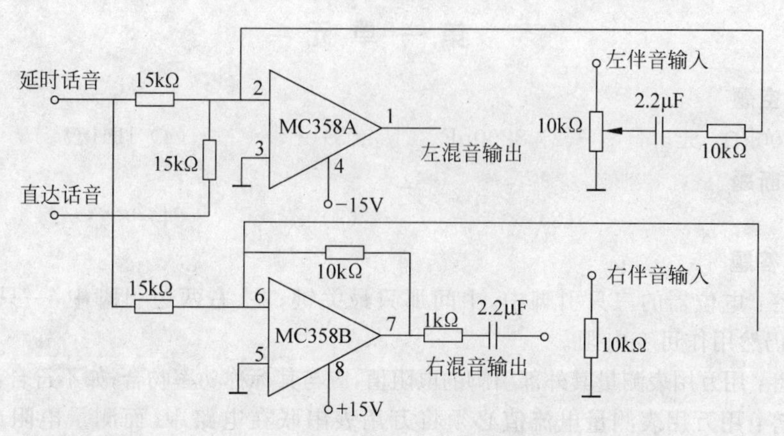

(2) 画出上题元器件补齐后的原理方框图。

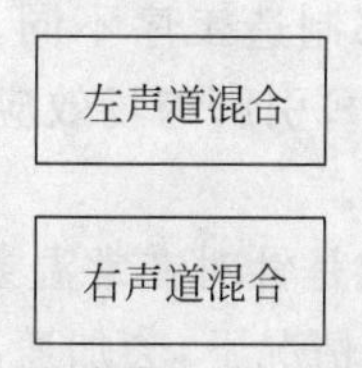

(3) 根据 μA741、MC358、M65831 和 LM386 资讯，画出双声道混响放大器原理方框图。

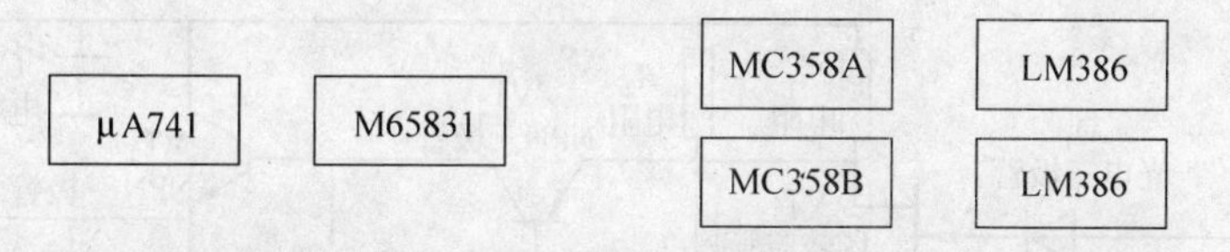

(4) 下图是音响放大器整块板小型化制作的实物图，电源滤波器件有省略，用线区分出电源电路、功放电路、音频处理电路和话音延时电路。

巩固与练习参考答案

第一单元

1. 填空题

(1) 200kΩ，±5%　　(2) 8200pF　　(3) 9　　(4) 1210Ω　　(5) ×

2. 判断题

(1) ×　　(2) ×　　(3) √　　(4) ×　　(5) ×

3. 简答题

(1) 答：电位器的三只引脚中，中间那只最关键；左、右两边引脚中，一只坏了，剩余两只引脚仍然用作可变电阻。

(2) 答：用万用表测量其外部引脚的电阻值，应与其标称功率吻合；如不符合，再查引线。

(3) 答：用万用表测量电流值必须将万用表串联在电路中，而测量电阻或电压都是并联在电路中。为警示使用者，更换插孔既保证万用表的安全，也保证测量顺利。

(4) 答：三极管和场效应管内部制造工序不同，载流子运动方式也不同；但是，都能完成信号放大功能。三极管的B、C、E引脚与场效应管的G、D、S有很大的类同性。为方便使用者，两种器件的外形极为相似。

(5) 答：大功率器件的性能参数是针对在常温条件下，工作以后内部温度上升，不加装散热片，很难保证性能参数。极端情况下，会加速器件老化，使之失效。

4. 填图题

(1)

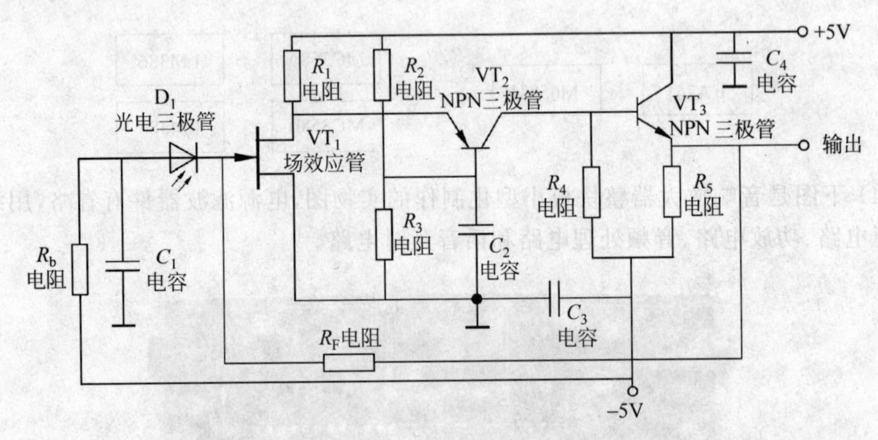

(2)

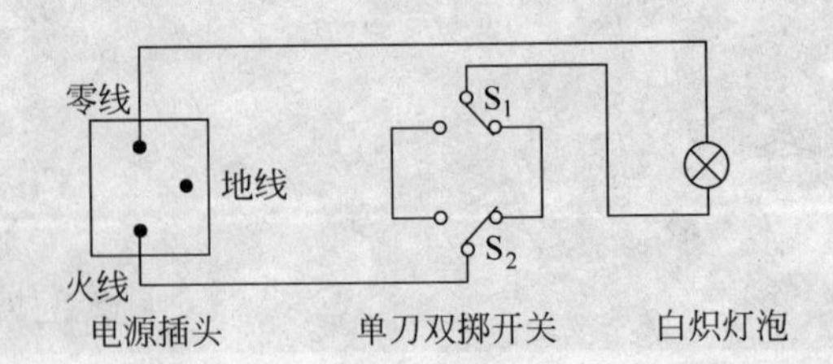

(3)

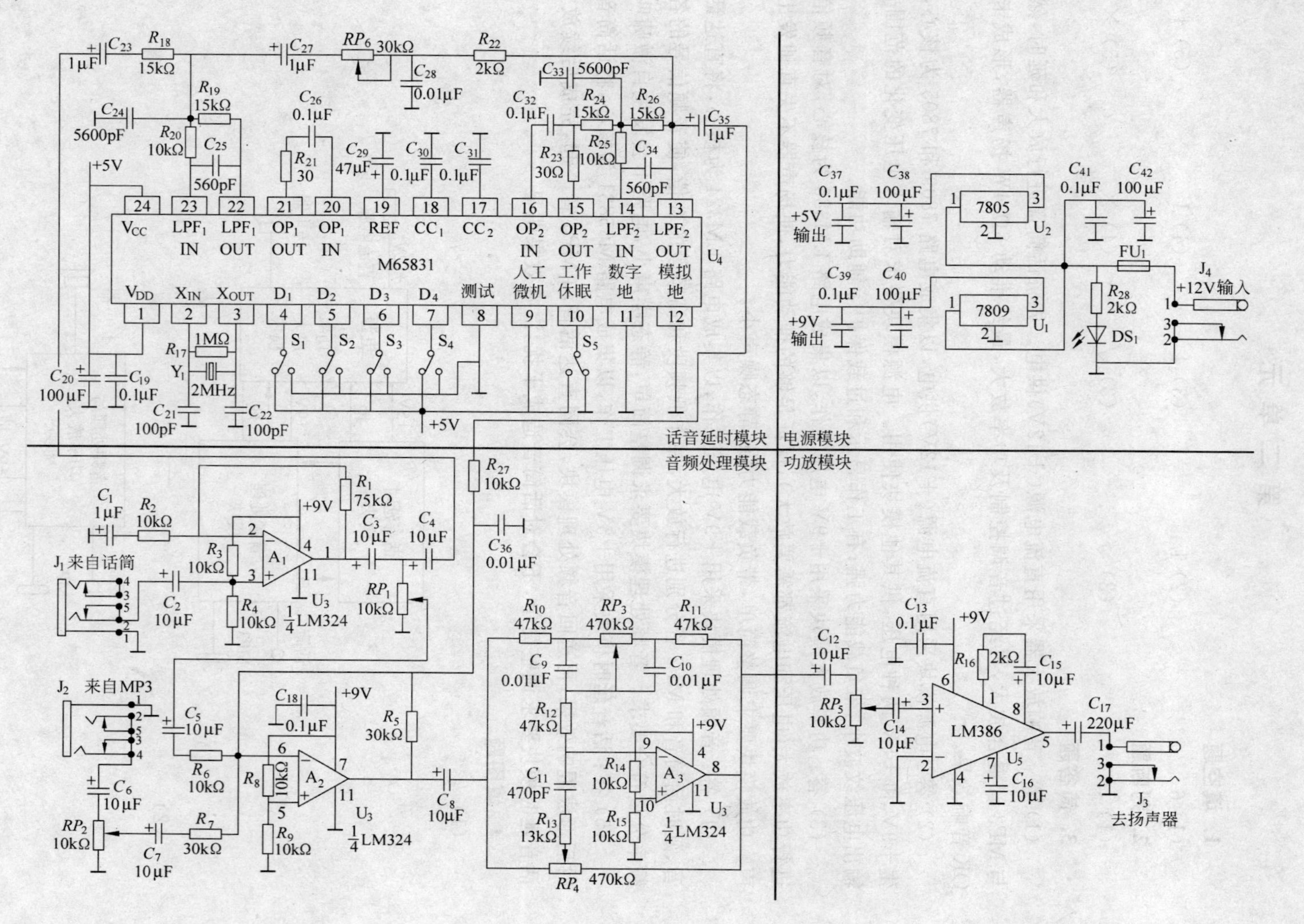
话音延时模块
电源模块
音频处理模块
功放模块
M65831
U4
VCC
VDD
XIN
XOUT
LPF1 IN
LPF1 OUT
OP1 OUT
OP1 IN
REF
CC1
CC2
OP2 IN
OP2 OUT
LPF2 IN
LPF2 OUT
人工 微机
工作 休眠
数字 地
模拟 地
测试
D1
D2
D3
D4
S1
S2
S3
S4
S5
Y1
2MHz
+5V
7805
7809
U1
U2
+5V 输出
+9V 输出
FU1
DS1
J4
+12V输入
J1 来自话筒
J2 来自MP3
A1
A2
A3
U3
$\frac{1}{4}$LM324
+9V
LM386
U5
J3
去扬声器

第二单元

1. 填空题

(1) 6　　(2) 1　　(3) 4　　(4) 1　　(5) 4

2. 判断题

(1) √　　(2) √　　(3) √　　(4) ×　　(5) ×

3. 简答题

(1) 答：音响放大器采用直流电源(+12V)供电。先将话筒音进行放大和延时，然后与 MP3 音混合放大，再经过音调控制及功率放大，最终推动 8Ω 4W 扬声器，形成卡拉 OK 音响效果。

(2) 答：电源模块采用直流电源(+12V)供电，以集成电路 7809 和 7805 为核心，产生+9V 和+5V 两种电压，供其他模块使用。电源模块要求对输入电压变化的范围宽，输出电压纹波小，带负载能力强；有工作显示和过载保护等辅助功能。

(3) 答：功率放大模块采用+9V 电压工作，以集成电路 LM386 为核心，对音频信号进行功率放大(电压和电流都需要放大)，保证足够的推动能力，使扬声器不失真地发出响声。功放模块要求调整简单，带负载能力强，静态噪声小。

(4) 答：音频处理模块采用+9V 电压工作，以集成电路 LM324 为核心，将直达话筒音、延时话筒音和 MP3 音分别进行放大，并作低频段和高频段的补偿，使音频信号的各个频率分量符合要求。音频处理模块要求调整简单，静态噪声小，电路不会发生自激啸叫。

(5) 答：话音延时模块采用+5V 电压工作，以集成电路 M65831 为核心，将话筒音延时后形成混响效果，再送回音频处理模块，会同直达话音和 MP3 音一起，完成后续放大。话音延时模块要求调整简单，不会对话筒音造成干扰，混响效果明显。

4. 填图题

(1)

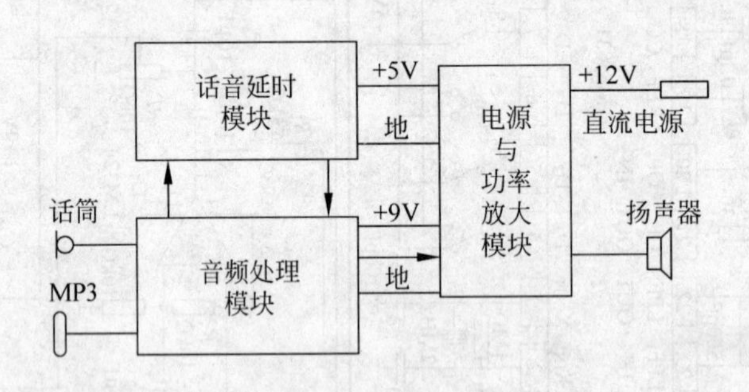

(2)

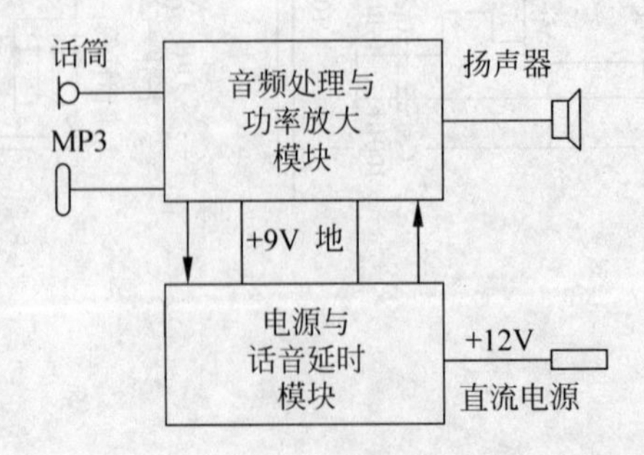

（3）

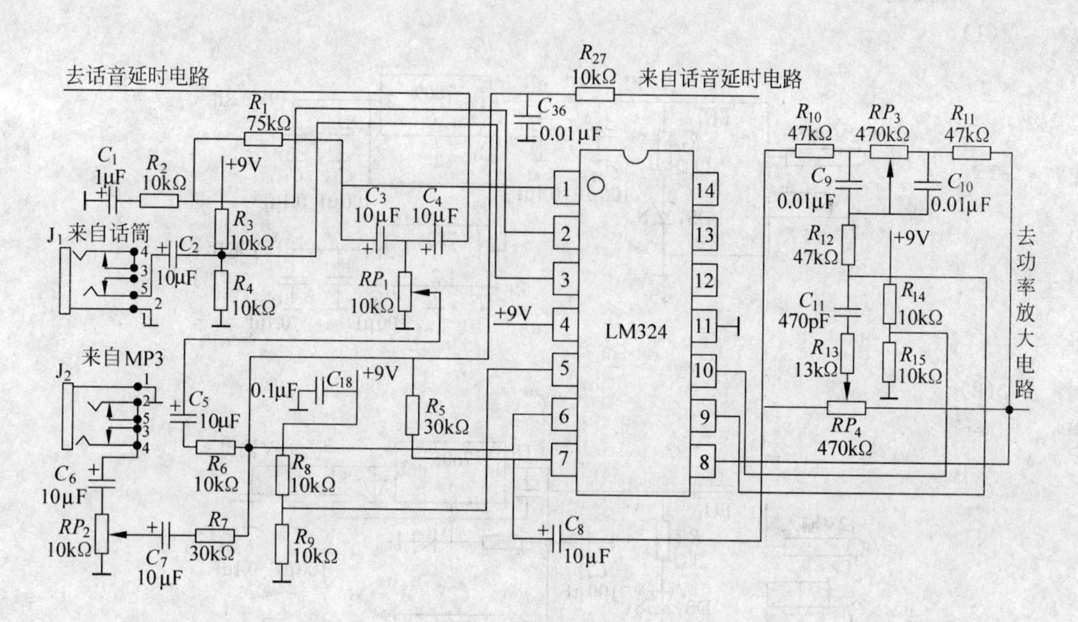

第三单元

1. 填空题

（1）2kΩ　（2）2　（3）10V　（4）10kΩ　（5）4.8kΩ

2. 判断题

（1）×　（2）√　（3）√　（4）√　（5）√

3. 简答题

（1）答：电源电路以正电压三端稳压集成电路7809和7805为核心，将直流电源电压（＋12V）转换成＋9V和＋5V。其中，＋9V为功率放大电路和音频处理电路供电，＋5V为话音延时电路供电，两路供电均不超过100mA。

（2）答：×78××系列三端正电源稳压集成电路封装形式为TO-220，有一系列固定的电压输出，应用非常广泛。每种类型由于内部电流的限制，以及过热保护和安全工作区的保护，使它基本上不会损坏。

×78××正电源系列集成电路的外壳顶部是接地的，如果提供足够的散热片，还能提供大于1.5A的输出电流。虽然是按照固定电压值来设计的，加上少量外部器件后，还能获得各种不同的电压值和电流值。7809输出电压为＋9V，7805输出电压为＋5V。

（3）答：电源电路中，滤波电容分两类，一类是输入电源的滤波（C_{41}和C_{42}），一类是输出电源的滤波（C_{37}～C_{40}）。

（4）答：工作显示电路由R_{28}和DS_1组成，接通＋12V电源之后，DS_1发光显示。

（5）答：保险管串联在输入电路中，一旦出现短路或过载，保险管熔断，确保电路无损。

4. 填图题

(1)

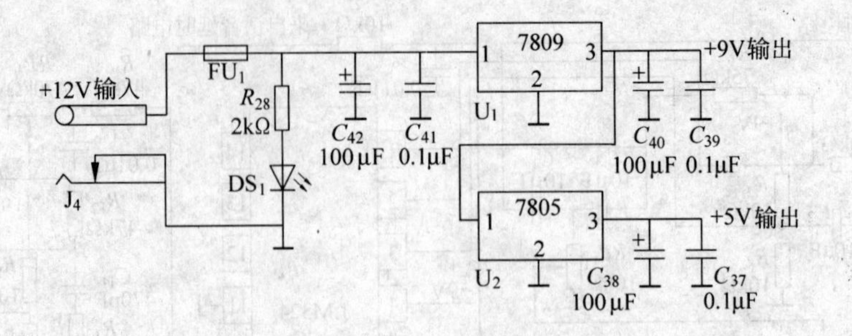

+12V输入
FU1
R28
2kΩ
J4
DS1
C42
100μF
C41
0.1μF
7809
U1
+9V输出
C40
100μF
C39
0.1μF
7805
U2
+5V输出
C38
100μF
C37
0.1μF

(2)

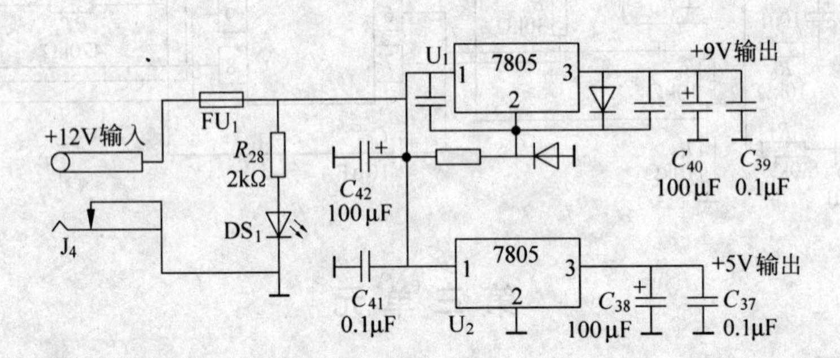

+12V输入
FU1
R28
2kΩ
J4
DS1
C42
100μF
C41
0.1μF
U1
7805
+9V输出
C40
100μF
C39
0.1μF
7805
U2
+5V输出
C38
100μF
C37
0.1μF

(3)

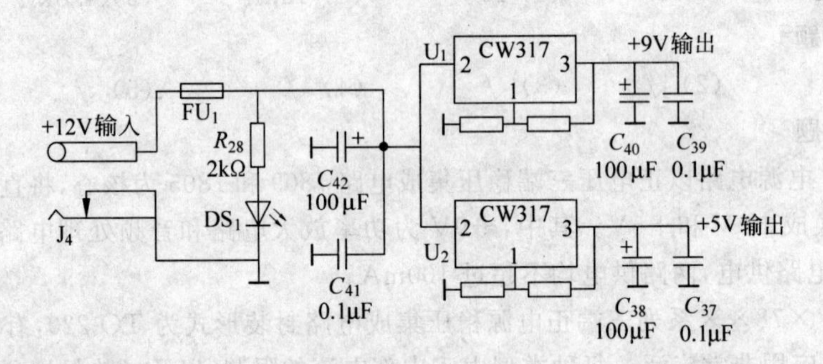

+12V输入
FU1
R28
2kΩ
J4
DS1
C42
100μF
C41
0.1μF
U1
CW317
+9V输出
C40
100μF
C39
0.1μF
CW317
U2
+5V输出
C38
100μF
C37
0.1μF

(4)

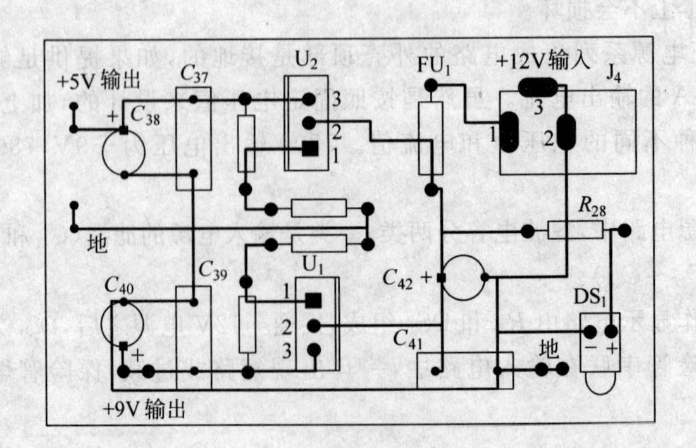

+5V 输出
C37
C38
U2
FU1
+12V 输入
J4
地
R28
C40
C39
U1
C42
C41
DS1
地
+9V 输出

第四单元

1. 填空题

(1) 2kΩ　(2) LM386　(3) 2.2mA　(4) 大于 200kΩ　(5) 60～80kΩ

2. 判断题

(1) √　(2) ×　(3) √　(4) √　(5) √

3. 简答题

(1) 答：功率放大简称功放，其作用是给音响放大器的负载(扬声器)提供一定的输出功率。当负载一定时，希望输出功率尽可能大，输出信号的非线性失真尽可能小，效率尽可能高。

功率放大电路以集成电路 LM386 为核心，外围配置少量元器件，在＋9V 电源推动下，完成音频信号的功率放大，最终通过插座 J_3 推动 8Ω 4W 的扬声器。

(2) 答：输入电路由 C_{12}、RP_5 和 C_{14} 组成。RP_5 用以调节输入信号大小，电容器起到隔直流和耦合信号的作用。

(3) 答：输出电路由 C_{17} 和 J_4 组成，前者用于耦合音频信号，后者用于扬声器接口。

(4) 答：电源滤波器件主要体现在 C_{13} 和 C_{16}。前者为一次滤波，后者为二次滤波。

(5) 答：LM386 主要应用于低电压消费类产品。为使外围元件最少，内部设置 20 倍电压增益；外接一只电阻和电容，可将电压增益调整到任意值，直至 200；其输入端静态功耗只有 24mW，特别适合于电池供电的场合。

4. 填图题

(1)

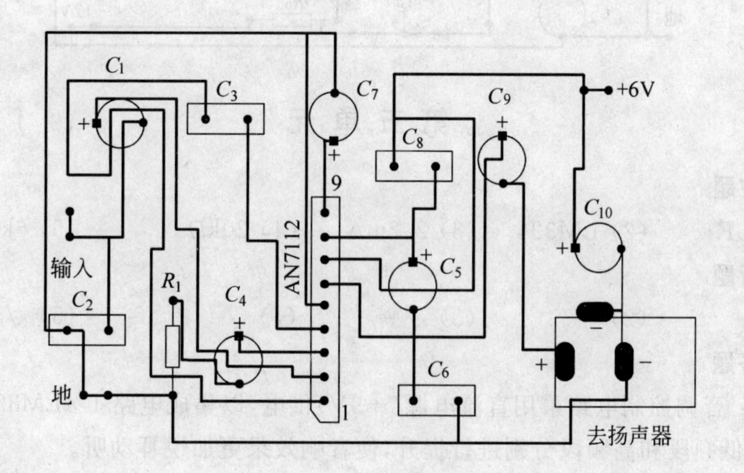

(2)

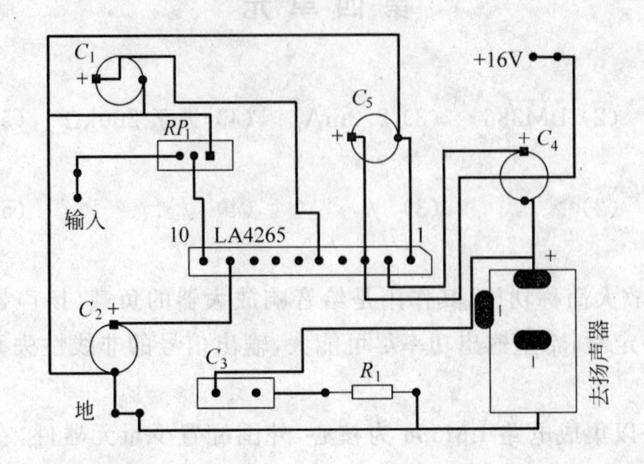

(3)

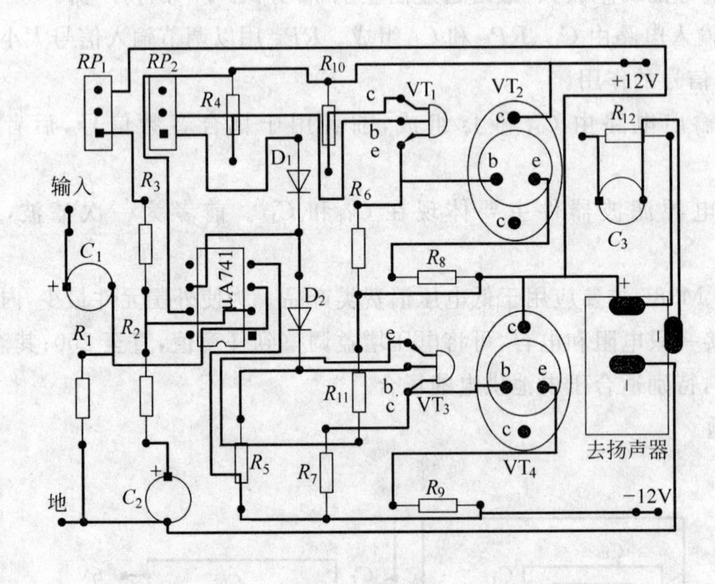

第五单元

1. 填空题

(1) 10μF　(2) LM324　(3) 2.2mA　(4) 20kΩ　(5) 6kΩ

2. 判断题

(1) √　(2) √　(3) √　(4) √　(5) √

3. 简答题

(1) 答：音调控制电路采用直流电源(+9V)供电，以集成电路1/4LM324为核心，对音频信号的低频段和高频段分别进行提升，使音响效果更加悦耳动听。

(2) 答：在音调控制电路中，电容器$C_9=C_{10}=0.01\mu F$，远远大于$C_{11}=470pF$。因此，在低频段，C_{11}相当于开路。电位器RP_3向两臂滑动时，通过等效电路分析，可得到低频段的提升或衰减。

(3) 答：在音调控制电路中，电容器 $C_9=C_{10}=0.01\mu F$，远远大于 $C_{11}=470pF$。因此，在高频段，C_9、C_{10} 相当于短路，RP_3 不复存在。此时，由 R_{10}、R_{11} 和 R_{12} 组成的“Y”型电阻网络经过变换，成为“▽”型网络。电位器 RP_4 向两臂滑动时，通过等效电路分析，可得到高频段的提升或衰减。

(4) 答：音调控制电路中只对＋9V 电源滤波。

(5) 答：运算放大器集成电路 LM324 在电子产品中应用极为广泛，因其突出的技术性能，表现在 LM324 内含 4 个独立的运算放大器，按行业标准规范的引脚，可单电源工作(3～32V)，内部具有补偿功能，输入端有静电保护功能，真正的差动输入级，低偏置电流(最大 100nA)，共模范围扩展到负电源，输出有短路保护功能等。在音调控制电路中，1/4LM324 通过外围阻容器件，完成对音频信号的补偿功能。

4. 填图题

(1)

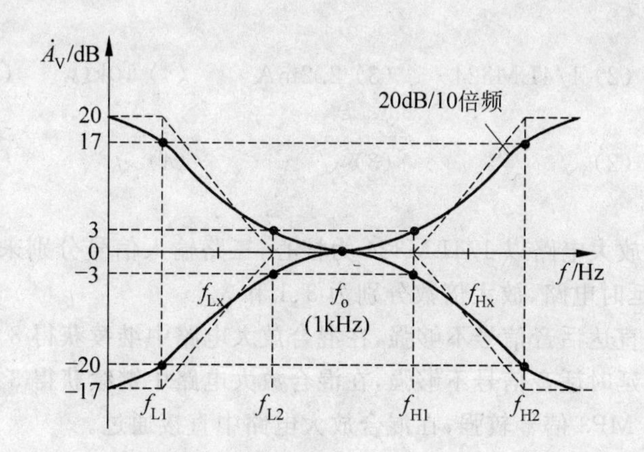

(2)

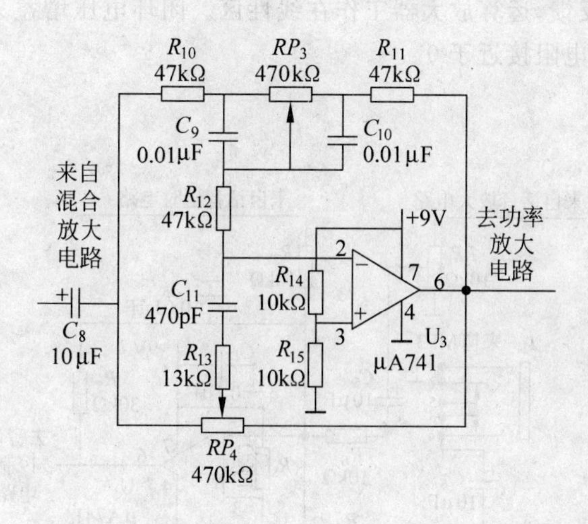

(3)

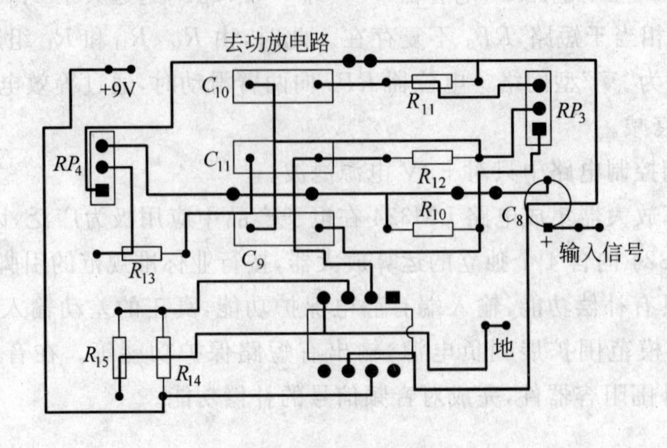

第六单元

1. 填空题

(1) 10μF　(2) 1/4LM324　(3) 2.2mA　(4) 10kΩ　(5) 6kΩ

2. 判断题

(1) √　(2) √　(3) √　(4) √　(5) ×

3. 简答题

(1) 答：混合放大电路以 1/4LM324 为核心，三路输入信号分别来自话音放大电路、MP3 插座和话音延时电路，放大倍数分别为 3、1 和 3。

(2) 答：由于直达话音信号不够强，在混合放大电路中继续获得 3 倍放大量。

(3) 答：由于延时话音信号不够强，在混合放大电路中继续获得 3 倍放大量。

(4) 答：由于 MP3 信号较强，在混合放大电路中直接通过。

(5) 答：输入信号加到运算放大器的反相输入端，同相输入端通过电阻接地。电路引入了电压并联负反馈，运算放大器工作在线性区。闭环电压增益只与输入电阻和反馈电阻有关，闭环输出电阻接近于 0。

4. 填图题

(1)

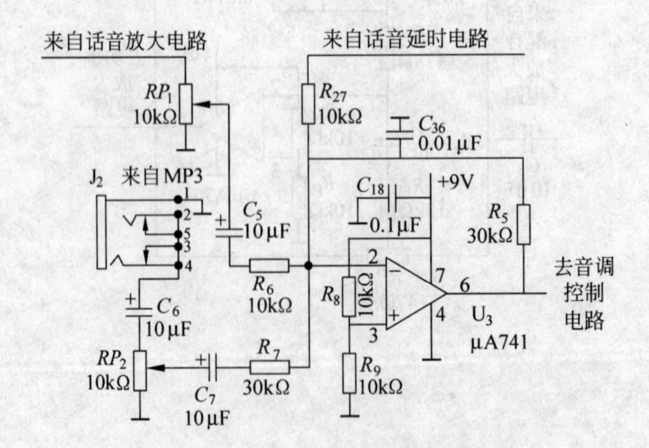

（2）

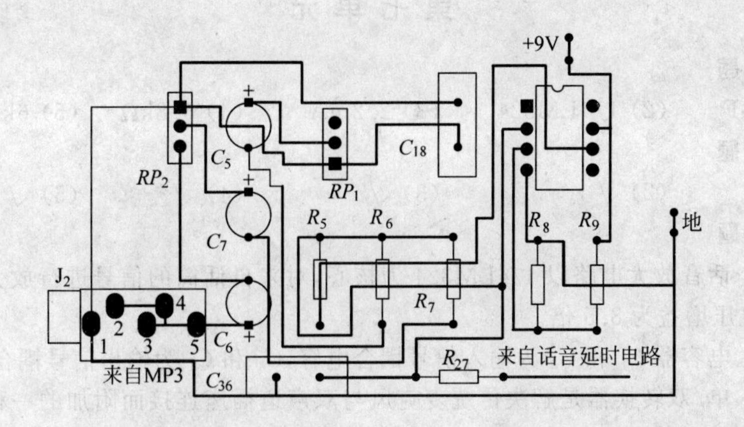
+9V
地
RP_2
C_5
RP_1
C_{18}
C_7
R_5
R_6
R_8
R_9
J_2
R_7
C_6
来自MP3
R_{27}
来自话音延时电路
C_{36}

（3）

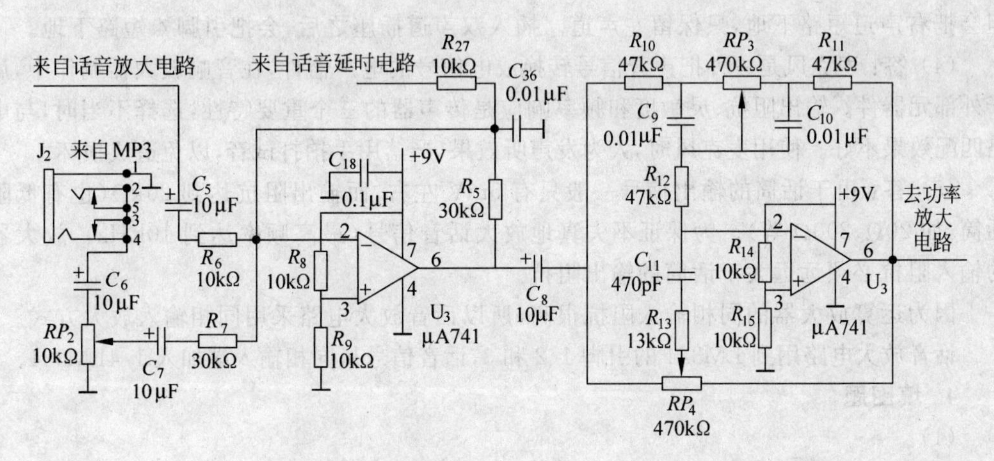
来自话音放大电路
来自话音延时电路
R_{27} 10kΩ
C_{36} 0.01μF
R_{10} 47kΩ
RP_3 470kΩ
R_{11} 47kΩ
J_2 来自MP3
C_{18} 0.1μF
+9V
C_9 0.01μF
C_{10} 0.01μF
C_5 10μF
R_5 30kΩ
R_{12} 47kΩ
+9V
去功率放大电路
R_6 10kΩ
R_8 10kΩ
C_{11} 470pF
R_{14} 10kΩ
C_6 10μF
C_8 10μF
U_3
U_3 μA741
RP_2 10kΩ
R_7 30kΩ
R_9 10kΩ
R_{13} 13kΩ
R_{15} 10kΩ
μA741
C_7 10μF
RP_4 470kΩ

（4）

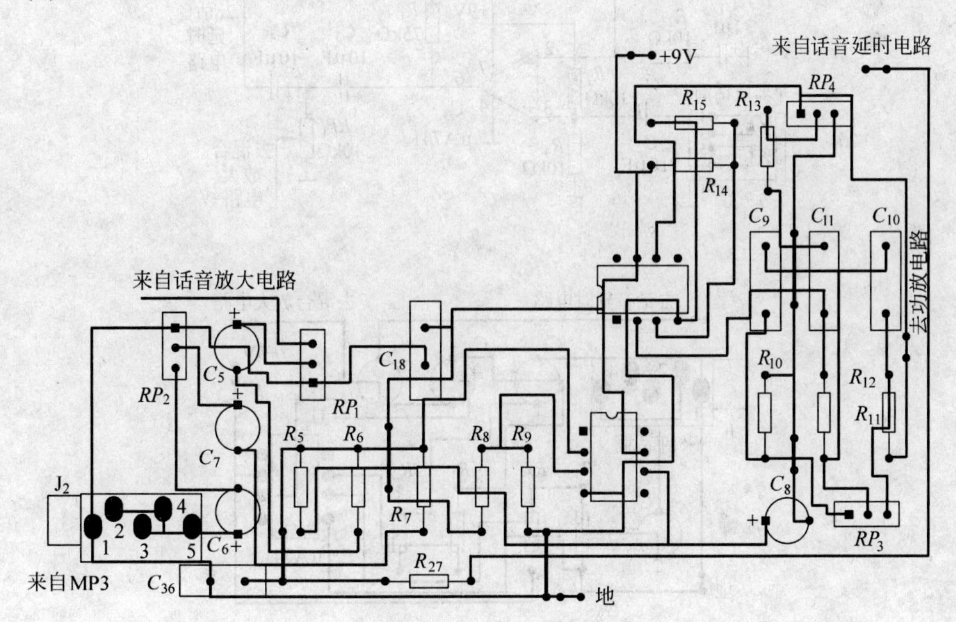
来自话音延时电路
+9V
RP_4
R_{15}
R_{13}
R_{14}
C_9
C_{11}
C_{10}
去功放电路
来自话音放大电路
C_5
RP_2
C_{18}
RP_1
R_{10}
R_{12}
R_{11}
C_7
R_5
R_6
R_8
R_9
J_2
R_7
C_8
C_6
RP_3
来自MP3
C_{36}
R_{27}
地

第七单元

1. 填空题

(1) 10μF (2) 1/4LM324 (3) 2.2mA (4) 6.8kΩ (5) 6kΩ

2. 判断题

(1) √ (2) √ (3) √ (4) √ (5) √

3. 简答题

(1) 答：话音放大电路以 1/4LM324 为核心，对来自话筒的信号进行放大，采用同相放大方式，电压增益为 8.5 倍。

(2) 答：电容器 C_1 和 C_2 为输入信号耦合电容，C_3 和 C_4 为输出信号耦合电容。

(3) 答：单/双转换器是解决传统麦克风与双声道插座连接而附加的一种转换装置。常规话筒插头(单声道)口径较大，转换成 3.5mm 双声道插头后，解决了几何尺寸问题，但会把右声道短路下地，只保留左声道。插入双声道插座之后，会把引脚 4 短路下地。

(4) 答：麦克风是一种把声音信号转换成电信号的电声器件，在音响放大器制作中，属于外部元器件。输出阻抗、灵敏度和频率响应是传声器的三个重要特性，选择不当时，与电路匹配效果不好。使用麦克风时，人为发声听效果，严禁用手拍打试音，以免造成损坏。

(5) 答：由于话筒的输出信号一般只有 5mV 左右，而输出阻抗达到 20kΩ(也有低阻话筒，如 20Ω、200Ω 等)。为保证不失真地放大话音信号(最高频率达到 10kHz)，放大器的输入阻抗必须远远大于话筒的输出阻抗。

因为运算放大器的同相输入阻抗很高，所以话音放大电路采用同相输入放大方式。

话音放大电路用到 LM324 的引脚 1、2 和 3，话音信号从同相输入端加入 1/4LM324。

4. 填图题

(1)

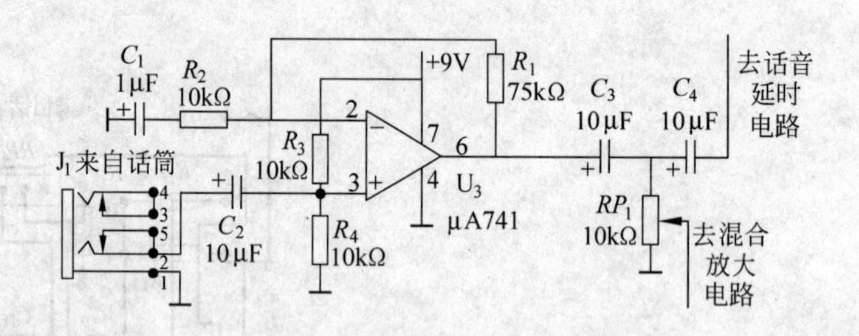

(2)

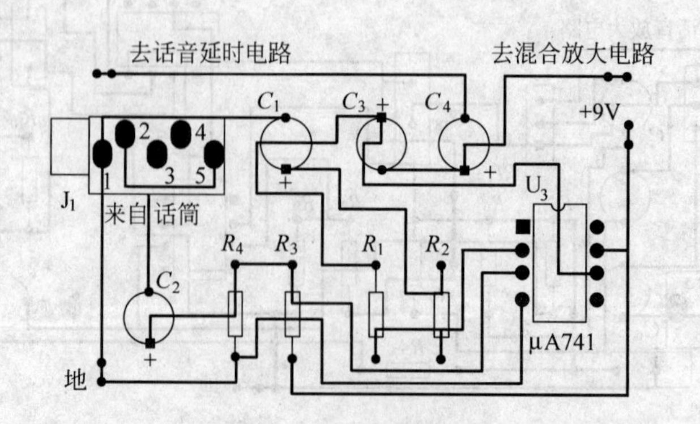

(3)

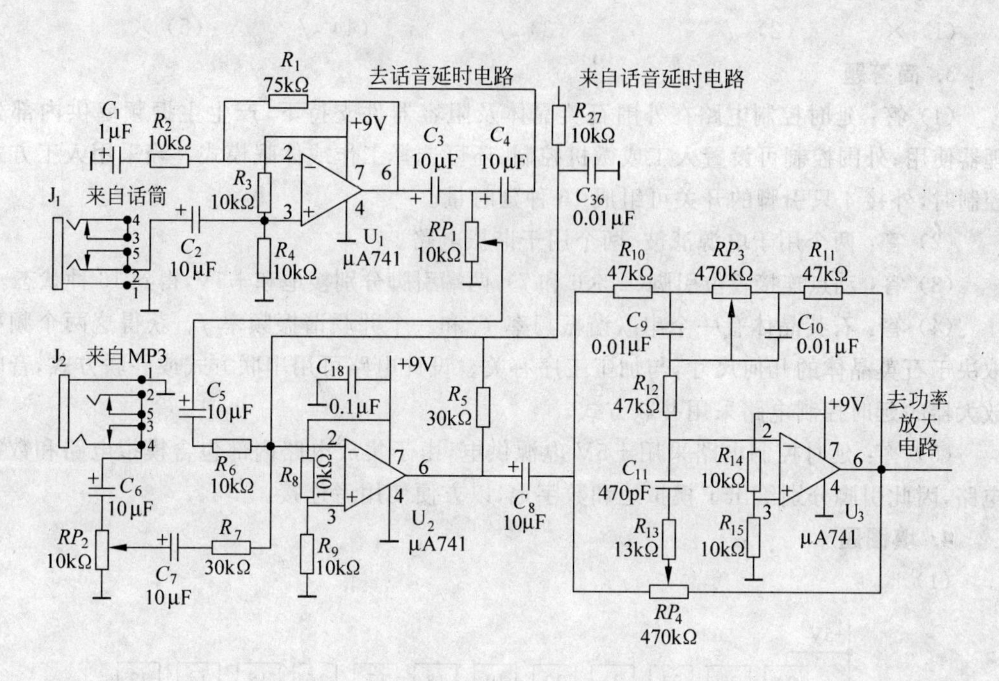

(4)

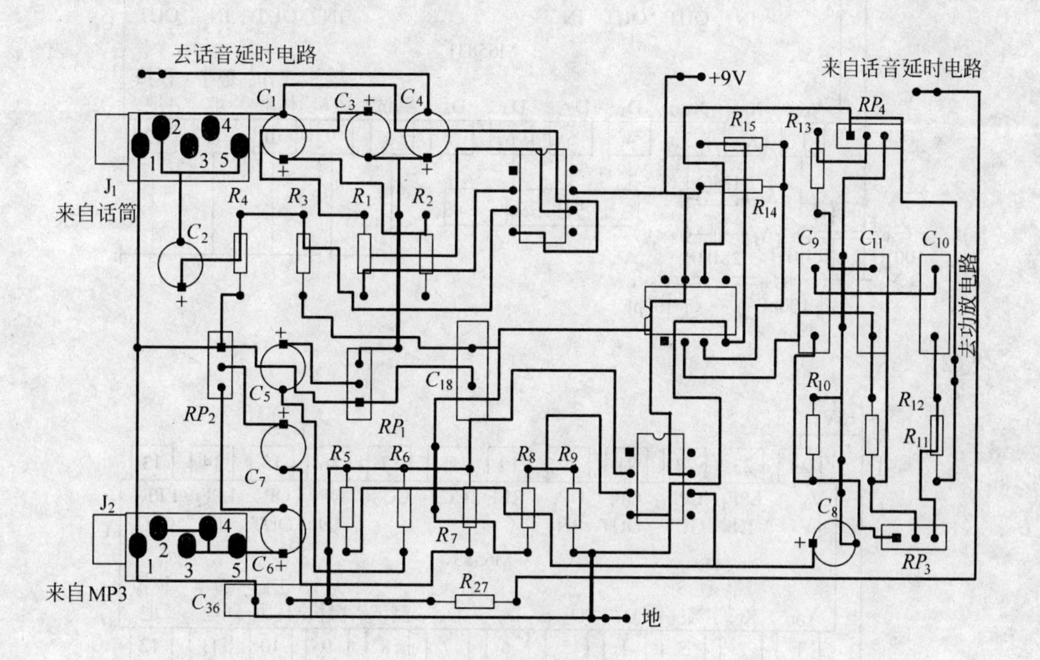

第八单元

1. 填空题

(1) 100pF　(2) M65831　(3) 15mA　(4) 6.5kΩ　(5) 大于 200kΩ

2. 判断题

(1) × (2) √ (3) √ (4) √ (5) ×

3. 简答题

(1) 答：延时控制电路在外围石英晶体及阻容器件支持下，产生主振频率供内部处理器使用；外围控制可设置人工或微机控制，还可选择工作或休眠模式。当采用人工方式控制时，外接 4 只引脚的开关可组成 16 种延时量。

(2) 答：两个用于电源滤波，两个用于谐振电路。

(3) 答：动点连接置位引脚(4、5、6 和 7)，两端引脚分别接地和+5V，得到 16 种状态。

(4) 答：石英晶体有一个串联谐振频率 f_s 和一个并联谐振频率 f_p，获得这两个频率取决于石英晶体的几何尺寸，与加工工序有关。设计电路可用串联方式或并联方式，音响放大器的延时控制电路采用并联方式。

(5) 答：延时控制电路采用+5V 电源供电，由于集成电路内部包含模拟电路和数字电路，因此引脚分别给出了模拟地和数字地，以方便使用者连接。

4. 填图题

(1)

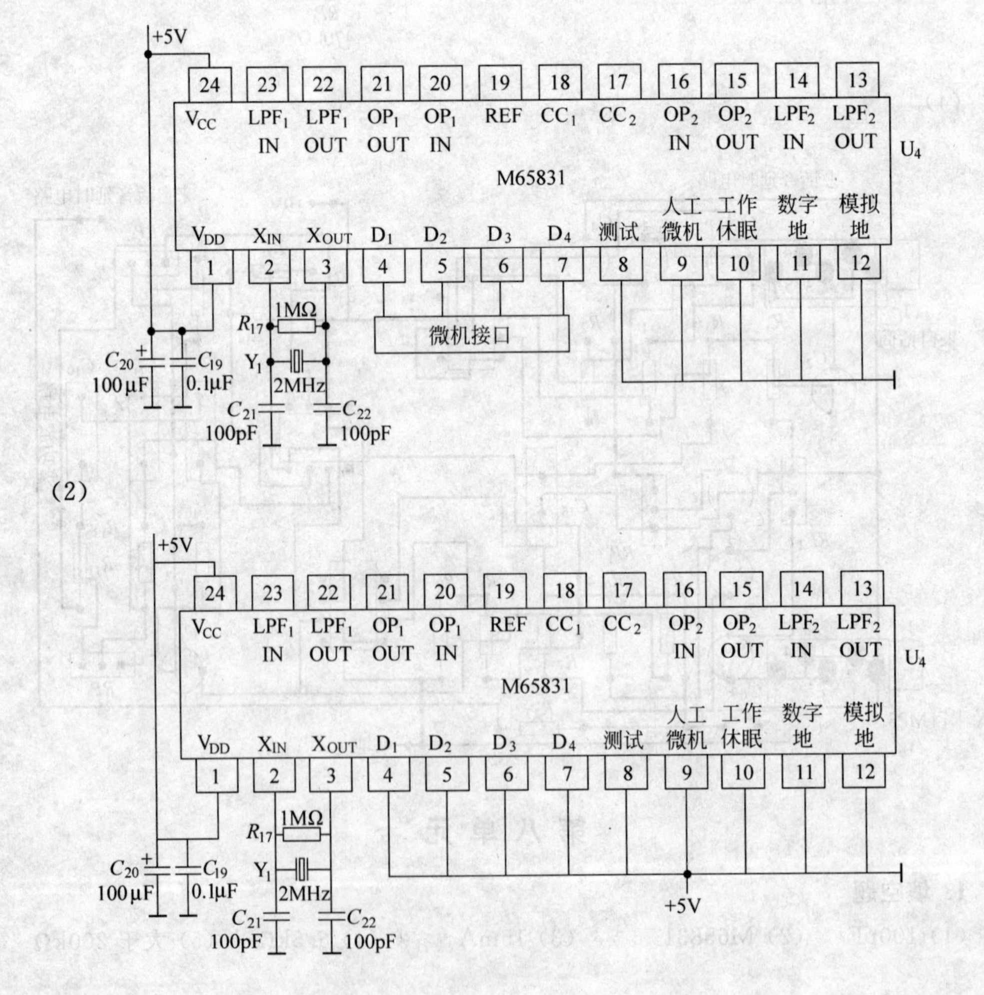

(3)

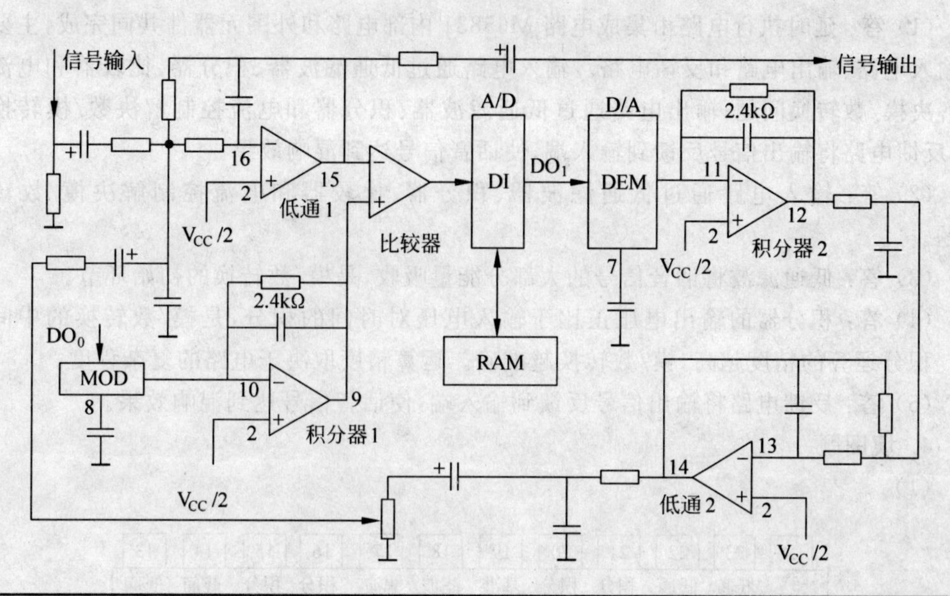

引脚	符 号	入/出	功 能
1	V_{CC}	—	电源端
2	V_{ref}	O	参考电压输出
3	A-GND	—	模拟电路地
4	D-GND	—	数字电路地
5	CLK-O	O	系统时钟输出
6	V_{CO}	I	系统时钟频率调整
7	CC_1	I	电流控制 1
8	CC_0	I	电流控制 0
9	OP_1 OUT	O	外接阻容器件构成积分器
10	OP_1 IN	I	外接阻容器件构成积分器
11	OP_2 IN	I	外接阻容器件构成积分器
12	OP_2 OUT	O	外接阻容器件构成积分器
13	LPF_2 IN	I	外接阻容器件构成低通滤波器
14	LPF_2 OUT	O	外接阻容器件构成低通滤波器
15	LPF_1 OUT	O	外接阻容器件构成低通滤波器
16	LPF_1 IN	I	外接阻容器件构成低通滤波器

第九单元

1. 填空题

(1) 1μF　(2) 0.01μF　(3) 560pF/5600pF　(4) 10kΩ/15kΩ　(5) 30Ω

2. 判断题

(1) ×　(2) ×　(3) √　(4) √　(5) √

3. 简答题

(1) 答：延时执行电路由集成电路 M65831 内部电路和外围元器件共同完成，主要包括输入电路、输出电路和反馈电路。输入电路通过低通滤波器、积分器、比较器和电流控制解决模/数转换问题；输出电路通过低通滤波器、积分器和电流控制解决数/模转换问题；反馈电路将输出信号反馈到输入端，使话音信号达到混响效果。

(2) 答：输入电路通过低通滤波器、积分器、比较器和电流控制解决模/数转换问题。

(3) 答：低通滤波将话音信号的大部分能量吸收，是模/数转换的初始环节。

(4) 答：积分器的输出电压正比于输入电压对时间的积分，是模/数转换的中间环节。积分运算的精度越高，模/数转换越准确。运算精度取决于电路的复杂程度。

(5) 答：反馈电路将输出信号反馈到输入端，使话音信号达到混响效果。

4. 填图题

(1)

(2)

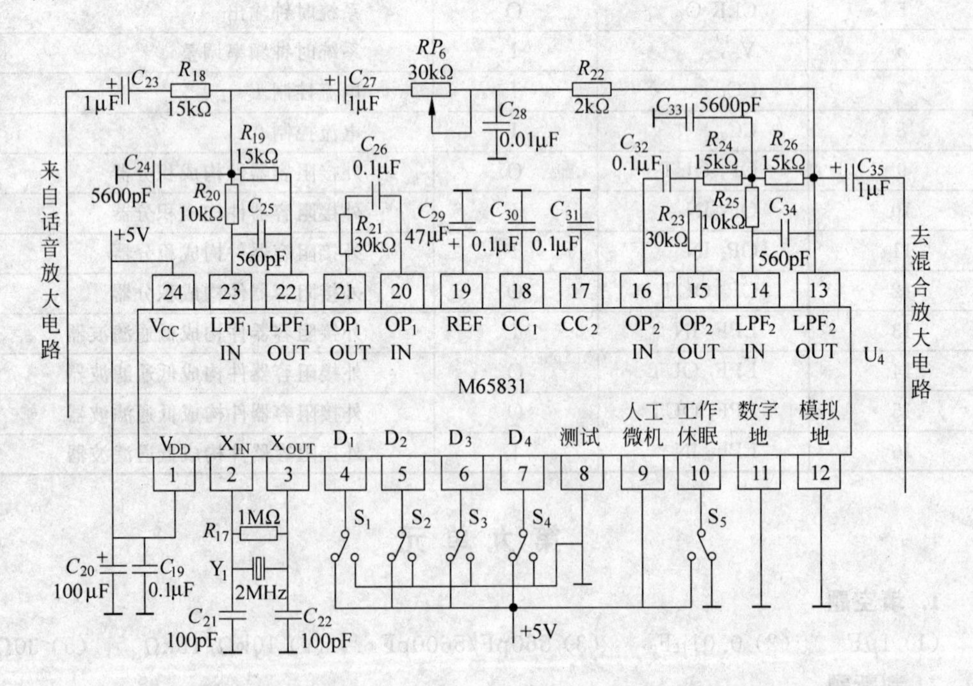

(3)

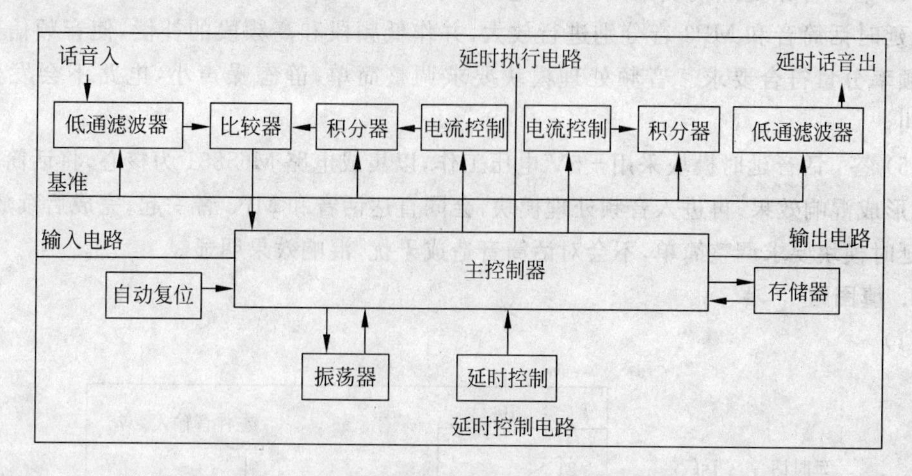

(4)

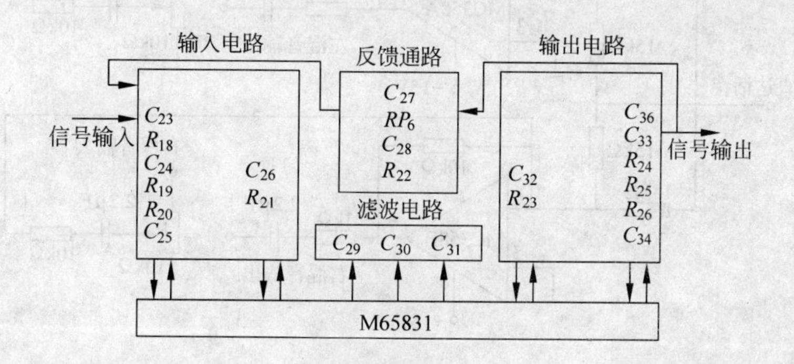

第 十 单 元

1. 填空题

(1) 6　　(2) 1　　(3) 4　　(4) 1　　(5) 4

2. 判断题

(1) √　　(2) √　　(3) √　　(4) ×　　(5) ×

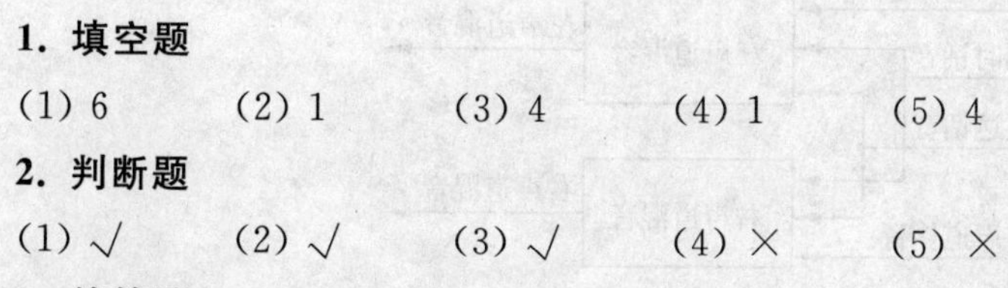

3. 简答题

(1) 答：音响放大器采用直流电源(＋12V)供电，将话筒音、话音延时音与 MP3 音混合放大，再经过音调控制及功率放大，最终推动 8Ω 4W 扬声器，形成卡拉 OK 音响效果。

(2) 答：电源模块采用直流电源(＋12V)供电，以集成电路 7809 和 7805 为核心，产生＋9V 和＋5V 两种电压，供其他模块使用。电源模块要求对输入电压变化的范围宽，输出电压纹波小，带负载能力强。有工作显示和过载保护等辅助功能。

(3) 答：功放模块采用＋9V 电压工作，以集成电路 LM386 为核心，对音频信号进行功率放大(电压和电流都需要放大)，保证足够的推动能力，使扬声器不失真地发出响声。功放模块要求调整简单，带负载能力强，静态噪声小。

(4) 答：音频处理模块采用＋9V 电压工作，以集成电路 LM324 为核心，将直达话筒音、延时话筒音和 MP3 音分别进行放大，并作低频段和高频段的补偿，使音频信号的各个频率分量符合要求。音频处理模块要求调整简单，静态噪声小，电路不会发生自激啸叫。

(5) 答：话音延时模块采用＋5V 电压工作，以集成电路 M65831 为核心，将话筒音延时后，形成混响效果；再进入音频处理模块，会同直达话音和 MP3 音一起，完成后续放大。话音延时模块要求调整简单，不会对话筒音造成干扰，混响效果明显。

4. 填图题

(1)

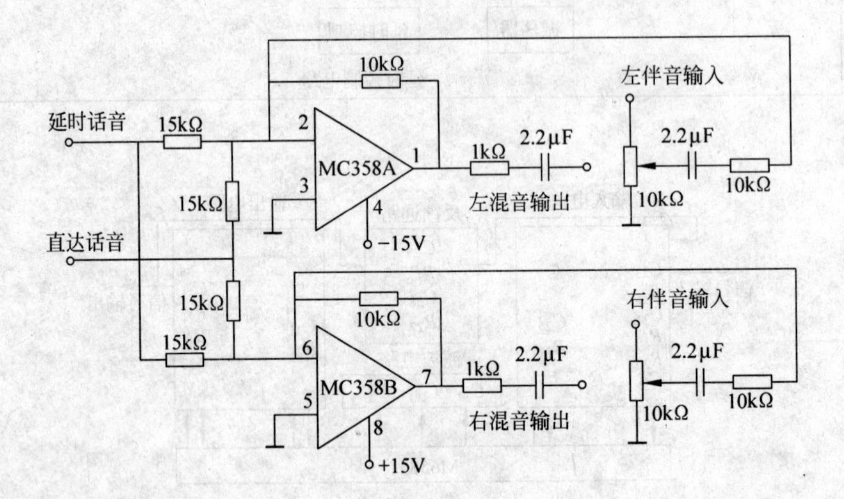

(2)

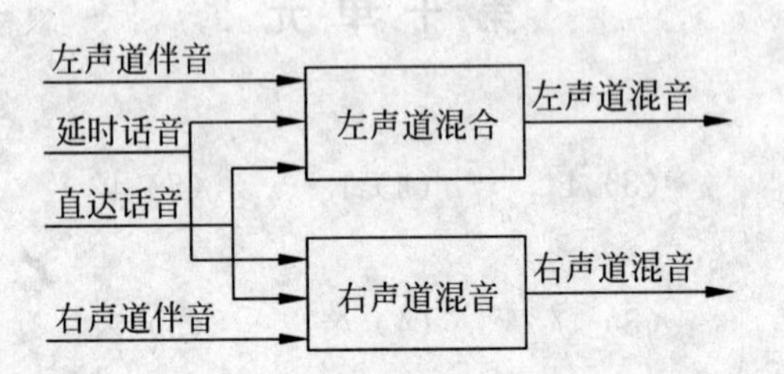

(3)

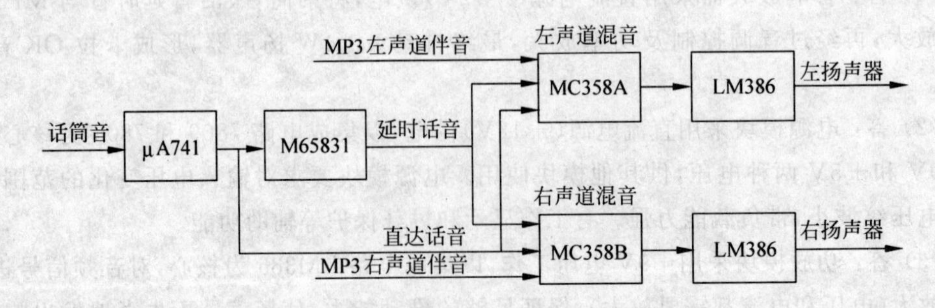

(4)

参考文献

[1] 罗杰,谢自美. 电子线路设计、试验、测试[M]. 北京：电子工业出版社,2008

[2] 陶希平. 模拟电子技术[M]. 2 版. 北京：化学工业出版社,2008

[3] 张裕民. 模拟电子技术基础[M]. 西安：西北工业大学出版社,2003

[4] 焦素敏. 数字电子技术基础[M]. 北京：人民邮电出版社,2005

[5] 谈世哲. Protel DXP 2004 电路设计基础与典型范例[M]. 北京：电子工业出版社,2007